三菱PLC编程入门及应用

周锡 编著

化学工业出版社

·北京·

本书在注重编写内容先进性的同时，力求让读者掌握三菱 FX_{2N} 系列应用中的普遍性知识。书中详细讲述了三菱 FX_{2N} 系列 PLC 的应用基础和典型控制系统设计，通过典型的控制环节和实用的工程实例，详细介绍了控制系统控制要求分析和硬软件系统的设计。

全书内容针对性和工程性较强，可供控制工程技术人员培训和自学使用，也可作为高等院校电气工程、自动化技术、计算机、电子通信、机械设计、机电一体化等相关专业的教学用书和教学参考书。

图书在版编目（CIP）数据

三菱 PLC 编程入门及应用/周锡编著. —北京：化学工业出版社，2018.3（2021.11 重印）
ISBN 978-7-122-31311-9

Ⅰ.①三… Ⅱ.①周… Ⅲ.①PLC 技术
Ⅳ.①TM571.61

中国版本图书馆 CIP 数据核字（2018）第 001557 号

责任编辑：刘丽宏　　文字编辑：孙凤英
责任校对：王素芹　　装帧设计：关　飞

出版发行：化学工业出版社（北京市东城区青年湖南街 13 号　邮政编码 100011）
印　　装：北京捷迅佳彩印刷有限公司
710mm×1000mm　1/16　印张 12¼　字数 237 千字　2021 年 11月北京第 1 版第 7 次印刷

购书咨询：010-64518888　　售后服务：010-64518899
网　　址：http://www.cip.com.cn
凡购买本书，如有缺损质量问题，本社销售中心负责调换。

定　　价：39.80 元

前言

三菱PLC以其高性能、低价格的优点，在国内很多行业得到了广泛的应用。三菱小型PLC FX_{1NC}、FX_{2NC}、FX_{3UC}三代产品中，FX_{2N}系列是三菱FX家族中最先进、最具代表性的系列。它具有结构紧凑、小巧、高速、安装方便、可扩展大量满足单个需要的特殊功能模块等特点，为工厂自动化应用提供最大的灵活性和控制能力。

本书在注重编写内容先进性的同时，力求让读者掌握三菱FX_{2N}系列应用中的普遍性知识，能将三菱FX_{2N}系列应用于工程开发，使读者在学习后能够收到举一反三的效果。书中详细讲述了三菱FX_{2N}系列PLC的应用基础和典型控制系统设计，通过典型的控制环节和实用的工程实例，详细介绍了控制系统控制要求分析和硬软件系统的设计。

本书内容针对性和工程性较强，可供控制工程技术人员培训和自学使用，也可作为高等院校电气工程、自动化技术、计算机、电子通信、机械设计、机电一体化等相关专业的教学用书和教学参考书。

本书由周锡编著，全书由祖国建统稿并审核。

本书在编写过程中，得到了娄底市经济开发区相关企业的大力支持，得到了许多专家的悉心指导，在此一并表示衷心的感谢！对本书中的疏漏之处，敬请批评指正，以便修订时加以完善。

编著者

目 录

第3章　三菱FX_{2N}的编程指令系统 / 48

第 6 章 FX_{2N}系列产品的典型应用实例 / 148

第1章

三菱FX_{2N}系列PLC入门基础

1.1 PLC技术概述

PLC是可编程控制器的简称，它是一种数字运算电子系统，是以微处理器为基础，综合了计算机技术、自动控制技术和通信技术发展而来的一种新型工业控制装置，已广泛用于工业过程的自动控制中。

国际电工学会（IEC）曾先后发布了可编程控制器的标准草案的第一、二、三稿。在第三稿中，对PLC作了如下定义：可编程控制器是一种数字运算操作的电子系统，专为在工业环境下应用而设计，它采用可编程的存储器，用来在其内部存储逻辑运算、顺序控制、定时、计数和算术运算等操作指令，并通过数字式和模拟式的输入和输出，控制各种类型的机械或生产过程。

1.1.1 PLC技术的特点

PLC保持继电-接触器控制技术和计算机控制技术的特点，是以微处理器为核心，集计算机技术、自动控制技术、通信技术于一体的控制装置，PLC具有其他控制器无法比拟的特点。

① 可靠性高，抗干扰能力强。高可靠性是电气控制设备的关键性能。PLC专为工业控制设计，在设计和制造过程中采用严格的生产工艺，在硬件和软件上都采用了许多抗干扰的措施，如屏蔽、滤波、隔离、故障诊断和自动恢复等。同时PLC是以集成电路为基本元件的电子设备，没有真正的接点，元件的使用寿命长，这些都大大提高了PLC的可靠性和抗干扰性。

② 编程直观、简单。PLC技术作为通用工业控制计算机，是面向工业领域的工控设备，所以它采用了大多数技术人员熟悉的梯形图语言。梯形图语言与继电器

原理相似，形象直观，易学易懂。

③ 环境要求低，适应性好。目前 PLC 的产品已经标准化、系列化、模块化，具有各种数字式、模拟式的输入/输出接口，用户可以根据需求灵活地对系统进行控制，再加上 PLC 通信能力的增强及人机界面技术的发展，使用 PLC 组成各种控制系统变得非常容易。

④ 功能完善，接口功能强。PLC 发展到今天，除了具有模拟和数字输入/输出、逻辑运算和定时、计数、数据处理、通信等功能外，还可以实现顺序、位置和过程控制。

⑤ 扩充方便，组合灵活。

⑥ 减少了控制系统设计及施工的工作量。

⑦ 体积小，重量轻，是“机电一体化”特有的产品。

总之，PLC 技术代表了当前电气控制的世界先进水平，PLC 与数控技术和工业机器人已成为机械工业自动化的三大支柱。

1.1.2 PLC 技术的分类

（1）按结构形式分类

① 整体式 PLC　整体式 PLC 是将电源、CPU、I/O 接口等部件都集中装在一个机箱内，具有结构紧凑、体积小、价格低的特点。小型 PLC 一般采用这种整体式结构。整体式 PLC 由不同 I/O 点数的基本单元（又称主机）和扩展单元组成。基本单元内有 CPU、I/O 接口、与 I/O 扩展单元相连的扩展口，以及与编程器或 EPROM 写入器相连的接口等。扩展单元内只有 I/O 和电源等，没有 CPU。基本单元和扩展单元之间一般用扁平电缆连接。整体式 PLC 一般还可配备特殊功能单元，如模拟量单元、位置控制单元等，使其功能得以扩展。

② 模块式 PLC　模块式 PLC 是将 PLC 各组成部分分别做成若干个单独的模块，如 CPU 模块、I/O 模块、电源模块（有的含在 CPU 模块中）以及各种功能模块。模块式 PLC 由框架或基板和各种模块组成。模块装在框架或基板的插座上。这种模块式 PLC 的特点是配置灵活，可根据需要选配不同规模的系统，而且装配方便，便于扩展和维修。大、中型 PLC 一般采用模块式结构。

还有一些 PLC 将整体式和模块式的特点结合起来，构成所谓叠装式 PLC。叠装式 PLC 其 CPU、电源、I/O 接口等也是各自独立的模块，但它们之间是靠电缆进行连接，并且各模块可以一层层地叠装。这样，不但系统可以灵活配置，还可做得体积小巧。

（2）按功能分类

① 低档 PLC 具有逻辑运算、定时、计数、移位以及自诊断、监控等基本功能，还可有少量模拟量输入/输出、算术运算、数据传送和比较、通信等功能。主要用于逻辑控制、顺序控制或少量模拟量控制的单机控制系统。

② 中档 PLC 除具有低档 PLC 的功能外，还具有较强的模拟量输入/输出、算术运算、数据传送和比较、数制转换、远程 I/O、子程序、通信联网等功能。有些还可增设中断控制、PID 控制等功能，适用于复杂控制系统。

③ 高档 PLC 除具有中档机的功能外，还增加了带符号算术运算、矩阵运算、位逻辑运算、平方根运算及其他特殊功能函数的运算、制表及表格传送功能等。高档 PLC 具有更强的通信联网功能，可用于大规模过程控制或构成分布式网络控制系统，实现工厂自动化。

（3）按 I/O 点数分类

① 小型 PLC——I/O 点数＜256 点；单 CPU、8 位或 16 位处理器、用户存储器容量 4K 字以下。

② 中型 PLC——I/O 点数 256～2048 点；双 CPU，用户存储器容量 2～8K 字。

③ 大型 PLC——I/O 点数＞2048 点；多 CPU，16 位、32 位处理器，用户存储器容量 8～16K 字。

1.1.3 PLC 技术的应用范围

目前，PLC 在国内外已广泛应用于冶金、石油、化工、电力、建材、机械制造、电力、汽车、轻工、交通运输、环保及文化娱乐等各个行业，随着 PLC 性能价格比的不断提高，其应用领域不断扩大。从应用类型看，PLC 的应用大致可归纳为以下几个方面：

（1）开关量的逻辑控制　这是 PLC 最基本、最广泛的应用领域，它取代传统的继电器电路，利用 PLC 最基本的逻辑运算、定时、计数等功能实现逻辑控制、顺序控制，既可用于单台设备的控制，也可用于多机群控制、生产自动线控制等。如注塑机、印刷机、订书机械、组合机床、磨床、包装生产线、电镀流水线等。

（2）模拟量控制　在工业生产过程当中，有许多连续变化的量，如温度、压力、流量、液位和速度等都是模拟量。为了使可编程控制器处理模拟量，必须实现模拟量（Analog）和数字量（Digital）之间的 A/D 转换及 D/A 转换。PLC 厂家都生产配套的 A/D 和 D/A 转换模块，使可编程控制器用于模拟量控制。

（3）运动控制　大多数 PLC 都有拖动步进电机或伺服电机的单轴或多轴位置控制模块，因此，PLC 可以用于圆周运动或直线运动的控制。世界上各主要 PLC 厂家的产品几乎都有运动控制功能，这一功能广泛用于各种机械设备，如对各种机械、机床、机器人、电梯等。

（4）过程控制　过程控制是指对温度、压力、流量等模拟量的闭环控制。大、中型 PLC 都具有多路模拟量 I/O 模块和 PID 控制功能，有的小型 PLC 也具有模拟量输入输出。所以 PLC 可实现模拟量控制，而且具有 PID 控制功能的 PLC 可构成闭环控制，用于过程控制。这一功能已广泛用于锅炉、反应堆、水处理、酿酒以及闭环位置控制和速度控制等方面。

（5）数据处理 现代PLC具有数学运算（含矩阵运算、函数运算、逻辑运算）、数据传送、数据转换、排序、查表、位操作等功能，可以完成数据的采集、分析及处理。这些数据可以与存储在存储器中的参考值比较，完成一定的控制操作，也可以利用通信功能传送到别的智能装置，或将它们打印制表。数据处理一般用于大型控制系统，如无人控制的柔性制造系统；也可用于过程控制系统，如造纸、冶金、食品工业中的一些大型控制系统。

（6）通信及联网 PLC的通信包括PLC与PLC、PLC与上位计算机、PLC与其他智能设备之间的通信，PLC系统与通用计算机可直接或通过通信处理单元、通信转换单元相连构成网络，以实现信息的交换，并可构成“集中管理、分散控制”的多级分布式控制系统，满足工厂自动化（FA）系统发展的需要。随着计算机控制的发展，工厂自动化网络发展得很快，各PLC厂商都十分重视PLC的通信功能，纷纷推出各自的网络系统。新近生产的PLC都具有通信接口，通信非常方便。

1.2 PLC的硬件结构和工作原理

1.2.1 PLC的硬件组成

PLC的基本组成包括中央处理模块（CPU）、存储器模块、输入/输出（I/O）模块、电源模块及外部设备（如编程器），图1-1是其硬件系统的简化框图。

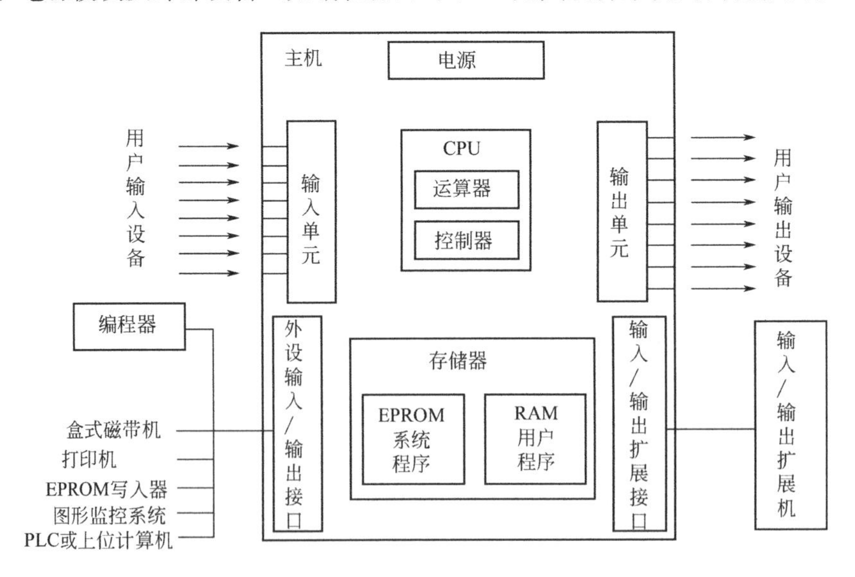

图1-1 PLC硬件系统简化框图

（1）中央处理模块　中央处理模块（CPU）一般由控制器、运算器和寄存器组成，这些电路都集成在一块芯片内。CPU 通过数据总线、地址总线和控制总线与存储单元、输入/输出接口电路相连接。主要用途如下：

① 接收从编程器输入的用户程序和数据，送入存储器存储；

② 用扫描方式接收输入设备的状态信号，并存入相应的数据区（输入映像寄存器）；

③ 监测和诊断电源、PLC 内部电路的工作状态和用户编程过程中的语法错误等；

④ 执行用户程序。从存储器逐条读取用户指令，完成各种数据的运算、传送和存储等功能；

⑤ 根据数据处理的结果，刷新有关标志位的状态和输出映像寄存器表的内容，再经输出部件实现输出控制、制表打印或数据通信等功能。

（2）存储器模块　可编程控制器中的存储器是存放程序及数据的地方，PLC 运行所需的程序分为系统程序及用户程序，存储器也分为系统存储器（EPROM）和用户存储器（RAM）两部分。

① 系统存储器：用来存放 PLC 生产厂家编写的系统程序，并固化在只读存储器 ROM 内，用户不能更改。

② 用户存储器：包括用户程序存储区和数据存储区两部分。用户程序存储区存放针对具体控制任务，用规定的 PLC 编程语言编写的控制程序。用户程序存储区的内容可以由用户任意修改或增删。用户程序存储器的容量一般代表 PLC 的标称容量，通常小型机小于 8KB，中型机小于 64KB，大型机在 64KB 以上。用户数据存储区用于存放 PLC 在运行过程中所用到的和生成的各种工作数据。

（3）输入/输出(I/O)模块　输入/输出（I/O）模块是 PLC 与工业控制现场各类信号连接的部分，起着 PLC 与被控对象间传递输入/输出信息的作用。通过输入模块将这些信号转换成 CPU 能够接收和处理的标准电平信号。按可接纳的外部信号电源的类型不同分为直流输入接口单元和交流输入接口单元。图 1-2 为输入接口电路的形式。

外部执行元件如电磁阀、接触器、继电器等所需的控制信号电平也有差别，也必须通过输出模块将 CPU 输出的标准电平信号转换成这些执行元件所能接收的控制信号。输出接口电路一般由微电脑输出接口和隔离电路、功率放大电路组成。

① PLC 的三种输出形式：继电器输出（M）、晶体管输出（T）和晶闸管输出（S）。

a. 继电器输出（电磁隔离）：用于交流、直流负载，但接通断开的频率低。

b. 晶体管输出（光电隔离）：有较高的接通断开频率，用于直流负载。

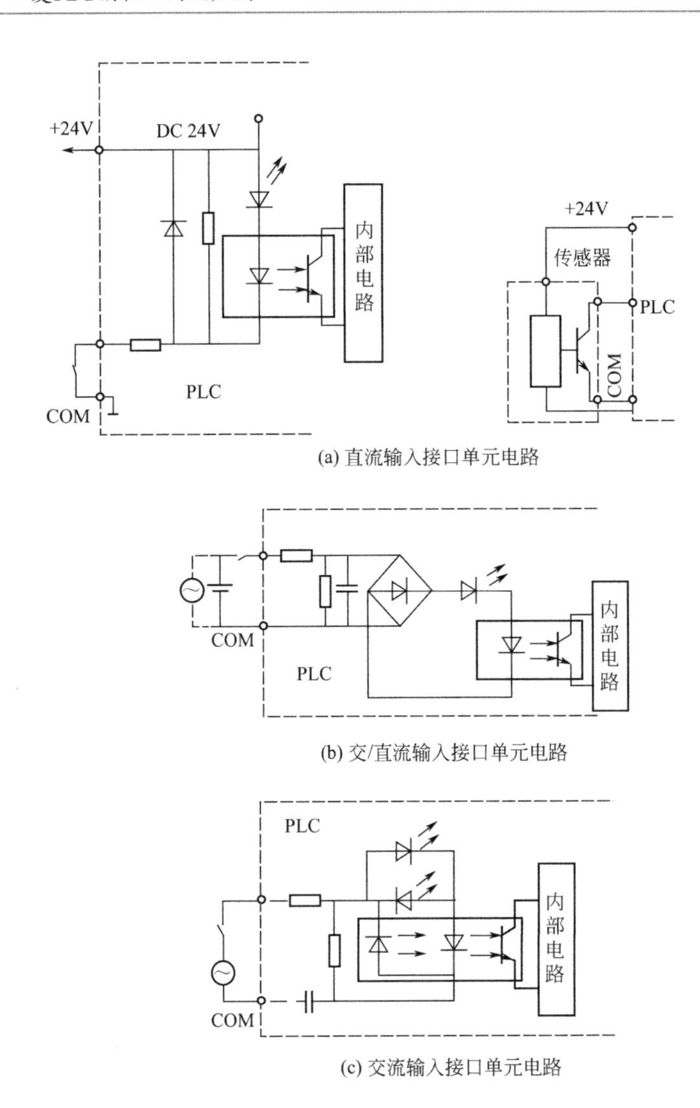

(a) 直流输入接口单元电路

(b) 交/直流输入接口单元电路

(c) 交流输入接口单元电路

图 1-2　输入接口电路的形式

c. 晶闸管输出（光触发型进行电气隔离）：仅适用于交流负载。

② 输出端子两种接线方式

a. 输出各自独立（无公共点）。

b. 每 4～8 个输出点构成一组，共用一个公共点。

如图 1-3 所示。

(4) 电源模块　PLC 的电源模块把交流电源转换成供 PLC 的中央处理器 CPU、存储器等电子电路工作所需要的直流电源，使 PLC 正常工作。PLC 的电源部件有很好的稳压措施，因此对外部电源的稳定性要求不高，一般允许外部电源电压的额定值在＋10％～－15％的范围内波动。有些 PLC 的电源部件还能向外提供

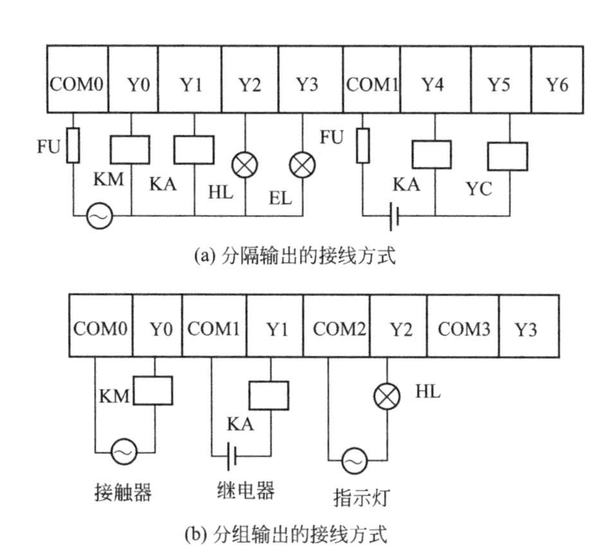

图 1-3 输出端子两种接线方式

直流 24V 稳压电源，用于对外部传感器供电。为了防止在外部电源发生故障的情况下，PLC 内部程序和数据等重要信息的丢失，PLC 用锂电池作停电时的后备电源。

（5）外部设备

① 编程器

a. 专用的编程器：有手持式的，也有台式的。其中手持式编程器携带方便，适合工业控制现场应用。按照功能强弱，手持式编程器又可分为简易型及智能型两类。前者只能联机编程，后者既可联机又可脱机编程。

b. 个人计算机：在个人计算机上安装了 PLC 编程支持软件后，可编辑、修改用户程序，进行计算机和 PLC 之间程序的相互传送，监控 PLC 的运行，并在屏幕上显示其运行状况，还可将程序储存在磁盘上或打印出来等。

② 其他外部设备

a. 外部存储器：外部存储器是指磁带或磁盘，工作时可将用户程序或数据存储在盒式录音机的磁带上或磁盘驱动器的磁盘中，作为程序备份。当 PLC 内存中的程序被破坏或丢失时，可将外存中的程序重新装入。

b. 打印机：打印机用来打印带注释的梯形图程序或指令语句表程序以及打印各种报表等。

c. EPROM 写入器：EPROM 写入器用于将用户程序写入 EPROM 中。同一 PLC 系统的各种不同应用场合的用户程序可分别写入不同的 EPROM（可电擦除可编程的只读存储器）中去，当系统的应用场合发生改变时，只需更换相应的 EPROM 芯片即可。

1.2.2 PLC的软件组成

由图1-1可见，PLC实质上是一种工业控制用的专用计算机。PLC系统也是由硬件系统和软件系统两大部分组成的，其软件包括系统软件和应用软件。

(1) 系统软件 系统软件含系统的管理程序、用户指令的解释程序，另外还包括一些供系统调用的专用标准程序块等。系统管理程序用以完成机内运行相关时间分配、存储空间分配管理、系统自检等工作。用户指令的解释程序用以完成用户指令变换为机器码的工作。

系统软件在用户使用可编程控制器之前就已装入机内，并永久保存，在各种控制工作中也不需要做什么更改。

(2) 应用软件 应用软件又叫用户软件或用户程序，是由用户根据控制要求，采用PLC专用的程序语言编制的应用程序，以实现所需的控制目的。应用软件常用的编程语言有：

① 梯形图 梯形图语言是在传统电气控制系统中常用的接触器、继电器等图形表达符号的基础上演变而来的。它与电气控制线路图相似，继承了传统电气控制逻辑中使用的框架结构、逻辑运算方式和输入/输出形式，具有形象、直观、实用的特点。因此，这种编程语言为广大电气技术人员所熟知，是应用最广泛的PLC的编程语言，是PLC的第一编程语言。

② 语句表语言 语句表也叫做指令表。这种编程语言是一种与汇编语言类似的助记符编程表达式。在PLC应用中，经常采用简易编程器，而这种编程器中没有CRT屏幕显示，或没有较大的液晶屏幕显示。因此，就用一系列PLC操作命令组成的语句表将梯形图描述出来，再通过简易编程器输入到PLC中。虽然各个PLC生产厂家的语句表形式不尽相同，但基本功能相差无几。

③ 逻辑图语言 逻辑图是一种类似数字逻辑电路结构的编程语言，由与门、或门、非门、定时器、计数器、触发器等逻辑符号组成。

④ 功能表图语言 功能表图语言是一种较新的编程方法，又称状态转移图语言。它将一个完整的控制过程分为若干阶段，各阶段具有不同的动作，阶段间有一定的转换条件，转换条件满足就实现阶段转移，上一阶段动作结束，下一阶段动作开始。使用功能表图的方式来表达一个控制过程，对于顺序控制系统特别适用。

⑤ 高级语言 随着PLC技术的发展，为了增强PLC的运算、数据处理及通信等功能，以上编程语言无法很好地满足要求。近年来推出的PLC，尤其是大型PLC，都可以使用高级语言，如BASIC语言、C语言、PASCAL语言等进行编程。使用高级语言后，用户可以像使用普通微型计算机一样操作PLC，使PLC的各种功能得到更好的发挥。

1.2.3　PLC的简单工作原理

最初研制生产的PLC主要用于代替传统的由继电器接触器构成的控制装置，但这两者的运行方式是不相同的，继电器控制装置采用硬逻辑并行运行的方式，即如果这个继电器的线圈通电或断电，该继电器所有的触点（包括其常开或常闭触点）在继电器控制线路的哪个位置上都会立即同时动作。而PLC的CPU则采用顺序逻辑扫描用户程序的运行方式，即如果一个输出线圈或逻辑线圈被接通或断开，该线圈的所有触点（包括其常开或常闭触点）不会立即动作，必须等扫描到该触点时才会动作。

为了消除二者之间由于运行方式不同而造成的差异，考虑到继电器控制装置各类触点的动作时间一般在100ms以上，而PLC扫描用户程序的时间一般均小于100ms，因此，PLC采用了一种不同于一般微型计算机的运行方式——扫描技术。这样在对于I/O响应要求不高的场合，PLC与继电器控制装置的处理结果上就没有什么区别了。

PLC的一个扫描过程包含以下五个阶段。如图1-4所示。

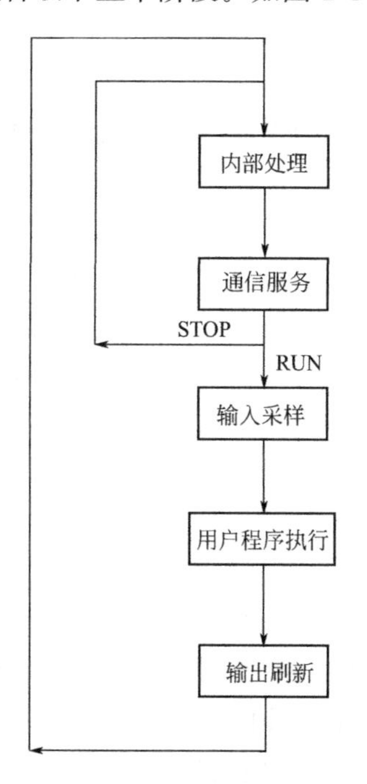

图1-4　PLC循环扫描过程示意图

（1）内部处理　检查CPU等内部硬件是否正常，对监视定时器复位，其他内部处理。

（2）通信服务　与其他智能装置（编程器、计算机）通信。如：响应编程器键入的命令，更新编程器的显示内容。

(3) **输入采样** 在输入采样阶段，PLC以扫描方式依次地读入所有输入状态和数据，并将它们存入I/O映像区中的相应单元内。输入采样结束后，转入用户程序执行和输出刷新阶段。在这两个阶段中，即使输入状态和数据发生变化，I/O映像区中的相应单元的状态和数据也不会改变。因此，如果输入是脉冲信号，则该脉冲信号的宽度必须大于一个扫描周期，才能保证在任何情况下，该输入均能被读入。

(4) **用户程序执行** 在用户程序执行阶段，PLC总是按由上而下的顺序依次地扫描用户程序（梯形图）。在扫描每一条梯形图时，又总是先扫描梯形图左边的由各触点构成的控制线路，并按先左后右、先上后下的顺序对由触点构成的控制线路进行逻辑运算，然后根据逻辑运算的结果，刷新该逻辑线圈在系统RAM存储区中对应位的状态；或者刷新该输出线圈在I/O映像区中对应位的状态；或者确定是否要执行该梯形图所规定的特殊功能指令。

(5) **输出刷新** 当扫描用户程序结束后，PLC就进入输出刷新阶段。在此期间，CPU按照I/O映像区内对应的状态和数据刷新所有的输出锁存电路，再经输出电路驱动相应的外设。这时才是PLC的真正输出。

1.3 FX_{2N}系列产品特点与性能指标

1.3.1 FX_{2N} 系列产品简介和主机面板结构

(1) **FX_{2N} 的特点** 三菱 FX_{2N} PLC是小型化、高速度、高性能和所有方面都是相当于FX系列中最高档次的超小程序装置，除输入/输出16～25点的独立用途外，还可以适用于多个基本组件间的连接、模拟控制、定位控制等特殊用途，是一套可以满足多样化广泛需要的PLC。在基本单元上连接扩展单元或扩展模块，可进行16～256点的灵活输入/输出组合。可选用16/32/48/64/80/128点的主机，可以采用最小8点的扩展模块进行扩展。可根据电源及输出形式自由选择。程序容量：内置800步RAM（可输入注释）可使用存储盒，最大可扩充至16K步。丰富的软元件应用指令中有多条可使用的简单指令、高速处理指令，输入过滤常数可变，中断输入处理，直接输出等。便利指令数字开关的数据读取，16位数据的读取，矩阵输入的读取，7段显示器输出等。数据处理、数据检索、数据排列、三角函数运算、平方根、浮点小数运算等。特殊用途，脉冲输出（20kHz/DC 5V，10kHz/DC 12～24V），脉宽调制，PID控制指令等。外部设备相互通信，串行数据传送，ASCII code印刷，HEX ASCII变换，校验码等。计时控制内置时钟的数据比较、加法、减法、读出、写入等。

此外，FX 系列 PLC 还拥有其他 PLC 无以匹及的速度、高级的功能逻辑选件以及定位控制等特点。

FX_{2N} 是从 16 路到 256 路输入/输出的多种应用的选择方案。

（2）FX_{2N} 系列产品 如表 1-1 所示。

表 1-1 FX_{2N} 系列产品一览表

FX_{2N}-32MR-001	基本单元	带 16 点输入/16 点继电器输出
FX_{2N}-16MR-001	基本单元	带 8 点输入/8 点继电器输出
FX_{2N}-80MR-D	基本单元	带 40 点输入/40 点继电器输出
FX_{2N}-64MR-D	基本单元	带 32 点输入/32 点继电器输出
FX_{2N}-48MR-D	基本单元	带 24 点输入/24 点继电器输出
FX_{2N}-32MR-D	基本单元	带 16 点输入/16 点继电器输出
FX_{2N}-128MT-001	基本单元	带 64 点输入/64 点晶体管输出
FX_{2N}-80MT-001	基本单元	带 40 点输入/40 点晶体管输出
FX_{2N}-64MT-001	基本单元	带 32 点输入/32 点晶体管输出
FX_{2N}-48MT-001	基本单元	带 24 点输入/24 点晶体管输出
FX_{2N}-32MT-001	基本单元	带 16 点输入/16 点晶体管输出
FX_{2N}-16MT-001	基本单元	带 8 点输入/8 点晶体管输出
FX_{2NC}-96MT	基本单元	带 48 点输入/48 点晶体管输出
FX_{2NC}-64MT	基本单元	带 32 点输入/32 点晶体管输出
FX_{2NC}-32MT	基本单元	带 16 点输入/16 点晶体管输出
FX_{2NC}-16MT	基本单元	带 8 点输入/8 点晶体管输出

（3）FX_{2N} 性能规格 如表 1-2 所示。

表 1-2 FX_{2N} 性能规格一览表

项目	规格	备注
运转控制方式	通过储存的程序周期运转	
I/O 控制方法	批次处理方法 （当执行 END 指令时）	I/O 指令可以刷新
运转处理时间	基本指令：0.8μs/指令	应用指令：1.52μs/指令至几百微秒/指令
编程语言	逻辑梯形图和指令清单	使用步进梯形图能生成 SFC 类型程序
程式容量	8000 步内置	使用附加寄存盒可扩展到 16000 步
指令数目	基本顺序指令：27 步进梯形指令：2 应用指令：256	最大可用 298 条应用指令

续表

项目		规格	备注
I/O配置		最大硬件I/O配置点256,依赖于用户的选择(最大软件可设定地址输入256、输出256)	
辅助继电器(M)	一般	500点	M0～M499
	锁定	2572点	M500～M3071
	特殊	256点	M8000～M8255
状态继电器(S)	一般	490点	S0～S499
	锁定	400点	S500～S899
	初始	10点	S0～S9
	信号报警器	100点	S900～S999
定时器(T)	100ms	范围:0～3276.7s 200点	T0～T199
	10ms	范围:0～327.67s 46点	T200～T245
	1ms保持型	范围:0～32.767s 4点	T246～T249
	100ms	范围:0～3276.7s 6点	T250～T255
计数器(C)	一般16位	范围:0～32767s 200点	C0～C199 类型:16位上计数器
	锁定16位	100点(子系统)	C100～C199 类型:16位上计数器
	一般32位	15点	C200～C219 类型:16位上/下计数器
	锁定32位	15点	C220～C234 类型:16位上/下计数器
高速计数器(C)	单相	范围:-2147483648～+2147483647 一般规则:选择组合计数频率不大于20kHz的计数器组合注意所有的计数器锁定	C235～C240 6点
	单相C/W起始/停止输入		C241～C245 5点
	双相		C246～C250 5点
	A/B相		C251～C255 5点
数据寄存器(D)	一般	200点	D0～D199 类型:32位元件的16位数据存储寄存器对
	锁定	7800点	D200～D7999 类型:32位元件的16位数据存储寄存器对
	文件寄存器	7000点	D1000～D7999通过14块500程序步的参数设置 类型:16位数据存储寄存器
	特殊	256点	从D8000～D8255 类型:16位数据存储寄存器
	变址	16点	V0～V7与Z0～Z7 类型:16位数据存储寄存器

续表

项目		规格	备注
指标(P)	用于 CALL	128 点	P0～P127
	用于中断	6 输入点、3 定时器、6 计数器	输入中断 100□～150□ (上升沿中断:1;下降沿中断:0) 定时器中断 16□□～18□□ (定时中断时间 10～99ms)
嵌套层次		用于 MC 和 MRC 时 8 点	N0～N7
常数	十进位 K	16 位:－32768～＋32768 32 位:－2147483648～＋2147483647	
	十六进位 H	16 位:0000～FFFF 32 位:00000000～FFFFFFFF	
	浮点	32 位:$\pm1.175\times10^{-38}$,$\pm3.403\times10^{-38}$(不能直接输入)	

(4) FX_{2N} 扩展模块 FX_{2N}-8EX 扩展单元带 8 点继电器输入。

FX_{2N}-8EYR 扩展单元 8 出继电器输出。

FX_{2N}-8ER 扩展模块 4 入 4 出继电器输出。

FX_{2N}-8EYT 扩展单元 8 出晶体管输出。

FX_{2N}-48ER 扩展单元带 24 点输入/24 点继电器输出。

FX_{2N}-48ET 扩展单元带 24 点输入/24 点晶体管输出。

FX_{2N}-32ER 扩展单元带 16 点输入/16 点继电器输出。

FX_{2N}-32ET 扩展单元带 16 点输入/16 点晶体管输出。

FX_{2N}-16EX 扩展单元带 16 点输入。

FX_{2N}-16EYR 扩展模块带 16 点继电器输出。

FX_{2N}-16EYT 扩展模块带 16 点晶体管输出。

(5) 主机面板 如图 1-5 和图 1-6 所示。

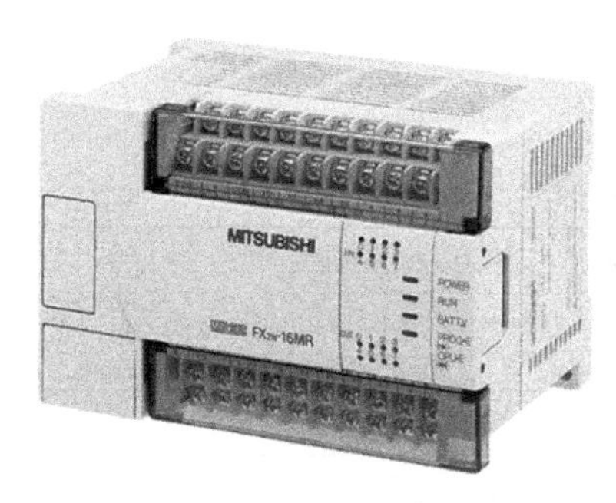

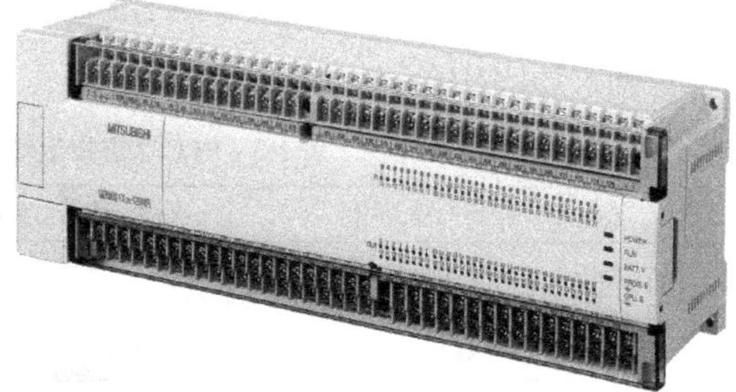

图 1-5 三菱 FX_{2N} PLC 主机面板

① 主机面板各部分说明如图 1-6 所示。

Ⅰ——型号；Ⅱ——状态指示灯（见图 1-7)；Ⅲ——模式转换开关与通信接

口；Ⅳ——PLC的电源端子与输入端子；Ⅴ——输入指示灯；Ⅵ——输出指示灯；Ⅶ——输出端子。

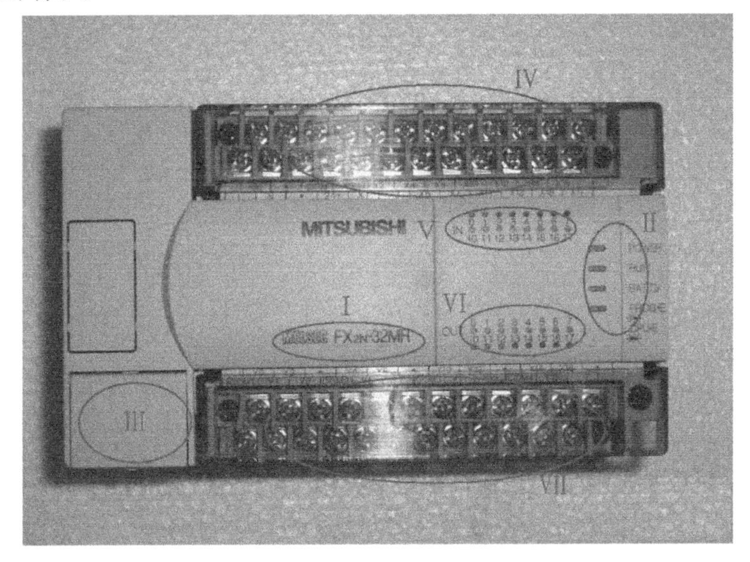

图 1-6　三菱 FX_{2N} 系列 PLC 的面板介绍图

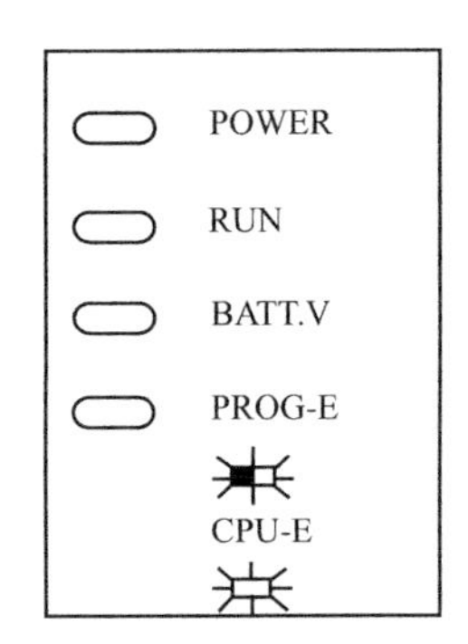

图 1-7　PLC 的状态指示灯

② PLC 的状态指示灯如表 1-3 所示。

表 1-3　PLC 状态指示灯的功能

指　示　灯	指示灯的状态与当前运行的状态
POWER 电源指示灯(绿灯)	PLC 接通 220V 交流电源后，该灯点亮，正常时仅有该灯点亮表示 PLC 处于编辑状态
RUN 运行指示灯(绿灯)	当 PLC 处于正常运行状态时，该灯点亮
BATT. V 内部锂电池电压低指示灯(红灯)	若该指示灯点亮说明锂电池电压不足，应更换
PROG-E(CPU-E)程序出错指示灯(红灯)	若该指示灯闪烁，说明出现以下类型的错误： ①程序语法错误。　②锂电池电压不足。 ③定时器或计数器未设置常数。　④干扰信号使程序出错。 ⑤程序执行时间超出允许时间，此灯连续亮

③ 模式转换开关与通信接口如图 1-8 所示。

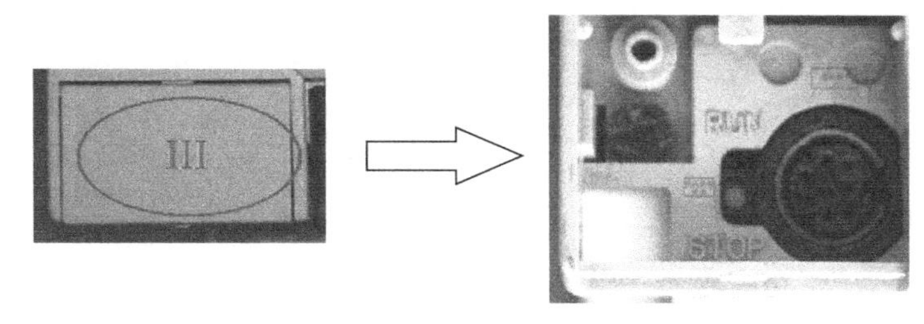

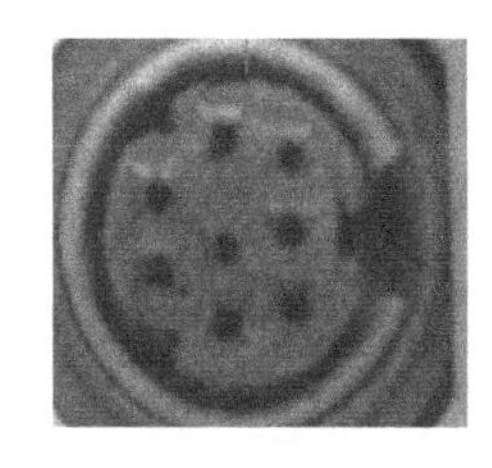

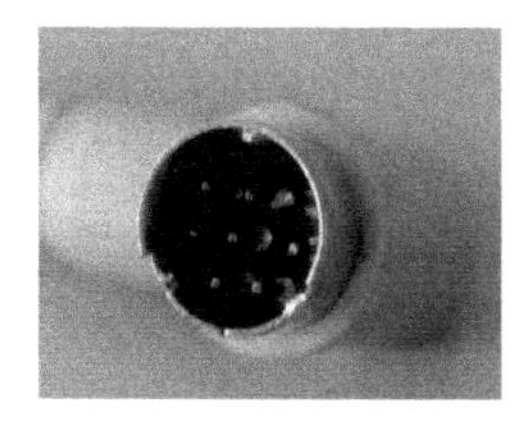

图 1-8 模式转换开关与通信接口

模式转换开关用来改变 PLC 的工作模式，PLC 电源接通后，将转换开关打到 RUN 位置上，则 PLC 的运行指示灯（RUN）发光，表示 PLC 正处于运行状态；将转换开关打到 STOP 位置上，则 PLC 的运行指示灯（RUN）熄灭，表示 PLC 正处于停止状态。

通信接口用来连接手持式编程器或电脑，通信线一般有手持式编程器通信线和电脑通信线两种，通信线与 PLC 连接时，务必注意通信线接口内的“针”与 PLC 上的接口正确对应后才可将通信线接口用力插入 PLC 的通信接口，避免损坏接口。

④ PLC 的电源端子、输入端子与输入指示灯如图 1-9 所示。

外接电源端子：图 1-9 中方框内的端子为 PLC 的外部电源端子（L、N、地），通过这部分端子外接 PLC 的外部电源（220V AC）。

输入公共端子 COM：在外接传感器、按钮、行程开关等外部信号元件时需接一个公共端子。

＋24V 电源端子：PLC 自身为外部设备提供的直流 24V 电源，多用于三端传感器。

X 端子：X 端子为输入（IN）继电器的接线端子，是将外部信号引入 PLC 的必经通道。

输入指示灯：为 PLC 的输入（IN）指示灯，PLC 有正常输入时，对应输入点的指示灯亮。

⑤ PLC 的输出端子与输出指示灯如图 1-10 所示。

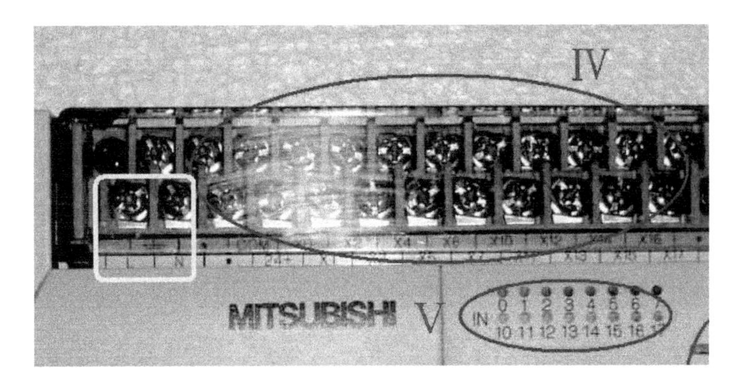

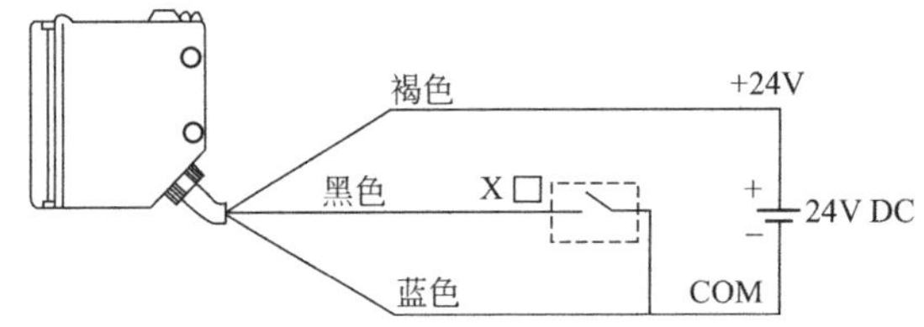

图 1-9　PLC 的电源端子、输入端子与输入指示灯

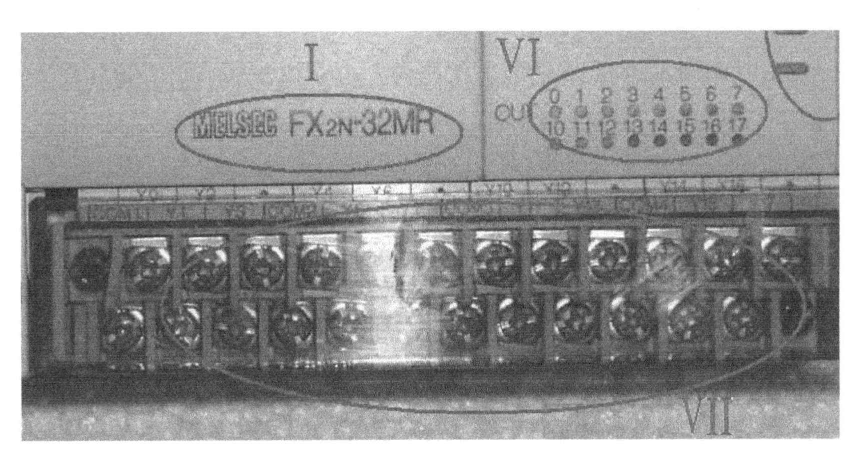

图 1-10　PLC 的输出端子与输出指示灯

输出公共端子 COM：此端子为 PLC 输出公共端子，在 PLC 连接交流接触器线圈、电磁阀线圈、指示灯等负载时必须连接的一个端子。

负载使用相同电压类型和等级时：将 COM1、COM2、COM3、COM4 用导线短接起来即可。

负载使用不同电压类型和等级时：Y0～Y3 共用 COM1，Y4～Y7 共用 COM2，Y10～Y13 共用 COM3，Y14～Y17 共用 COM4，Y20～Y27 共用 COM5。对于共用一个公共端子的同一组输出，必须用同一电压类型和同一电压等级，但不同的公共端子组可使用不同的电压类型和电压等级。

Y 端子：Y 端子为 PLC 的输出（OUT）继电器的接线端子，是将 PLC 指令执行结果传递到负载侧的必经通道。

输出指示灯：当某个输出继电器被驱动后，则对应的 Y 指示灯就点亮。

1.3.2 FX_{2N} 系列产品的性能指标

在使用 PLC 的过程中，除了要熟悉 PLC 的硬件结构，还应了解 PLC 的一些性能指标。

（1）FX_{2N} 的基本性能指标 如表 1-4 所示。

表 1-4 FX_{2N} 系列 PLC 的基本性能指标

项目		FX_{2N}
运算控制方式		存储程序，反复运算
I/O 控制方式		批处理方式(在执行 END 指令时)，可以使用 I/O 刷新
运算处理速度	基本指令	0.08μs/指令
	应用指令	1.52μs/指令至数百微秒/指令
程序语言	逻辑梯形图和指令表，可以用步进梯形指令来生成顺序控制指令	
程序容量(E^2PROM)	内置 8K 步，用存储盒可达 16K 步	
指令容量	基本、步进	基本指令 27 条，步进指令 2 条
	应用指令	128 条
I/O 设置	最多 256 点	

（2）FX 系列 PLC 型号

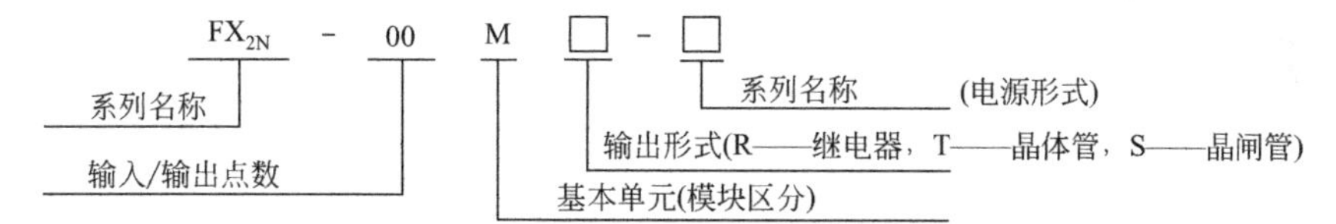

（3）PLC 控制系统与继电器控制系统的比较 PLC 控制系统与继电器控制系统相比，有许多相似之处，也有许多不同。现将两种控制系统进行比较。

继电器控制系统控制逻辑采用硬件接线，利用继电器机械触点的串联或并联等组合成控制逻辑，其连线多且复杂、体积大、功耗大，系统构成后，想再改变或增加功能较为困难。

另外，继电器的触点数量有限，所以继电器控制系统的灵活性和可扩展性受到很大限制。而 PLC 采用了计算机技术，其控制逻辑是以程序的方式存放在存储器中，要改变控制逻辑只需改变程序，因而很容易改变或增加系统功能。PLC 控制系统连线少、体积小、功耗小，而且 PLC 中每个软继电器的触点数理论上是无限制的，因此其灵活性和可扩展性很好。

① 从工作方式上进行比较 在继电器控制电路中，当电源接通时，电路中所

有继电器都处于受制约状态即该吸合的继电器都同时吸合，不该吸合的继电器受某种条件限制而不能吸合，这种工作方式称为并行工作方式。而PLC的用户程序是按一定顺序循环执行，所以各软继电器都处于周期性循环扫描接通中，受同一条件制约的各个继电器的动作次序决定于程序扫描顺序，同它们在梯形图中的位置有关，这种工作方式称为串行工作方式。

② 从控制速度上进行比较　继电器控制系统是依靠机械触点的动作实现的，工作频率低，触点的开关动作一般在几十毫秒数量级，且机械触点还会出现抖动问题。而PLC通过程序指令控制半导体电路来实现控制，一般一条用户指令的执行时间在微秒数量级，因此速度较快，PLC内部还有严格的同步控制，不会出现触点抖动问题。

③ 从定时和计数方式上进行比较　继电器控制系统的时间继电器的延时精度易受环境温度和湿度的影响，精度不高，无计数功能。

PLC控制系统的时钟脉冲由晶振产生，精度高，范围宽。

④ 从可靠性和可维护性上进行比较　由于继电器控控制系统使用了大量的机械触点，连线多，触点开闭时存在机械磨损、电弧烧伤等现象，触点寿命短，所以可靠性和可维护性较差。而PLC采用半导体技术，大量的开关动作由无触点的半导体电路来完成，其寿命长、可靠性高。PLC还具有自诊断功能，能查出自身的故障，随时显示给操作人员，并能动态地监视控制程序的执行情况，为现场调试和维护提供了方便。

第2章

FX_{2N}系列产品的编程基础

2.1 数　制

“进位数制”在日常生活中经常遇到，人们有意无意地在和进位数制打交道。例如：一双筷子（逢二进一），十厘米等于一分米（逢十进一），一刻钟（逢十五进一），一小时（逢六十进一），十二个月为一年（逢十二进一），等等。

2.1.1　数制的概念及分类

计算机处理的信息都以数据的形式表示，在计算机内部，各种信息都必须经过数字化编码后才能被传送、存储和处理。常见的数制有二进制、八进制、十进制、十六进制。由于二进制的运算规则和电路简单，因此数据在计算机和 PLC 汇编语言中均以二进制表示，并用它们的组合表示不同类型的信息。

（1）数码　数制中表示基本数值大小的不同数字符号。例如，十进制有 10 个数码：0、1、2、3、4、5、6、7、8、9。

（2）基数　在一种进位数制中，只能使用一组固定的数字符号来表示成千上万个数，我们称这组数字的个数为基数。例如：二进制的基数为 2，即它由两个数（0，1）组成。

（3）位权　位权是指一个数字在某个固定位置上所代表的值，处在不同位置上的数字所代表的值不同，每个数字的位置决定了它的值或者位权。位权与基数的关系是：各进位制中位权的值是基数的若干次幂。

（4）十进制　日常生活中最常见的是十进制，它主要使用在计算机外部。十进制由十个不同的数码组成：0、1、2、3、4、5、6、7、8、9。计数规则是逢十进一。即 $6+4=(10)_{10}$。

任意一个十进制数都可以表示为各个数位上的数码与其对应的权的乘积之和，称为权展开式。用通式可表示为：

$$(N)_{10}=a_{n-1}\times 10_{n-1}+a_{n-2}\times 10_{n-2}+\cdots+a_1\times 10^1+a_0\times 10^0+a_{-1}\times 10^{-1}+a_{-2}\times 10^{-2}+\cdots+a_{-m}\times 10^{-m}$$

$$=\sum_{-m}^{n-1}a_i\times 10^i$$ 。

式中，a_i 为 0～9 中的任一数码；10 为进制的基数；10 的 i 次幂为第 i 位的权；m、n 为正整数，n 为整数部分的位数，m 为小数部分的位数。

(5) 二进制　二进制是计算技术中广泛采用的一种数制。当前的计算机系统使用的基本上是二进制系统，数据在计算机中主要是以补码的形式存储的。计算机中的二进制则是一个非常微小的开关，用 1 来表示“开”，0 来表示“关”。二进制数据是用 0 和 1 两个数码来表示的数。它的基数为 2，进位规则是“逢二进一”，即 $1+1=(10)_2$，用通式可表示为 $(N)_2=\sum_{-m}^{n-1}b_i\times 2^i$，如 $(1101)^2=1\times 2^3+1\times 2^2+0\times 2^1+1\times 2^0=(13)_{10}$。

(6) 八进制　常应用在电子计算机的计算中，以及程序设计语言提供了使用八进制符号来表示数字的能力。在八进制中，数用 0、1、2、3、4、5、6、7 这八个符号来描述。计数规则是逢八进一。即 $6+2=(10)_8$。

如 $(106.13)_8=1\times 8^2+0\times 8^1+6\times 8^0+1\times 8^{-1}+3\times 8^{-2}=(70.171875)_{10}$。

(7) 十六进制　十六进制是计算机中数据的一种表示方法。同我们日常生活中的表示法不一样，它由 0～9，A～F 组成，字母不区分大小写。与十进制的对应关系是：0～9 对应 0～9，A～F 对应 10～15，N 进制的数可以用 0～$(N-1)$ 的数表示，超过 9 的用字母 A～F。计数规则是逢十六进一。即 $F+1=(10)_{16}$。十六进制数中每个数位的权都是 16 的幂。例如：$(B8.A)_{16}=11\times 16^1+8\times 16^0+10\times 16^{-1}=(184.625)_{10}$。

(8) 数制符号　二进制 B（Binary）；八进制 O（Octal）；十进制 D（Decimal），可省略；十六进制 H（Hexadecimal）。

2.1.2　数制之间的转化

在数制运算中，必须指明该数是什么数制的数。例如 $(1101)_2$、$(1101)_8$、$(1101)_{10}$、$(1101)_{16}$ 所代表的数是不一样的，在这里我们用下标进行区别。另外还可以用字母进行区别，例如 1101B，注意字母必须放在数的最后。

(1) 其他进制转换为十进制　方法：按权求和。即将其他进制数按权位展开，然后各项相加，就得到相应的十进制数。

【例 2-1】 $N=(1001.01)_B=(?)_D$

【解】 按权展开 $N=1\times2^3+0\times2^2+0\times2^1+1\times2^0+0\times2^{-1}+1\times2^{-2}$

$=8+0+0+1+0+0.25$

$=(9.25)_D$

(2) 十进制转换成二进制 分整数部分和小数部分分别转换。

① 整数部分：除 2 取余法，即每次将整数部分除以 2，余数为该位权上的数，而商继续除以 2，余数又为上一个位权上的数，这个步骤一直持续下去，直到商为 0 为止，最后读数的时候，从最后一个余数读起，一直到最前面的一个余数。下面举例：

【例 2-2】 $N=(186)_D=(?)_B$

【解】 分析：第一步，将 186 除以 2，商为 93，余数为 0。

第二步，将商 93 除以 2，商为 46 余数为 1。

第三步，将商 46 除以 2，商为 23 余数为 0。

第四步，将商 23 除以 2，商为 11 余数为 1。

第五步，将商 11 除以 2，商为 5 余数为 1。

第六步，将商 5 除以 2，商为 2 余数为 1。

第七步，将商 2 除以 2，商为 1 余数为 0。

第八步，将商 1 除以 2，商为 0 余数为 1。

第九步，读数，因为最后一位是经过多次除以 2 才得到的，因此它是最高位，读数字从最后的余数向前读，即 10111010。

② 小数部分：乘 2 取整法，即将小数部分乘以 2，然后取整数部分，剩下的小数部分继续乘以 2，然后取整数部分，剩下的小数部分又乘以 2，一直取到小数部分为零为止。如果永远不能为零，就同十进制数的四舍五入一样，按照要求保留多少位小数时，就根据后面一位是 0 还是 1 进行取舍，如果是零，舍掉，如果是 1，入一位。换句话说就是 0 舍 1 入。读数要从前面的整数读到后面的整数，下面举例：

【例 2-3】 $N=(0.125)_D=(?)_B$

【解】 分析：第一步，将 0.125 乘以 2，得 0.25，则整数部分为 0，小数部分为 0.25；

第二步，将小数部分 0.25 乘以 2，得 0.5，则整数部分为 0，小数部分为 0.5；

第三步，将小数部分 0.5 乘以 2，得 1.0，则整数部分为 1，小数部分为 0.0；

第四步，读数，从第一位读起，读到最后一位，即为 0.001。

(3) 二进制与八进制之间的转换 首先，我们需要了解一个数学关系，即 $2^3=8$，$2^4=16$，而八进制和十六进制是用这关系衍生而来的，即用三位二进制表示一位八进制。接着，记住4个数字8、4、2、1（$2^3=8$、$2^2=4$、$2^1=2$、$2^0=1$）。

① 二进制转换为八进制　方法：取三合一法，即从二进制的小数点为分界点，向左（向右）每三位取成一位，接着将这三位二进制按权相加，得到的数就是一位八位二进制数，然后按顺序进行排列，小数点的位置不变，得到的数字就是我们所求的八进制数。如果向左（向右）取三位后，取到最高（最低）位时无法凑足三位，可以在小数点最左边（最右边），即整数的最高位（最低位）添0，凑足三位。

a. 将二进制数101011.101转换为八进制，得到结果：将101011.101转换为八进制为53.5。

b. 将二进制数10101.11转换为八进制，得到结果：将10101.11转换为八进制为25.6。

② 将八进制转换为二进制　方法：取一分三法，即将一位八进制数分解成三位二进制数，用三位二进制按权相加去凑这位八进制数，小数点位置照旧。

将八进制数67.54转换为二进制为110111.101100，即110111.1011。

从上面这道题可以看出，计算八进制转换为二进制时，首先，将八进制按照从左到右每位展开为三位，小数点位置不变；然后，按每位展开为2^2，2^1，2^0（即4、2、1）三位去做凑数，即$a\times2^2+b\times2^1+c\times2^0$=该位上的数（$a=1$或者$a=0$，$b=1$或者$b=0$，$c=1$或者$c=0$），将$a$、$b$、$c$排列就是该位的二进制数；接着，将每位上转换成二进制数按顺序排列；最后，就得到了八进制转换成二进制的数字。

二进制与八进制的互换要注意的问题有：

a. 它们之间的互换是以一位与三位转换，这个有别于二进制与十进制转换；

b. 在做添0和去0的时候要注意，是在小数点最左边或者小数点的最右边（即整数的最高位和小数的最低位）才能添0或者去0，否则将产生错误。

（4）二进制与十六进制的转换　方法：与二进制与八进制转换相似，只不过是一位（十六）与四位（二进制）的转换。

① 二进制转换为十六进制　方法：取四合一法，即从二进制的小数点为分界点，向左（向右）每四位取成一位，接着将这四位二进制按权相加，得到的数就是一位十六位二进制数，然后，按顺序进行排列，小数点的位置不变，得到的数字就是我们所求的十六进制数。如果向左（向右）取四位后，取到最高（最低）位的时候，如果无法凑足四位，可以在小数点最左边（最右边）即整数的最高位（最低位）添0，凑足四位。

例如将二进制11101001.1011转换为十六进制：

结果：将二进制11101001.1011转换为十六进制为E9.B。

例如，将101011.101转换为十六进制：

结果：将二进制101011.101转换为十六进制为2B.A。

② 将十六进制转换为二进制　方法：取一分四法，即将一位十六进制数分解

成四位二进制数，用四位二进制按权相加去凑这位十六进制数，小数点位置照旧。

例如将十六进制 6E.2 转换为二进制数：

结果：将十六进制 6E.2 转换为二进制为 01101110.0010 即 1101110.001。

（5）八进制与十六进制的转换 方法：一般不能互相直接转换，一般是将八进制（或十六进制）转换为二进制，再将二进制转换为十六进制（或八进制），小数点位置不变。

2.1.3 二进制的运算

（1）加法运算 运算法则：逢二进一。

【例 2-4】 求 $(100110)_2+(10101)_2=?$

【解】

```
  100110
 +10101
 -------
  111011
```

（2）减法运算 运算法则：借一当二。

【例 2-5】 求 $(110011)_2-(101)_2=?$

【解】

```
  110011
 -   101
 -------
  101110
```

（3）乘法运算 运算法则：各数相乘再作加法运算。

【例 2-6】 求 $(1101)_2\times(110)_2=?$

【解】

```
      1101
 ×     110
 ---------
      0000
     1101
 +  1101
 ---------
   1001110
```

（4）除法运算 运算法则：各数相除，再作减法运算。

【例 2-7】 求 $(11010)_2\div(101)_2=?$

【解】

```
       101
 101/11010
     101
     -----
       110
       101
     -----
         1
```

故 $(11010)_2 \div (101)_2 = 101$（商）……1（余数）。

2.2 二进制逻辑运算

逻辑变量之间的运算称为逻辑运算。二进制数 1 和 0 在逻辑上可以代表“真”与“假”、“是”与“否”、“有”与“无”，这种具有逻辑属性的变量就称为逻辑变量。计算机的逻辑运算和算术的逻辑运算的主要区别是：逻辑运算是按位进行的，位与位之间不像加减运算那样有进位或借位的联系。逻辑运算主要包括三种基本运算：逻辑加法（又称“或”运算）、逻辑乘法（又称“与”运算）和逻辑否定（又称“非”运算）。此外，“异或”运算也很有用。

2.2.1 逻辑加法（“或”运算）

逻辑加法通常用符号“+”或“∨”来表示。逻辑加法运算规则如下：

$0+0=0$，$0 \vee 0=0$

$0+1=1$，$0 \vee 1=1$

$1+0=1$，$1 \vee 0=1$

$1+1=1$，$1 \vee 1=1$

从上式可见，逻辑加法有“或”的意义。也就是说，在给定的逻辑变量中，A 或 B 只要有一个为 1，其逻辑加的结果为 1；两者都为 0，则逻辑加为 0。

2.2.2 逻辑乘法（“与”运算）

逻辑乘法通常用符号“×”或“∧”或“·”来表示。逻辑乘法运算规则如下：

$0 \times 0=0$，$0 \wedge 0=0$，$0 \cdot 0=0$；

$0 \times 1=0$，$0 \wedge 1=0$，$0 \cdot 1=0$；

$1 \times 0=0$，$1 \wedge 0=0$，$1 \cdot 0=0$；

$1 \times 1=1$，$1 \wedge 1=1$，$1 \cdot 1=1$。

不难看出，逻辑乘法有“与”的意义。它表示只当参与运算的逻辑变量都同时取值为 1 时，其逻辑乘积才等于 1。

2.2.3 逻辑否定（“非”运算）

逻辑非运算又称逻辑否运算。其运算规则为：

！0=1（非 0 等于 1）；

! 1=0（非1等于0）。

2.2.4 异或逻辑运算（“半加”运算）

异或运算通常用符号“⊕”表示，其运算规则为：

0⊕0=0，0同0异或，结果为0；

0⊕1=1，0同1异或，结果为1；

1⊕0=1，1同0异或，结果为1；

1⊕1=0，1同1异或，结果为0。

即两个逻辑变量相异，输出才为1。

2.3 常见三相异步电动机基本控制线图

2.3.1 电气控制系统图基本知识

电气控制系统图是电气线路安装、调试、使用与维护的理论依据，主要包括电气原理图、电气安装接线图、电气元件布置图。系统中各所用电气设备的电气控制原理，用以指导电气设备的安装和控制系统的调试运行工作。

（1）定义及种类 电气控制系统是由许多电气元件和导线按照一定要求连接而成的。

为了表达生产机械电气控制系统的结构、原理等设计意图，同时也为了便于电气元件的安装、接线、运行、维护，需将电气控制系统中各电气元件的连接用一定的图形表示出来，这种图就是电气控制系统图。

① 电气系统图和框图　电气系统图和框图是用符号或带注释的框概略地表示系统或分系统的基本组成、相互关系及其主要特征的一种简图。其用途是为进一步编制详细的技术文件提供依据，供操作和维修时参考，这里的技术文件包括电气图本身。因此，系统图和框图是较高层次的电气图，为较低的其他层次的各种电气图（主要是电路图）提供依据，两者之间没有原则区别。在实际使用中，系统图常用于系统或成套设备，框图则用于分系统或设备。如：表示一个发电厂的整个系统使用系统图，表示一台设备内部工作原理则使用框图。

② 电气原理图　电气原理图是采用将电气元件以展开的形式绘制而成的一种电气控制系统图样，包括所有电气元件的导电部件和接线端点。电气原理图并不按照电气元件的实际安装位置来绘制，也不反映电气元件的实际外观及尺寸。其作用是：便于操作者详细了解其控制对象的工作原理，用以指导安装、调试与维修以及为绘制接线图提供依据。

③ 电气元件布置图　在完成电气原理图的设计及电气元件的选择之后，即可以进行电气元件布置图及电气安装接线图的设计。电气元件布置图主要是用来详细表明电气原理图中所有电气元件的实际安装位置，为生产机械电气设备的制造、安装提供必要的资料。可视电气控制系统复杂程度采取集中绘制或单独绘制。

④ 电气安装接线图　电气安装接线图是用规定的图形符号按电器的相对位置绘制的实际接线图，所表示的是各电气元件的相对位置和它们之间的电路连接状况。在绘制时，不但要画出控制柜内部各电气元件之间的连接方式，还要画出外部相关电器的连接方式。电气安装接线图中的回路标号是电气设备之间、电气元件之间、导线与导线之间的连接标记，其文字符号和数字符号应与原理图中的标号一致。

⑤ 功能图　功能图是表示理论上或理想化的电路关系而不涉及具体实现方法的图样，其作用是提供绘制电气原理图或者其他有关图样的依据。

（2）图形符号与文字符号　电气控制系统图中，电气元件必须使用国家统一规定的图形符号和文字符号。国家规定从 1990 年 1 月 1 日起，电气系统图中的图形符号和文字符号必须符合最新的国家标准。目前推行的最新标准是国家标准局颁布的 GB 4728—2008《电气图用图形符号》、GB 6988—2008《电气技术用文件的编制》、GB 5094—2005《工业系统、装置与设备以及工业产品结构原则与参照代号》。

① 图形符号　在电气控制系统图中用来表示电气设备、电气元件或概念的图形、标记称为图形符号。电气控制系统图中的图形符号必须按国家标准绘制。

② 文字符号　在电路图中用来区分不同的电气设备、电气元件或在区分同类设备、电气元器件时，在相对应的图形、标记旁标注的文字称为文字符号。文字符号通常由基本文字符号、辅助文字符号和数字组成，用于提供电气设备、装置和元器件的种类字母代码和功能字母代码。

a. 基本文字符号　基本文字符号可分为单字母符号和双字母符号两种。

• 单字母符号。单字母符号是英文字母将各种电气设备、装置和元器件划分为 23 大类，每一大类用一个专用字母符号表示，如“R”表示电阻类，“Q”表示电力电路的开关器件等。其中，“I”“O”易同阿拉伯数字“1”和“0”混淆，不允许使用，字母“J”也未采用。

• 双字母符号。双字母符号是由一个表示种类的单字母符号与另一个字母组成，其组合形式为：单字母符号在前、另一个字母在后。双字母符号可以较详细和更具体地表达电气设备、装置和元器件的名称。双字母符号中的另一个字母通常选用该类设备、装置和元器件的英文名词的首位字母，或常用缩略语，或约定俗成的习惯用字母。例如，“G”为同步发电机的英文名，则同步发电机的双字母符号为“GS”。

b. 辅助文字符号　辅助文字符号是用来表示电气设备、装置和元器件以及线路的功能、状态和特征的。如“ACC”表示加速，“BRK”表示制动等。辅助文字符号也可以放在表示种类的单字母符号后边组成双字母符号，例如“SP”表示压力传感器。辅助文字符号由两个以上字母组成时，为简化文字符号，只允许采用第一位字母进行组合，如“MS”表示同步电动机。辅助文字符号还可以单独使用，如“OFF”表示断开，“DC”表示直流等。辅助文字符号一般不能超过三位字母。

c. 特殊用途文字符号　在电气图中，一些特殊用途的接线端子、导线等通常采用一些专用的文字符号。例如，三相交流系统电源分别用“L1、L2、L3”表示，三相交流系统的设备分别用“U、V、W”表示。

d. 文字符号的组合　文字符号的组合形式一般为：基本符号＋辅助符号＋数字序号。例如，第一台电动机，其文字符号为M1；第一个接触器，其文字符号为KM1。

③ 主电路各接点标记　三相交流电源引入线采用L1、L2、L3标记。电源开关之后的三相交流电源主电路分别按U、V、W顺序标记。各级三相交流电源主电路采用三相文字代号U、V、W的前边加上阿拉伯数字1、2、3等来标记，如1U、1V、1W；2U、2V、2W等。

（3）电气原理图的画法规则　电气原理图是为了便于阅读和分析控制电路，根据简单清晰的原则，采用电气元件展开的形式绘制成的表示电气控制线路工作原理的图形。电气原理图一般分为主电路、控制电路、辅助电路。

① 在原理图中，无论是主电路还是辅助电路，各电气元件一般应按动作顺序从上到下从左到右依次排列，可水平布置或垂直布置。

② 一般将主电路和辅助电路分开绘制，一般主电路用粗实线表示，画在左边（或上部）；辅助电路用细实线表示，画在右边（或下部）。在原理图中，有直接电联系的交叉导线的连接点，要用黑圆点表示，无直接电联系的交叉导线，交叉处不画黑圆点。

③ 电气原理图中的所有电气元件不画出实际外形图，而采用国家标准规定的图形符号和文字符号表示。

④ 在原理图上可将图分成若干图区，以便阅读查找。

⑤ 元器件和设备的可动部分在图中通常均以自然状态画出，所谓的自然状态是指各种电器在没有通电和外力作用时的状态。

（4）电气元件布置图　电气元件布置图主要用来表示各种电气设备在机械设备上和电气控制柜中的实际安装位置，为机械电气控制设备的制造、安装、维修提供必要的资料。各电气元件的安装位置是由机床的结构和工作要求来决定的，如电动机要和被拖动的机械部件在一起，行程开关应放在要取得信号的地方，操作元件要放在操作台及悬挂操纵箱等操作方便的地方，一般电气元件应放在控制柜内。

机床电气元件布置图主要由机床电气设备布置图、控制柜及控制板电气设备布置图、操纵台及悬挂操纵箱电气设备布置图等组成。在绘制电气设备布置图时，所有能见到的以及需表示清楚的电气设备均用粗实线绘制出简单的外形轮廓，其他设备（如机床）的轮廓用双点画线表示。见图 2-1。

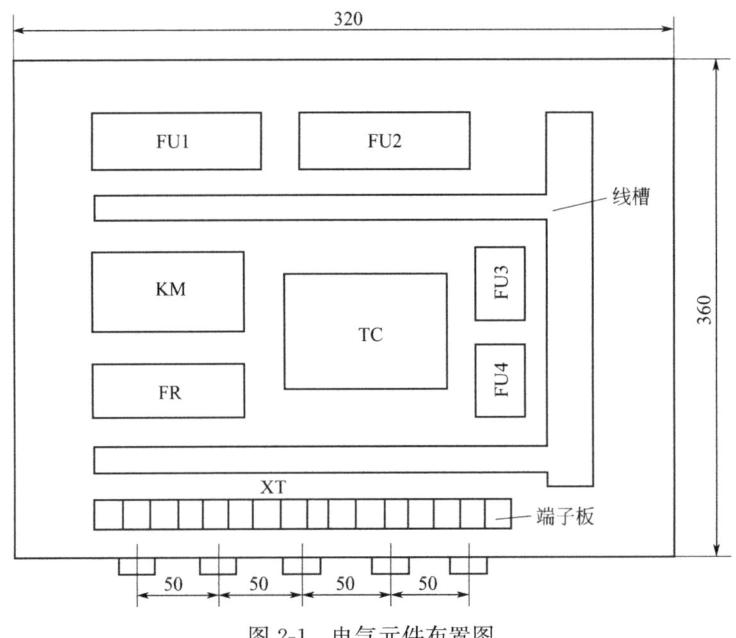

图 2-1 电气元件布置图

（5）电气安装接线图 电气安装接线图是为了安装电气设备和电气元件时进行配线或检查维修电气控制线路故障服务的。在图中要表示各电气设备之间的实际接线情况，并标注出外部接线所需的数据。在接线图中各电气元件的文字符号、元件连接顺序、线路号码编制都必须与相对应电气原理图一致。图 2-2 表明了该电气设备中电源进线、按钮板、照明灯、电动机与电气安装板接线端之间的关系，也标注了所采用的包塑金属软管的直径和长度以及连接导线的根数、截面积。

2.3.2 三相异步电动机点动和长动控制线路

三相异步电动机单向运行控制线路是继电-接触器控制线路中最简单而又最常用的一种，这种线路主要用来实现三相异步电动机的单向启动、自锁、点动、长动等控制要求。因此要很好地掌握点动、长动、自锁等概念。

在自动控制中，电动机拖动运动部件沿一个方向运动，称为单向运行。这是基本控制线路中最简单的一种。如图 2-3 所示是刀开关控制电动机的电气控制线路，采用开关控制的线路仅适用于不频繁启动的小容量电动机，它不能实现远距离控制和自动控制，也不能实现失压、欠压和过载保护。

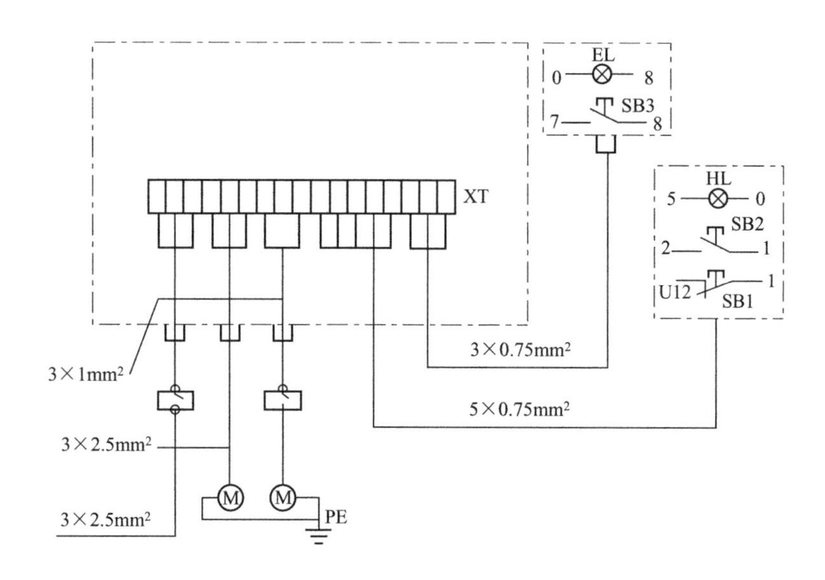

图 2-2　电气安装接线图

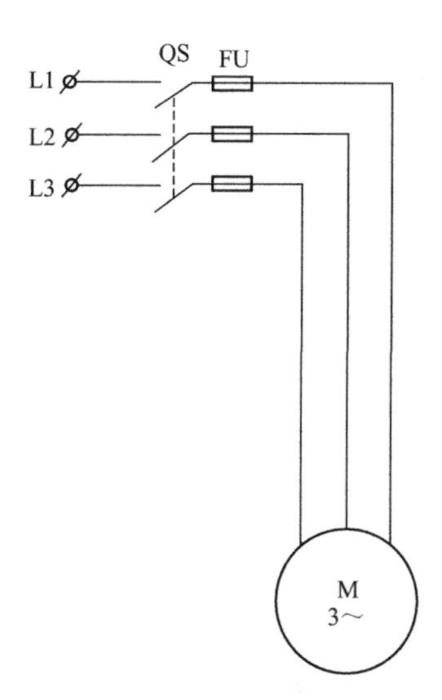

图 2-3　电动机刀开关控制线路

对启动和停车频繁的电动机，以及需设置必要电气保护环节的控制线路，常采用如图 2-4 所示的接触器控制的单向运行控制线路。

合上电源开关 QS，按下启动按钮 SB2，接触器 KM 吸引线圈通电，KM 的主触点闭合，电动机 M 通电启动。松开启动按钮 SB2 后，KM 吸引线圈仍然通电，电动机继续运行，实现长动，这是因为与 SB2 并联的 KM 常开辅助触点闭合，相当于将 SB2 短接，这种依靠接触器自身的辅助触点来使其线圈保持通电的电路，称为自锁或自保电路，起自锁作用的常开辅助触点称为自锁触点。

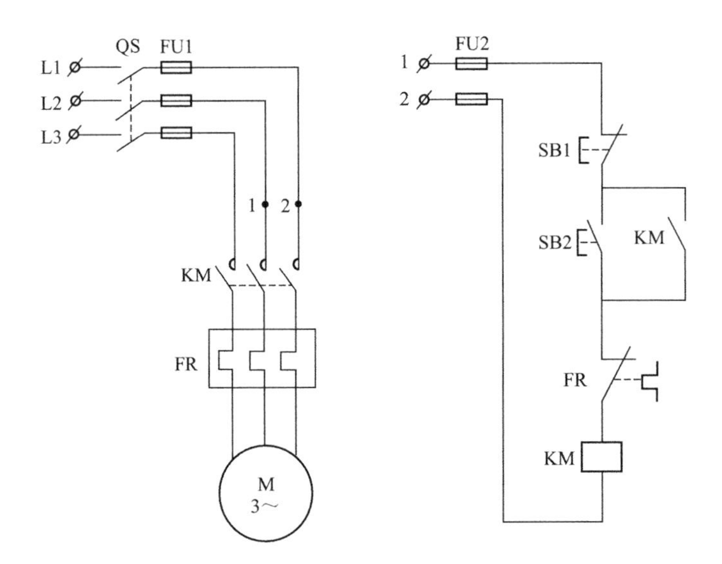

图 2-4 接触器控制的单向运行控制线路

按下停止按钮 SB1，切断 KM 吸引线圈电路，使线圈失电，常开触点全部断开，切断主电路和控制电路，电动机断电停转。松开停止按钮 SB1 后，控制电路已经断电，只有再次按下启动按钮 SB2 按钮，电动机才能重新启动。

若在图 2-4 中断开与 SB2 并联的 KM 常开辅助触点如图 2-5 所示，那么按下启动按钮 SB2，接触器 KM 吸引线圈通电，KM 的主触点闭合，电动机 M 通电启动，松开启动按钮 SB2 后，KM 吸引线圈马上断电，KM 的主触点断开，电动机 M 断电停止，这种运行方式称为点动。

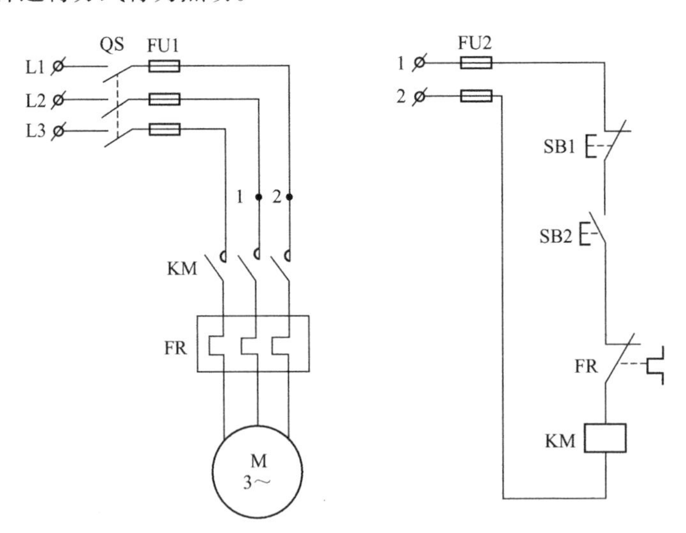

图 2-5 实现电动机点动的控制线路

生产实际中，它可用于机床的刀架调整、试车、电动葫芦的起重电机控制等。

当有的生产机械需要正常的连续运行（即长动）外，进行调整工作时还需要进行点动控制，这就要求控制线路既能实现长动还能实现点动，图 2-6 列出了几种典型控制线路。

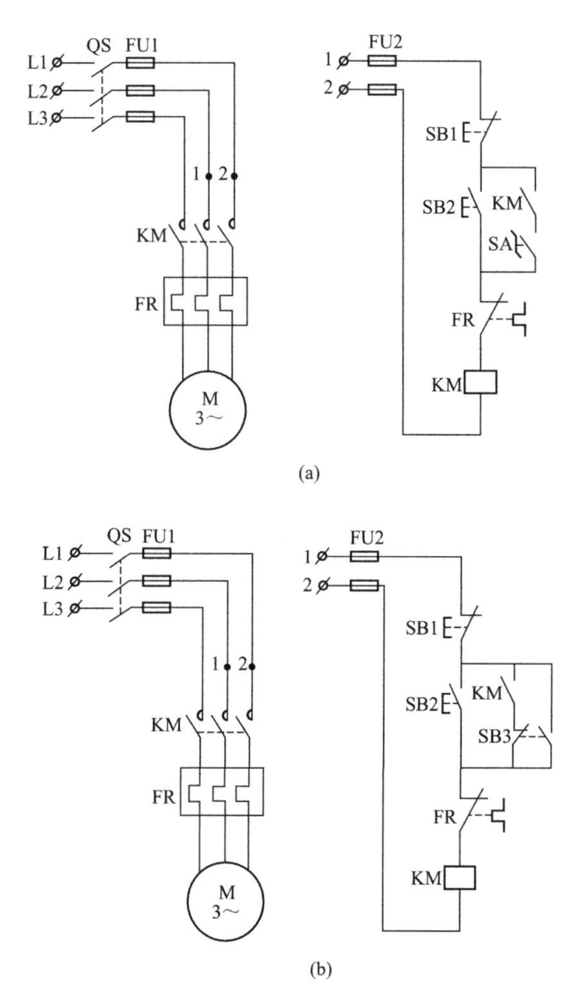

图 2-6　实现点动和长动的控制线路

图 2-6 中，图 2-6(a) 是用手动开关断开或接通自锁回路，当需要点动控制时，将开关 SA 断开，切断自锁回路，SB2 可实现对电动机的点动控制。当需要长动控制时，将开关 SA 闭合，接通自锁回路，SB2 可实现对电动机的长动控制。

图 2-6(b) 是用复合按钮 SB3 的常闭触点断开或接通自锁回路，当需要点动控制时，按下点动按钮 SB3，其常闭触点先断开，切断自锁回路，其常开触点实现点动控制。当需要长动控制时，按下长动按钮 SB2，复合按钮 SB3 的常闭触点接通自锁回路，SB2 可实现对电动机的长动控制。

比较图 2-3 和图 2-4 可知，当因某种原因电源电压突然消失而使电动机停转，那么，电源电压恢复时，图 2-3 中的电动机又将自行启动，可能会造成人身事故或设备事故，而图 2-4 中的电动机不会自行启动，必须再重新按下启动按钮，电动机才能运行，避免了人身事故或设备事故的发生，这种保护称为失压保护（也称零电压保护）。

2.3.3 三相异步电动机正反转控制线路

通过改变电动机三相电源的相序，即用两个接触器的主触点来对调电动机定子绕组上三相电源的任意两根接线，来改变电动机的转向，实现电动机的正反转。同时要掌握通过行程开关，实现工作台自动往返的控制线路。

在图 2-7 中，图 2-7(a) 为主电路，通过当接触器 KM1 三对主触点把三相电源

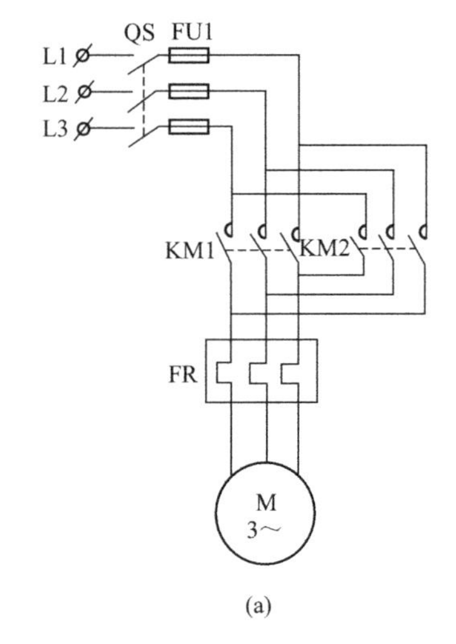

(a)

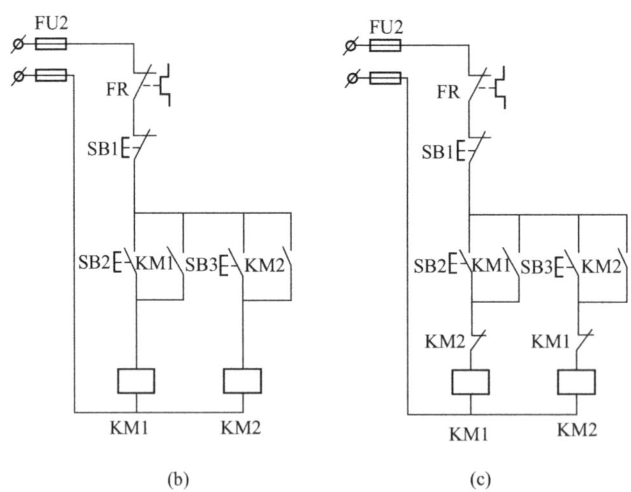

(b) (c)

图 2-7 三相异步电动机正反转电气控制线路

和电动机的定子绕组按顺相序 L1、L2、L3 连接，而 KM2 的三对主触点把三相电源和电动机的定子绕组按反相序 L3、L2、L1 连接，使电动机可以实现正反两个方向上的运行。

而图 2-7(b) 中，按下正转启动按钮 SB2，接触器 KM1 线圈通电且自锁，主触点闭合使电动机正转，按下停止按钮 SB1，接触器 KM1 线圈断电，主触点断开，电动机断电停转。再按下反转启动按钮 SB3，接触器 KM2 线圈通电且自锁，主触点闭合使电动机反转。但是在图 2-7(b) 中，若按下正转启动按钮 SB2 再按下反转启动按钮 SB3，或者同时按下 SB2 和 SB3，接触器 KM1 和 KM2 线圈都能通电，两个接触器的主触点都会闭合，造成主电路中两相电源短路，因此，对正反转控制线路最基本的要求是：必须保证两个接触器不能同时工作，以防止电源短路，即进行互锁，使同一时间里只允许两个接触器中的一个接触器工作。

所以在图 2-7(c) 中，接触器 KM1、KM2 线圈的支路中分别串接了对方的一个常闭辅助触点。工作时，按下正转启动按钮 SB2，接触器 KM1 线圈通电，电动机正转，此时串接在 KM2 线圈支路中的 KM1 常闭触点断开，切断了反转接触器 KM2 线圈的通路，此时按下反转启动按钮 SB3 将无效。除非按下停止按钮 SB1，接触器 KM1 线圈断电，KM1 常闭触点复位闭合，再按下反转启动按钮 SB3 实现电动机的反转，同时，串接在 KM1 线圈支路中的 KM2 常闭触点断开，封锁了接触器 KM1 使它无法通电。

这样的控制线路可以保证接触器 KM1、KM2 不会同时通电，这种作用称为互锁，这两个接触器的常闭触点称为互锁触点，这种通过接触器常闭触点实现互锁的控制方式称为接触器互锁，又称为电气互锁。

复合按钮也具有互锁功能，如图 2-8 所示电路是在图 2-7(c) 的基础上，将正

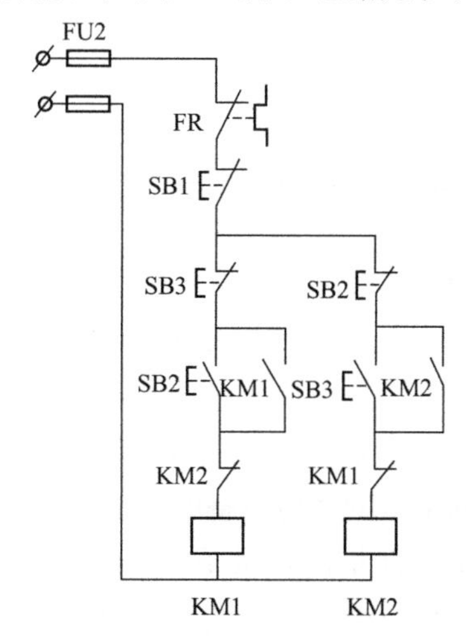

图 2-8　双重互锁的正反转控制线路

转启动按钮SB2和反转启动按钮SB3的常闭触点串接在对方线圈的支路中，构成互相制约的关系，称为机械互锁。这种电路具有电气、机械双重互锁，它既可实现电动机正转—停止—反转—停止控制，也可实现电动机的正转—反转—停止控制。

图2-9是在正反转控制线路的基础上构成的自动往复控制线路，通过行程开关SQ1和SQ2来实现自动往复。当电动机正转时，拖动工作台前进，到达加工终点，挡铁压下SQ2，其常闭触点断开使电动机停止正转，而SQ2常开触点闭合，又使电动机反转，拖动工作台后退，当后退到加工原点，挡铁压下SQ1电动机停止运行，工作台停止运动。按钮SB3也可使电动机随时停止。

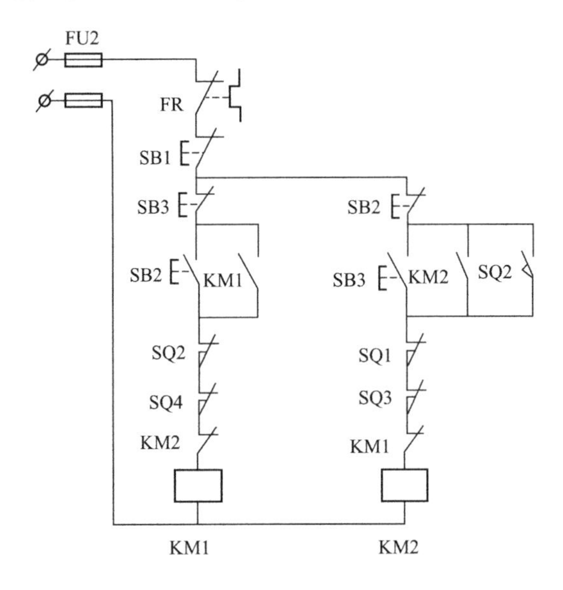

图2-9　自动往复控制线路

若SQ1、SQ2失灵，则由极限保护行程开关SQ3、SQ4实现保护，避免工作台因超出极限位置而发生事故。

2.3.4　笼式异步电动机的启动控制线路

电动机接通电源后由静止状态逐渐加速到稳定运行状态的过程，称为电动机的启动。若将额定电压直接加到电动机定子绕组上，使电动机启动，称为直接启动或全压启动，全压启动电路简单，是一种简单、可靠、经济的启动方法。但是全压启动电流很大，可达电动机额定电流的4～7倍，过大的启动电流会使电网电压显著降低，直接影响在同一电网工作的其他设备的稳定运行，甚至使其他电动机停转或无法启动。因此，直接启动电动机的容量受到一定限制，电动机能否实现直接启动，可根据启动次数、电动机容量、供电变压器容量和机械设备是否允许来分析，也可由下面的经验公式来确定：

$$\frac{I_{st}}{I_N} \leqslant \frac{3}{4} + \frac{S}{4P_N}$$

式中 I_{st}——电动机启动电流，A；

I_N——电动机额定电流，A；

S——电源容量，kV·A；

P_N——电动机额定功率，kW。

不能满足上述公式时，往往要采用降压启动的方式。降压启动方法的实质就是在电源电压不变的情况下，启动时降低加在定子绕组上的电压，以减小启动电流；待电动机启动后，再将电压恢复到额定值，使电动机在额定电压下运行。

常用的三相笼式异步电动机降压启动方式有以下四种：定子绕组串接电阻（或电抗器）降压启动、Y-△连接降压启动、自耦变压器降压启动、延边三角形启动等启动方法。

在这四种降压启动方式中，定子绕组串接电阻（或电抗器）降压启动、Y-△连接降压启动、自耦变压器降压启动比较常用。

（1）定子绕组串接电阻（或电抗器）**降压启动** 图 2-10 所示电路中，通电后，按下启动按钮 SB2，接触器 KM1 通电并自锁，电动机定子绕组串入电阻 R 进行降压启动。经一段时间延时后，时间继电器 KT 的常开延时触点闭合，接触器 KM2 通电，三对主触点将主电路中的启动电阻 R 短接，电动机进入全电压运行。KT 的延时长短根据电动机启动过程时间长短来调整。

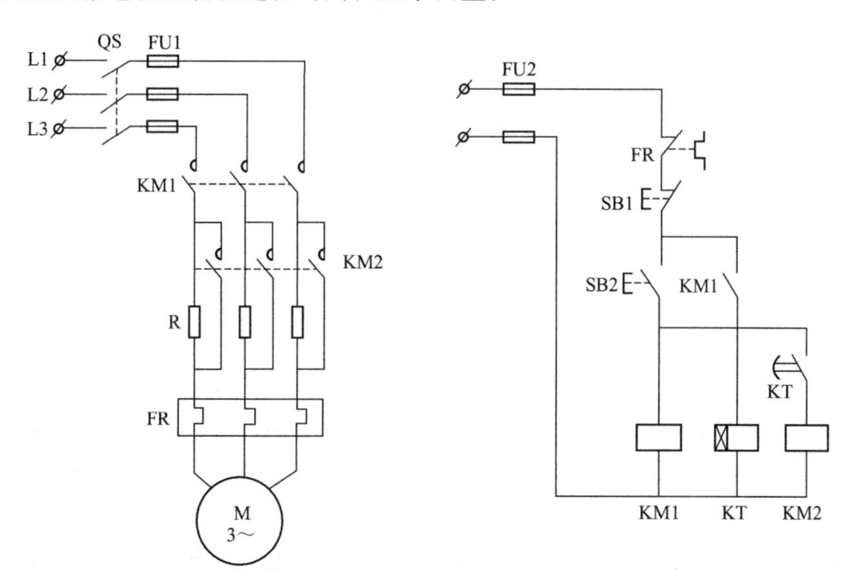

图 2-10 定子串电阻降压启动控制线路之一

本电路启动完成后，在全压下正常运行时，不仅时间继电器 KT、接触器 KM2 工作，接触器 KM1 也必须工作，不但消耗了电能，而且增加了出现故障的可能性。若在电路中作适当修改，如图 2-11 所示，可使电动机启动后，只有 KM2 工作，KM1、KT 均断电，可以达到减少回路损耗的目的。

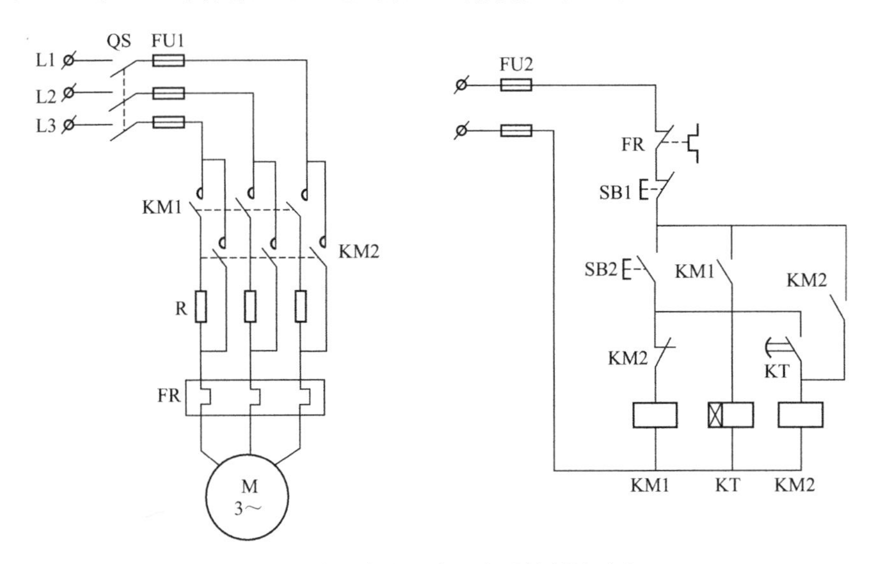

图 2-11 定子串电阻降压启动控制线路之二

图 2-11 中电动机启动时，接触器 KM1 工作，而运行时，接触器 KM2 的主触点将启动电阻 R 和接触器 KM1 的主触点均短接，那么，启动时接触器 KM1 工作，运行时只有接触器 KM2 工作，由 KM2 自身的常开触点实现 KM2 的自锁，而 KM2 的常闭触点切断 KM1 线圈的回路，进而切断时间继电器 KT 线圈的回路，使接触器 KM1 和时间继电器 KT 在全压运行时都不工作，减少了电路的损耗。

(2) Y-△连接降压启动 正常运行定子绕组为三角形连接的三相笼式异步电动机，可采用 Y-△降压启动方式达到限制启动电流的目的。如图 2-12 所示，电动机启动时，KM1、KM3 线圈得电，定子绕组先暂时连接为 Y 形，进行降压启动。当启动完毕，电动机转速达到稳定转速时，KM1、KM2 定子绕组接为△形，使电动机在全压下运行，由星形转为三角形是靠时间继电器 KT 来实现的。

合上电源开关，按下启动按钮 SB2，使接触器 KM1 线圈通电并自锁，随即接触器 KM3 线圈也通电，KM1、KM3 的主触点闭合，电动机接成星形连接，接入三相电源进行降压启动。在 KM3 线圈通电的同时，时间继电器 KT 线圈也处于通电状态，经过一段时间的延时后，KT 的常闭触点断开，接触器 KM3 线圈失电，KT 的另一对常开触点闭合，接触器 KM2 线圈通电并自锁，KM2 主触点闭合，电动机接成三角形连接，电动机在全电压下运行。

当 KM2 线圈通电后，常闭触点断开，使 KT 线圈断电，避免了时间继电器长期工作。KM2、KM3 的常闭触点也为互锁触点，以防止 KM2、KM3 线圈同时通

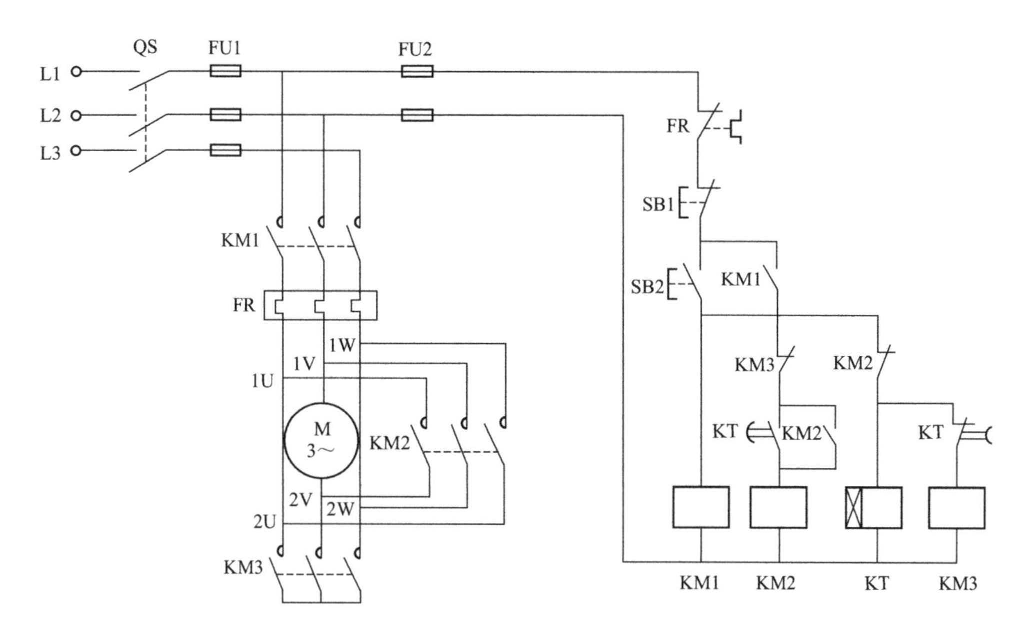

图 2-12　三个接触器控制的 Y-△降压启动的控制线路

电，其主触点闭合造成主电路电源短路。

(3) 自耦变压器降压启动　自耦变压器降压启动的方法是指利用自耦变压器来降低电动机启动电压、限制启动电流的一种三相笼式异步电动机的启动方法。

电动机启动时，使电动机定子绕组和自耦变压器副边相连接，进行减压启动，启动完毕后，使电动机定子绕组和自耦变压器副边脱离，而直接和电源相连接，电动机便进入全电压下正常运行。

图 2-13 为两个接触器控制的自耦变压器降压启动控制线路。

图中，通过时间继电器 KT 和中间继电器 KA，自动完成电动机从降压启动到全压运行的过渡。本电路中接触器 KM1 与接触器 KM2 互锁，接触器 KM2 的常闭触点串接于自耦变压器的副边，接触器 KM2 的主触点闭合时短接自耦变压器。

当降压启动时，接触器 KM1 工作，通过其主触点将三相电源接入自耦变压器的原边，接触器 KM1 与接触器 KM2 互锁关系，接触器 KM2 线圈无法通电，保证了自耦变压器的副边通过接触器 KM2 的常闭触点与电动机的定子绕组相连。

当启动结束进入全压运行时，接触器 KM2 工作，此时 KM1 线圈无法通电，不仅使自耦变压器被短接，而且接触器 KM2 的常闭触点断开，保证了自耦变压器的副边与电动机的定子绕组分离。

但是能实现这样功能的控制线路并不是唯一的，如图 2-14 所示也是两个接触器控制的自耦变压器降压启动控制线路，但是所用的触点有所不同。

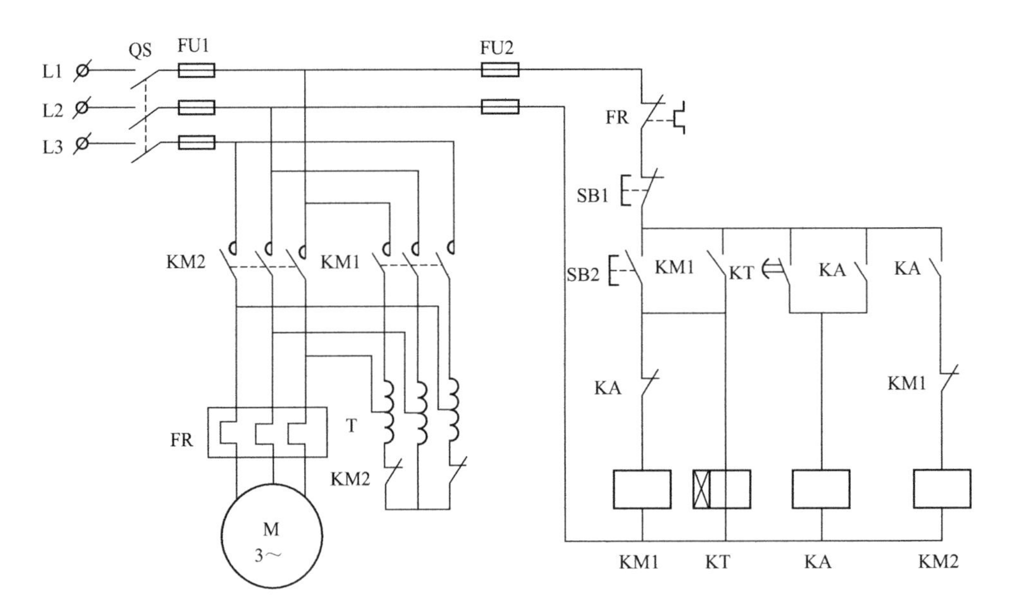

图 2-13　两个接触器控制的自耦变压器降压启动控制线路之一

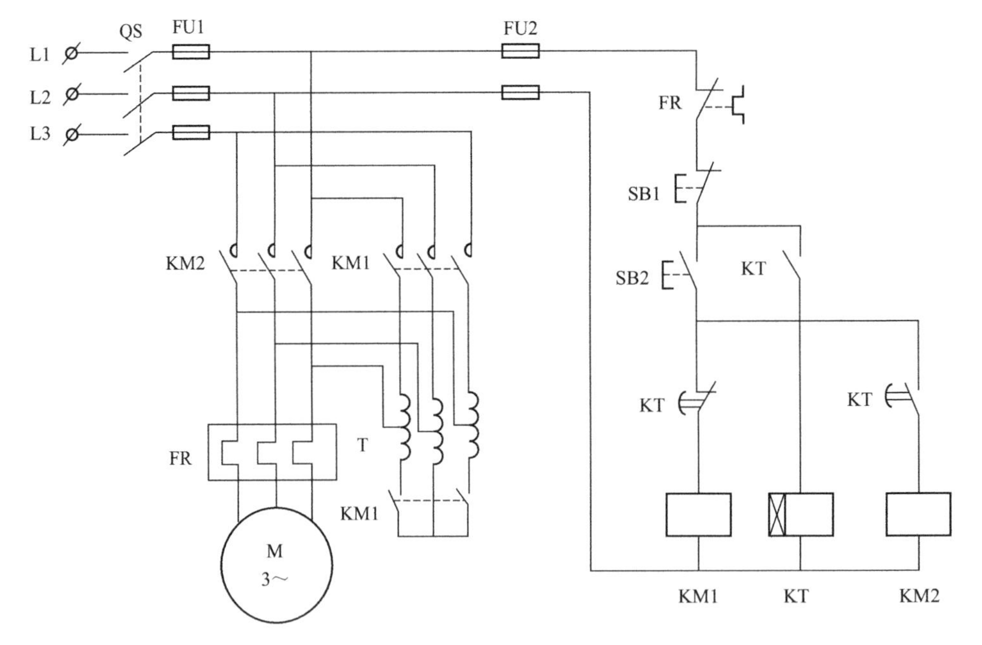

图 2-14　两个接触器控制的自耦变压器降压启动控制线路之二

电动机定子绕组可以通过接触器 KM1 主触点和自耦变压器接入电源；也可以通过接触器 KM2 将三相电源直接进入电动机的定子绕组，而完全脱离自耦变压器。

图中启动时，接触器 KM1 工作，三相电源通过其主触点接入自耦变压器的原边，同时KM1辅助常开触点闭合，使电源通过自耦变压器的副边接入电动机的定子绕组。全压运行时，接触器KM2工作，接触器KM1不工作，使自耦变压器完全脱离电路。

本电路中接触器KM1与接触器KM2互锁由时间继电器KT中状态互为相反的延时触点来实现，只是在工作过程中，要求时间继电器KT始终通电，不仅通过KT完成降压启动到全压运行的过渡，而且由它的瞬时触点来实现自锁。所以电路还可以作进一步修改，如图2-15所示。

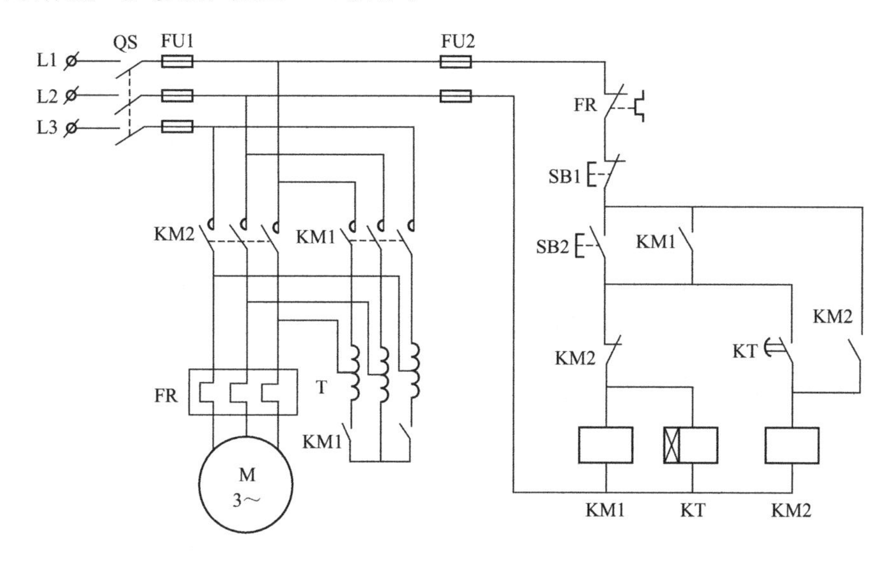

图2-15　两个接触器控制的自耦变压器降压启动控制线路之三

图2-14与图2-15相比较，主电路没有改变，但是全压运行时，断开了时间继电器KT，电路的自锁由接触器KM1与接触器KM2的辅助常开触点来实现。

电动机降压启动是为了减少启动时的电流，以减少对电网的影响，或者是减少和限制启动时对机械设备的冲击，在以上介绍的三种降压启动控制线路中，启动时所减少的电流是各不相同的，下面将其与直接启动时作出比较。

① 定子绕组串接电阻（或电抗器）降压启动　若直接启动时的定子线电流为I_{st}，降压启动时的定子线电流由所串入电阻的阻值（或电抗器的电抗值）决定，串入电阻的阻值（或电抗器的电抗值）越大，降压越多，启动电流越小，限流效果越明显，反之亦然。当然，同时也应兼顾启动转矩值。

② Y-△连接降压启动　若直接启动时，定子绕组的连接为三角形，设流过电网的线电流为$I_{st\triangle}$；若降压启动时，定子绕组的连接为星形，设此时流过电网的线电流为I_{stY}。

每相定子绕组的电阻值为R。直接启动时，定子绕组的连接为三角形，电源的线电压U_1就是每相定子绕组的相电压U_p，相电流即为$I_p=\frac{U_1}{R}$，流过电网的线电流$I_{st\triangle}=\sqrt{3}I_p=\frac{U_1}{R}\sqrt{3}$；降压启动时，定子绕组的连接为星形，每相定子绕组的相电压$U_p=\frac{U_1}{\sqrt{3}}$，相电流即为$I_p=\frac{U_p}{R}=\frac{U_1}{\sqrt{3}R}$，流过电网的线电流$I_{stY}=I_p=\frac{U_1}{\sqrt{3}R}$。

比较I_{stY}与$I_{st\triangle}$：$\frac{I_{stY}}{I_{st\triangle}}=\frac{U_1}{\sqrt{3}R}/\left(\sqrt{3}\frac{U_1}{R}\right)=\frac{1}{3}$，即$I_{stY}=\frac{1}{3}I_{st\triangle}$。说明实行Y-△降压启动时，流过电网的线电流是直接启动时的$\frac{1}{3}$。

③ 自耦变压器降压启动　一般自耦变压器备有多挡电压抽头，可根据电动机的负载情况，选择不同的启动电压。设自耦变压器的变比为k，自耦变压器的原边和副边的电压、电流分别为U_1、U_2和I_1、I_2；电动机直接启动时的电流为I_{st}；电动机降压启动时，电网上流过的启动电流，即自耦变压器原边电流为I_{st1}；电动机启动电流，即自耦变压器副边电流为I_{st2}。

自耦变压器原边和副边的电压、电流的关系是$\frac{U_1}{U_2}=\frac{I_2}{I_1}=k$，当电动机定子绕组经自耦变压器降压启动时，加在绕组上的相电压为$\frac{1}{k}U_1$，此时电动机定子绕组内的启动电流为全压时的$1/k$，即：$I_{st2}=\frac{1}{k}I_{st}$。又因为电动机定子绕组与自耦变压器副边相连，而原边接电网电源，因此电动机从电网吸取的电流为：$I_{st1}=\frac{1}{k}I_{st2}=\frac{1}{k^2}I_{st}$。

由此可知，利用自耦变压器降压启动时电网流过的启动电流是直接启动时的$1/k^2$。

2.3.5 绕线式异步电动机的启动控制线路

三相绕线式异步电动机的转子中有三相绕组，可以通过滑环串接外接电阻或频敏变阻器，实现降压启动。按照启动过程中转子串接装置的不同，分为串电阻启动和串频敏变阻器启动两种启动方式。

串电阻启动中包括基于电流原则的启动和基于时间原则的启动控制线路，图2-16所示电路是基于电流原则的启动控制线路。在电动机的转子绕组中串接KI1、KI2、KI3这三个具欠电流继电器的线圈，它们具有相同的吸合电流和不同的释放电流。在启动瞬间，转子转速为零，转子电流最大，三个电流继电器同时吸合，随着转子转速的逐渐提高，转子电流逐渐减小，KI1、KI2、KI3 依次释放，其常闭触点依次复位，使相应的接触器线圈依次通电，通过它们的主触点的闭合，去完成逐段切除启动电阻的工作。

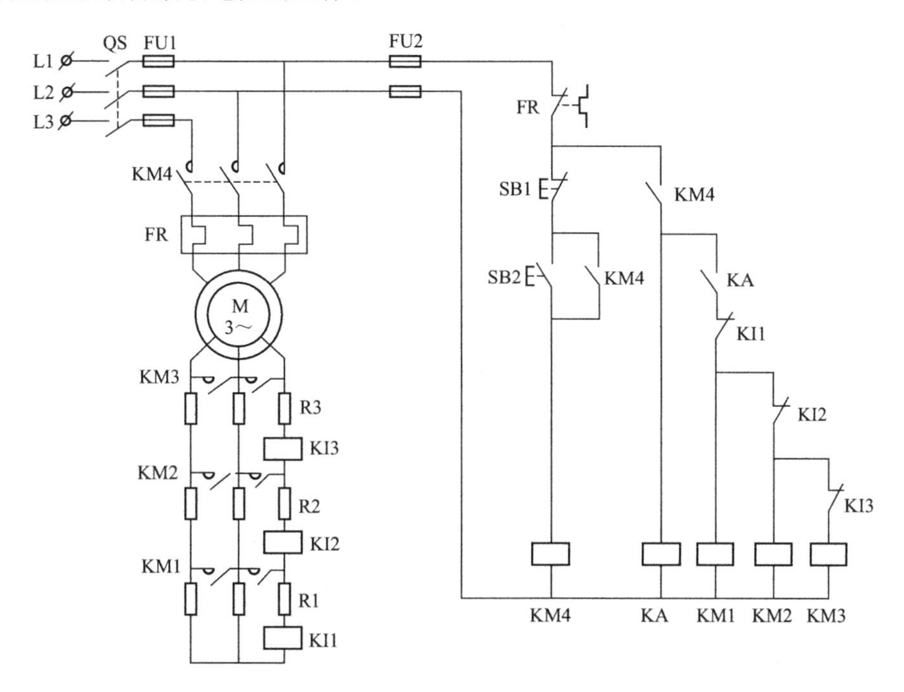

图 2-16 电流原则控制绕线式异步电动机转子串电阻启动控制线路

图 2-17 所示电路是基于时间原则的启动控制线路。KT1、KT2、KT3 为通电延时时间继电器，其延时时间与启动过程所需时间相对应。R1、R2、R3 为转子外接电阻，启动后随着启动时间的增加，转子回路三段启动电阻的短接是靠三个时间继电器 KT1、KT2、KT3 与三个接触器 KM1、KM2、KM3 相互配合来完成的。

由接触器的线圈通电，触点动作，不仅通过主触点短接部分启动电阻，而且使对应时间继电器的线圈通电，经过延时后，其延时触点接通下一个接触器线圈，接触器的主触点又短接另一部分启动电阻，……依次类推，直至转子启动电阻被全部短接，启动过程结束，电动机进入全压运行。

串频敏变阻器启动中通过了解频敏变阻器的组成和调整因素，懂得频敏变阻器的频率特性非常适合控制绕线式异步电动机的启动过程，完全可以取代转子绕组串电阻启动控制线路中的各段启动电阻，启动过程中其阻抗随转速升高而自动减小，因而可以实现平滑无级的启动。串接频敏变阻器构成的启动控制线路中，从启动到运行的过程是由频敏变阻器自身的特性而平滑完成的。手动或自动的控制方式只是为了在启动过程完成后，完全切除转子绕组中的频敏变阻器。

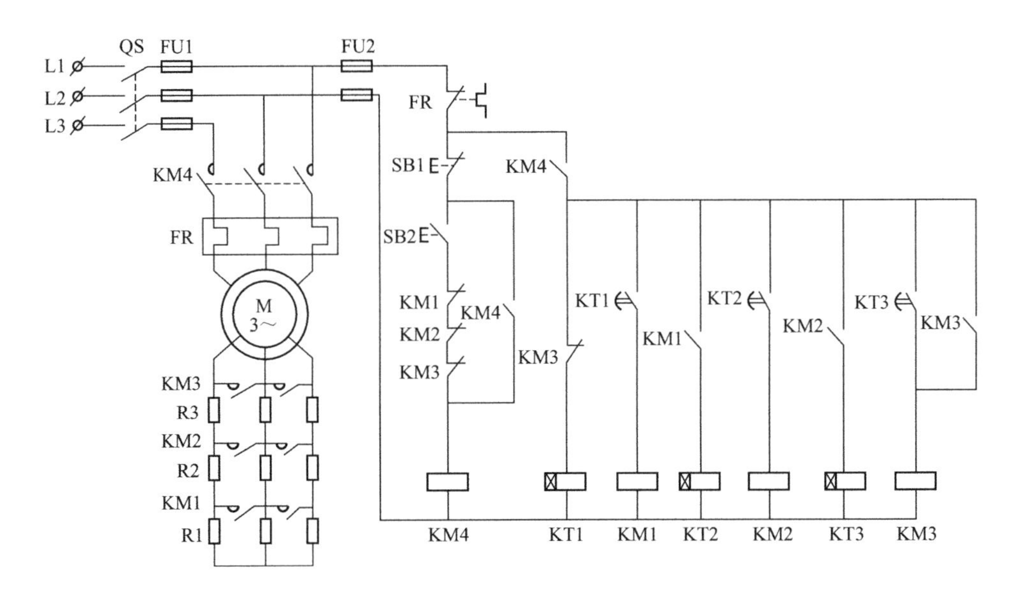

图 2-17 时间原则控制绕线式异步电动机转子串电阻启动控制线路

转子电路中串接外加电阻的降压启动，无论是电流原则，还是时间原则，这两种控制线路的转子外加电阻均在启动过程中逐段切除，使启动电流和启动转矩瞬间增大，导致机械冲击，而转子电路中串接频敏变阻器的降压启动，其阻抗值在启动过程中自动减小，实现平滑的无级启动。

2.3.6 笼式异步电动机的制动控制线路

电动机断开电源后，由于惯性不会马上停下来，需要一段时间才能完全停止。这种情况对于某些生产机械是不适宜的，如起重机的吊钩需要准确定位；万能铣床要求立即停转等；都要求采取相应措施使电动机脱离电源后立即停转，这就是对电动机进行制动，所采取的措施就是制动方法。

电动机有两种不同类型的制动方法：机械制动和电气制动。本节重点介绍电气制动方法常用的反接制动和能耗制动控制线路。

(1) 反接制动控制线路 反接制动是常用的电气制动方法之一。停机时，在切断电动机三相电源的同时，交换电动机定子绕组任意两相电源线的接线顺序，改变电动机定子电路的电源相序，使旋转磁场方向与电动机原来的旋转方向相反，产生与转子旋转方向相反的制动转矩，使电动机迅速停机。

进行反接制动时，由于反向旋转磁场的方向和电动机转子做惯性旋转的方向相反，因而转子与反向旋转磁场的相对速度接近于两倍同步转速，所以转子电流很大，定子绕组中的电流也很大。其定子绕组中的反接制动电流相当于全压启动时电流的两倍。为减小制动冲击和防止电动机过热，应在电动机定子电路中串接一定阻值的反接制动电阻，同时，在采用反接制动方法时，还应在电动机转速接近零时，及时切断反向电源，以避免电动机反向再启动。如图 2-18 所示电路就是用速度继电器来检测电动机转速变化，并自行及时切断电源。

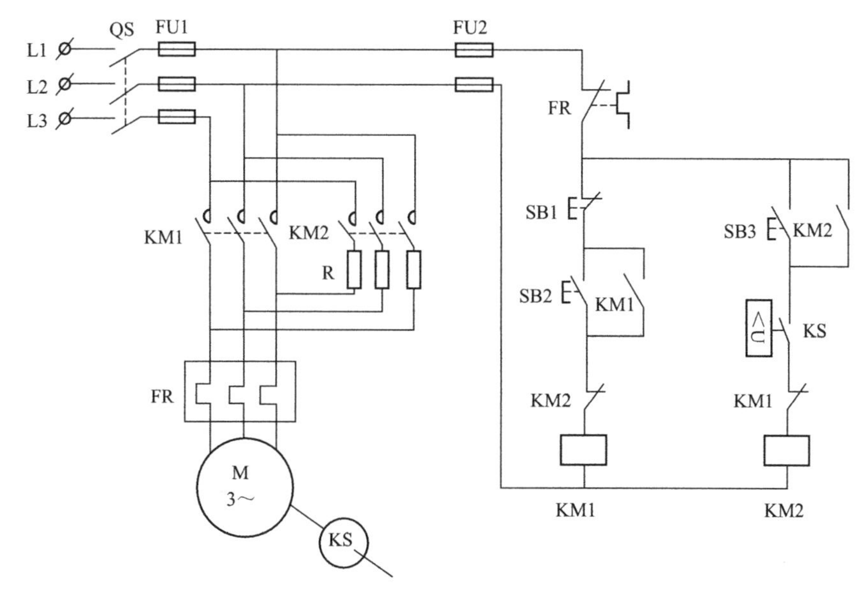

图 2-18　单向运行反接制动的控制线路

图 2-18 中，利用速度继电器 KS 的触点来控制接触器 KM2 线圈的得失电，以便通断反相序电源。当电动机启动后，转速上升到 120r/min 以上时，速度继电器 KS 的触点闭合，为制动做好准备。停车时，电动机虽然脱离电源，但是依靠惯性仍然以很高的速度旋转，所以速度继电器 KS 的常开触点依然闭合，此时由于停止按钮 SB1 动作以及 KM1 的常闭触点的复位，使 KM2 线圈通电并自锁，接入反相序电源，定子绕组串接制动电阻开始制动。电动机转速迅速下降，当转速小于 100r/min 时，KS 的触点复位断开，使 KM2 线圈断电，电动机及时脱离电源，制动结束。

该控制电路在进行制动时，在三相定子绕组中均串接了制动电阻，可同时对制动电流和制动转矩进行限制。如果仅在两相定子绕组中串接制动电阻，那么只能限制制动转矩，而对未加制动电阻的那一相，仍具有较大的电流。

反接制动的特点是方法简单，无须直接电源，制动快、制动转矩大，但是制动过程冲击强烈，易损坏传动零件，能量消耗也较大。此种制动方法适用于 10kW 以下的小容量电动机，特别是一些中小型普通车床、铣床中的主轴电动机的制动，常采用这种反接制动。

（2）能耗制动控制线路　能耗制动也是常用的电气制动方法之一。停机时，在切断电动机三相电源的同时，给电动机定子绕组任意两相间加一直流电源，以形成恒定磁场，此时电动机的转子由于惯性仍继续旋转，转子导体将切割恒定磁场产生感应电流。载流导体在恒定磁场作用下产生的电磁转矩，与转子惯性转动方向相反，成为制动转矩，使电动机迅速停机，由于这种制动方法是消耗转子的动能来制动的，故称为能耗制动。

图 2-19 是时间原则控制的单向能耗制动控制线路。

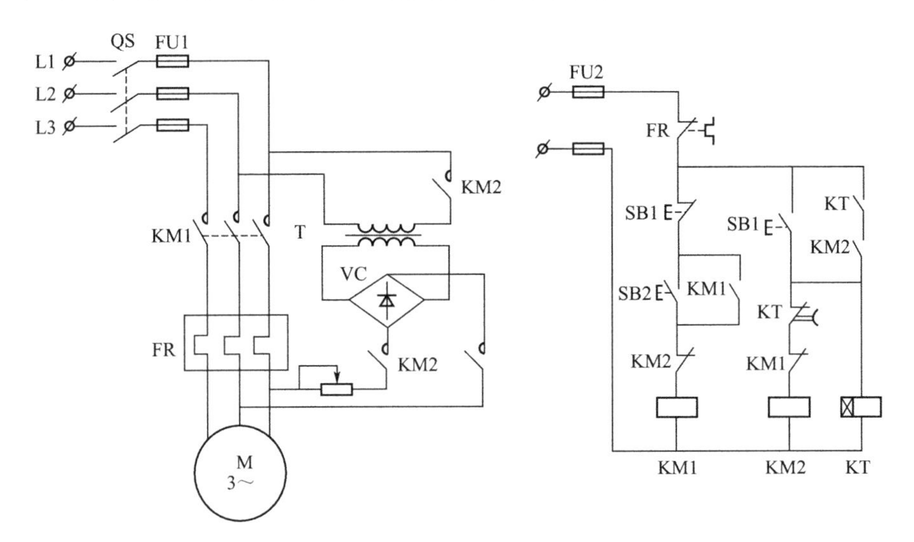

图 2-19　时间原则控制的单向能耗制动控制线路

停止时，电动机定子绕组脱离三相电源的同时，接触器 KM2 线圈通电，KM2 主触点闭合，使桥式整流器 VC 能将交流电变为直流电送入定子绕组，进行能耗制动，电动机转子转速迅速下降，当时间继电器 KT 的延时时间一到，电动机转速接近零，延时触点断开，使 KM2 和 KT 的线圈断电，电动机脱离直流电源，制动过程结束。

本电路中，应当根据制动过程所需的时间，来调节时间继电器 KT 的延时时间。有的电路中采用速度继电器，利用速度继电器的触点控制接触器 KM2 来实现直流电源的通断，作为速度原则控制的能耗制动电路。

能耗制动的特点是，它比反接制动所消耗的能量小，其制动电流比反接制动时要小得多，而且制动过程平稳，无冲击，但能耗制动需要专用的直流电源。通常此种制动方法适用于电动机容量较大、要求制动平稳与制动频繁的场合。

2.3.7　多速异步电动机的启动控制线路

三相笼式异步电动机的转速公式为 $n_2=60\dfrac{f_1\ (1-s)}{p}$，式中，$s$ 为转差率；

f_1 为电源频率；p 为定子绕组的磁极对数。懂得改变电动机的磁极对数 p，就可改变笼式异步电动机的转速，多速电动机就是通过改变定子绕组的连接方法来改变电动机磁极对数，从而实现调速。

改变磁极对数调速称作为变极调速，它是有极调速，而且只适用于笼式异步电动机。可以通过改变电动机定子绕组的连接方式，来改变磁极对数，实现变极调速，双速电动机就是将定子绕组三角形接法改接成双星形接法，也称为△/YY 接法，使电动机的磁极对数减少一半，达到变极调速的目的。

如图 2-20 所示电路是用按钮手动控制变速，完成从低速转换为高速或者从高速转换为低速的控制线路。

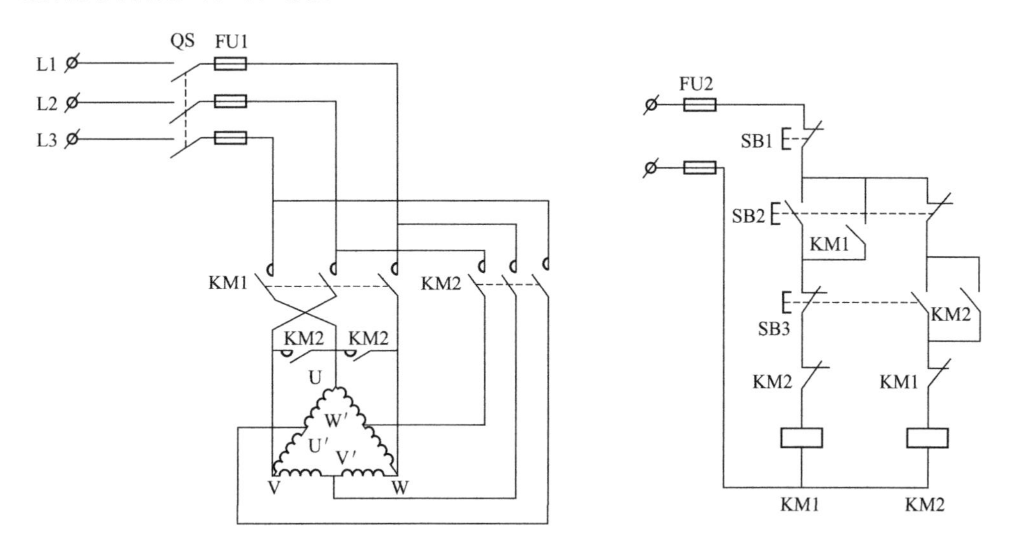

图 2-20 按钮控制的双速电动机控制线路

低速按钮为 SB2，控制接触器 KM1 线圈通电，KM1 主触点闭合，使电动机定子绕组为三角形连接，电动机以低速启动。

如需转换为高速运行，可由高速按钮 SB3 控制 KM2 线圈通电，KM2 主触点闭合，使电动机定子绕组为双星形连接，电动机以高速运行。

本图中，低速按钮 SB2 和高速按钮 SB3 可以任意操作，无顺序方面的限制，所以可以由低速启动转为高速运行，也可以高速启动后转为低速运行；或者低速启动并运行，或者高速启动并运行。但是接触器 KM1 和接触器 KM2 不能同时工作，所以它们的辅助常闭触点串接在对方的线圈回路中，以实现互锁。

如图 2-21 所示自动控制的双速电动机控制线路中，由时间继电器 KT 完成从低速启动，自动地转为高速运行的过程。本电路只允许低速启动和高速运行，而无法低速运行，也无法高速启动，工作条件受限制。

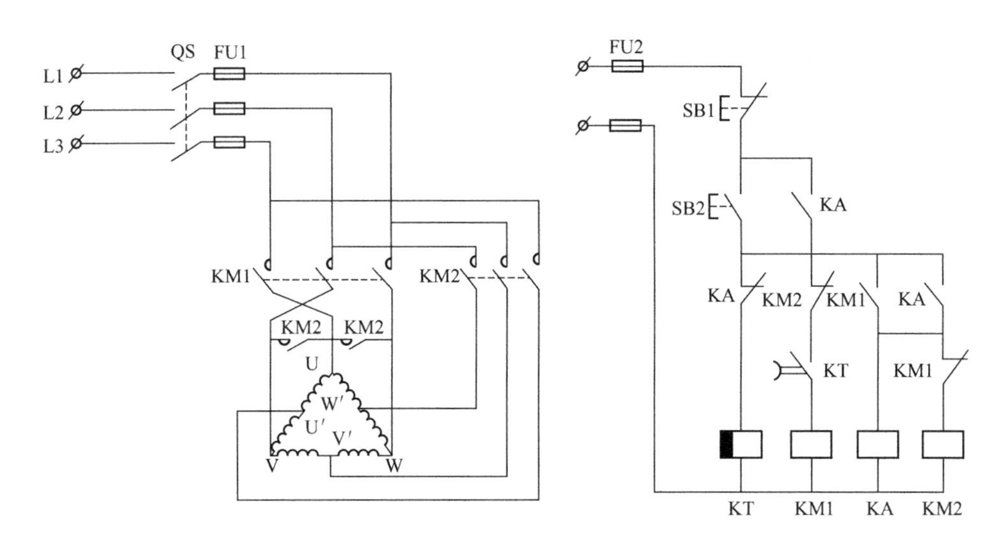

图 2-21 自动控制的双速电动机控制线路

2.7.8 多台电动机的顺序控制电路

从生产实际着手，通过实际例子来理解顺序控制，能够认识到在实际生产中有着广泛应用的多台电动机按事先约定的步骤依次工作，这种控制叫顺序控制。

启动顺序的控制：某些车床的主轴工作之前，必须首先启动油泵电动机，使工作台或其他传动部件具有一定压力的润滑油以后，方能启动主轴电动机；

停止顺序的控制：他励式直流电动机停止时，必须是电枢绕组先断电，励磁绕组后断电，以防止“飞车”事故的发生。

本小节介绍两台电动机的顺序控制，按一定的顺序启动，或按一定的顺序停止。如图 2-22 所示电路是同时进行顺序启动和顺序停止的控制线路。

在图中由于 KM1 常开触点和 KM2 线圈相串接，所以启动时必须先按下启动按钮 SB2，使 KM1 线圈通电，M1 先启动运行后，再按下启动按钮 SB4，M2 方可启动运行，M1 不启动 M2 就不能启动，也就是说按下 M1 的启动按钮 SB2 之前，先按 M2 的启动按钮 SB4 将无效。

同时因为 KM2 的常开触点与停止按钮 SB1 并接，所以停车时必须先按下 SB3，使 KM2 线圈断电，将 M2 停下来以后，再按下 SB1，才能使 KM1 线圈失电，继而使 M1 停车，M1 不停止 M2 就不能停止，也就是说按下 M2 的停止按钮 SB3 之前，先按 M1 的停止按钮 SB1 将无效。

电动机正转、停止、保护电路工作原理可扫二维码（1）学习。

电动机星-三角降压启动控制线路工作原理可扫二维码（2）学习。

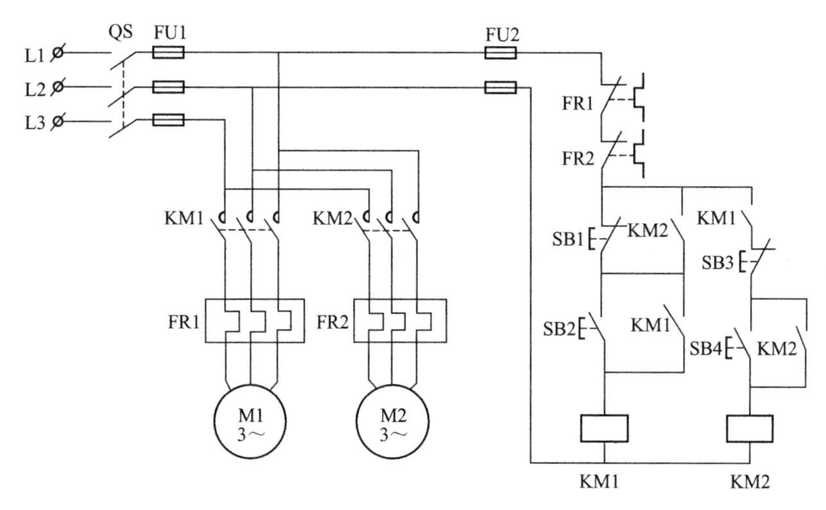

图 2-22 两台电动机的顺序控制线路

第3章

三菱FX_{2N}的编程指令系统

3.1 PLC的编程语言

不同厂家、不同型号的PLC的编程语言只能适应自己的产品。IEC中的PLC编程语言标准中有五种编程语言。

PLC的用户程序是设计人员根据控制系统的工艺控制要求，通过PLC编程语言的编制设计的。根据国际电工委员会制定的工业控制编程语言标准（IEC 61131-3），PLC的编程语言包括以下五种：梯形图语言（LAD）、指令表语言（IL）、功能模块图语言（FBD）、顺序功能流程图语言（SFC）及结构化文本语言（ST）。

3.1.1 梯形图（LAD）语言

梯形图语言沿袭了继电器控制电路的形式，梯形图是在常用的继电器与接触器逻辑控制基础上简化了符号演变而来的，具有形象、直观、实用等特点，电气技术人员容易接受，是目前运用最多的一种PLC的编程语言。梯形图表示的并不是一个实际电路而是一个控制程序，其间的连线表示的是它们之间的逻辑关系，即所谓的“软接线”。

梯形图编程语言的特点是：与电气操作原理图相对应，具有直观性和对应性；与原有继电器控制相一致，电气设计人员易于掌握。梯形图编程语言与原有的继电器控制的不同点是，梯形图中的能流不是实际意义的电流，内部的继电器也不是实际存在的继电器，应用时，需要与原有继电器控制的概念区别对待。

图3-1是典型的交流异步电动机直接启动控制电路图。图3-2是采用PLC控制的程序梯形图。

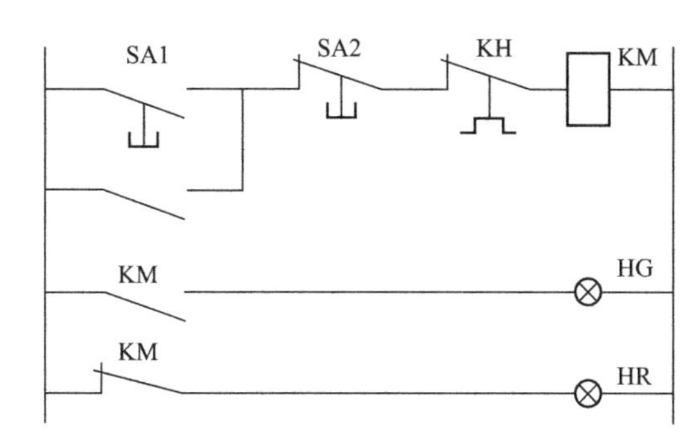

图 3-1　交流异步电动机直接启动控制电路图

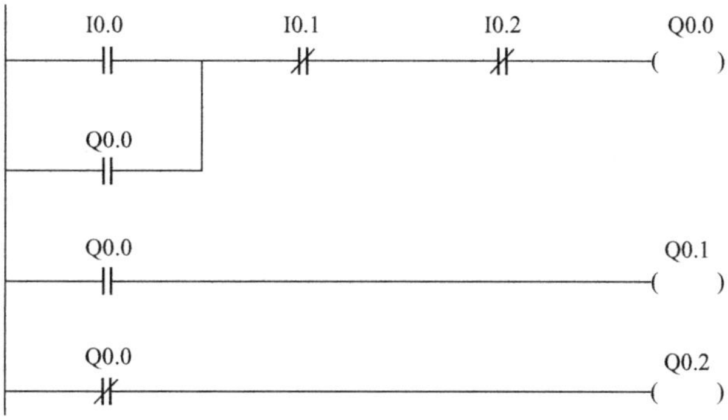

图 3-2　PLC 梯形图

梯形图两侧的垂直公共线称为母线（Bus bar）。在分析梯形图的逻辑关系时，为了借用继电器电路图的分析方法，可以想象左右两侧母线（左母线和右母线）之间有一个左正右负的直流电源电压，母线之间有“能流”从左向右流动。右母线可以不画出。在 PLC 程序图中，左、右母线类似于继电器与接触器控制电源线，输出线圈类似于负载，输入触点类似于按钮。梯形图由若干阶级构成，自上而下排列，每个阶级起于左母线，经过触点与线圈，止于右母线。

（1）梯形图的逻辑解算　根据梯形图中各触点的状态和逻辑关系，求出与图中各线圈对应的编程元件的状态，称为梯形图的逻辑解算。梯形图中逻辑解算是按从左至右、从上到下的顺序进行的。解算的结果马上可以被后面的逻辑解算所利用。逻辑解算是根据输入映像寄存器中的值，而不是根据解算瞬时外部输入触点的状态来进行的。

（2）继电器电路转换梯形图　将继电器电路转换为功能相同的 PLC 外部接线图和梯形图步骤如下：

① 了解和熟悉被控设备的工艺过程和机械的动作情况，根据继电器电路图分析和掌握控制系统的工作原理，这样才能做到在设计和调试控制系统时心中有数。

② 确定 PLC 的输入信号和输出负载，以及与它们对应的梯形图中的输入位和输出位的地址，画出 PLC 的外部接线图。

③ 确定与继电器电路图的中间继电器、时间继电器对应的梯形图中的位存储器（M）和定时器（T）的地址。

④ 根据上述关系画出梯形图。

（3）梯形图编程规则

① 梯形图的各种符号，要以左母线为起点，右母线为终点自上而下依次写。

② 触点应画在水平线上，不能画在垂直分支线上。

③ 几个串联回路并联时，应该将串联触点多的回路写在上方。几个并联回路串联时，应该将并联触点多的回路写在左方。

④ 对不可编程的电路，必须对电路进行重新安排，便于正确使用 PLC 基本指令进行编程。

⑤ 输出线圈及运算处理框，必须写在一行的最右面，它们右边不能再有任何触点存在。

梯形图编程规则如图 3-3 所示。

3.1.2 指令表语言（IL）

指令表编程语言又称为语句表或布尔助记符，是一种类似汇编语言的低级语言，属于传统的编程语言，用布尔助记符表示的指令来描述程序。它是在借鉴、吸收世界范围的 PLC 厂商的指令表语言的基础上形成的一种标准语言，可以用来描述功能、功能块和程序的行为，还可以在顺序功能流程图中描述动作和转变的行为。指令表编程语言具有以下特点：

① 用布尔助记符表示操作功能，容易记忆，便于掌握；

② 适合于有经验的程序员；

③ 有时能够让你解决利用梯形图等其他语言不容易解决的问题；

④ 在编程器的键盘上直接采用助记符表示，便于操作；

⑤ 与梯形图语言一一对应；

⑥ 在复杂控制系统用其编程时描述不够清晰。

FX_{2N} 系列 PLC 共有 27 条基本指令，供设计者编制语句表使用，它与梯形图有严格的对应关系。

LD，取指令。表示一个与输入母线相连的常开触点指令。

LDI，取反指令。表示一个与输入母线相连的常闭触点指令。

OUT，线圈驱动指令。

AND，与指令。用于单个常开触点的串联。

ANI，与非指令。用于单个常闭触点的串联。

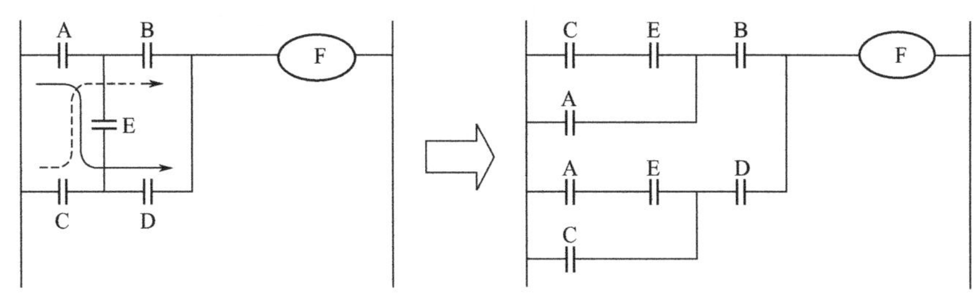

(a) 触点应在水平线上

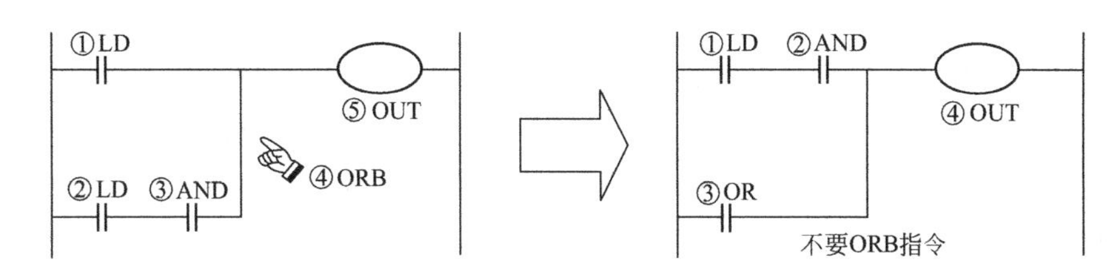

(b) 串联触点多的回路在上方

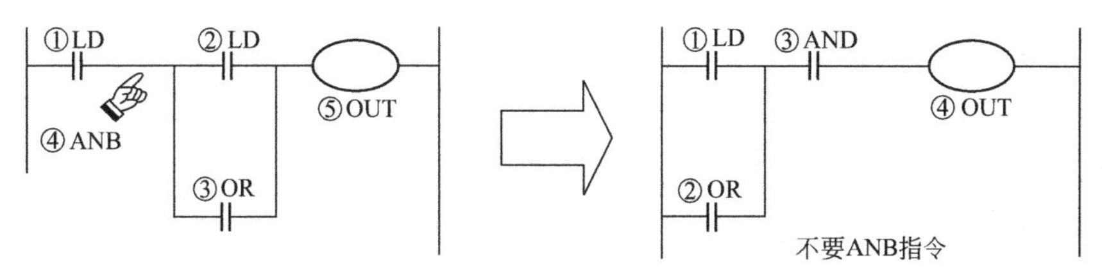

(c) 并联触点多的回路在左方

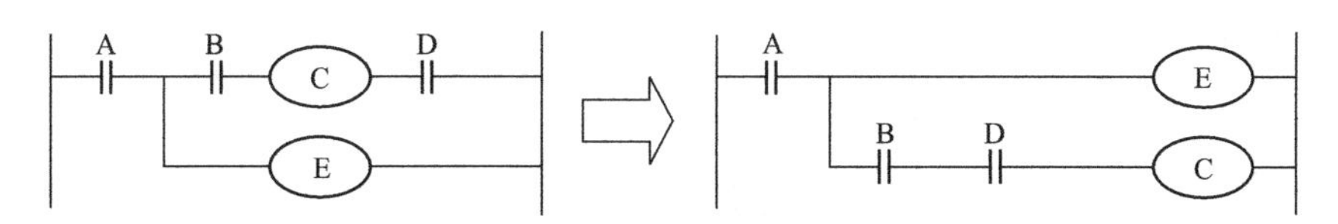

(d) 不可编程电路重新安排

图 3-3　梯形图编程规则

OUT 指令后，通过触点对其他线圈使用 OUT 指令称为纵接输出或连续输出。

OR，或指令，用于单个常开触点的并联。

ORI，或非指令，用于单个常闭触点的并联。

指令表编程语言是一种通用的编程语言，所有的 PLC 都支持，并且其他的编程语言都可以转换为指令表形式。

3.1.3　功能模块图语言（FBD）

功能模块图语言是与数字逻辑电路类似的一种 PLC 编程语言。采用功能模块图的形式来表示模块所具有的功能，不同的功能模块有不同的功能。如图 3-4 所示。

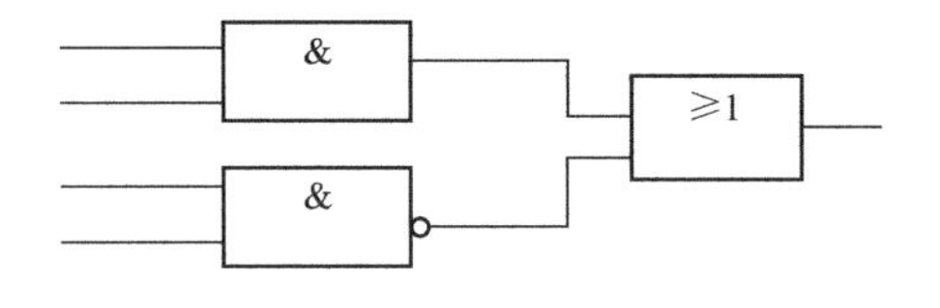

图 3-4 功能模块图

功能模块图语言的特点：

以功能模块为单位，分析理解控制方案简单容易；功能模块是用图形的形式表达功能，直观性强，对于具有数字逻辑电路基础的设计人员很容易掌握编程；对规模大、控制逻辑关系复杂的控制系统，由于功能模块图能够清楚表达功能关系，使编程调试时间大大减少。

3.1.4 顺序功能流程图语言（SFC）

顺序功能流程图语言是为了满足顺序逻辑控制而设计的编程语言。编程时将顺序流程动作的过程分成步和转换条件，根据转移条件对控制系统的功能流程顺序进行分配，一步一步地按照顺序动作。每一步代表一个控制功能任务，用方框表示。在方框内含有用于完成相应控制功能任务的梯形图逻辑。这种编程语言使程序结构清晰，易于阅读及维护，大大减轻编程的工作量，缩短编程和调试时间。用于系统的规模较大、程序关系较复杂的场合。图 3-5 所示是一个简单的顺序功能流程图语言的示意图。

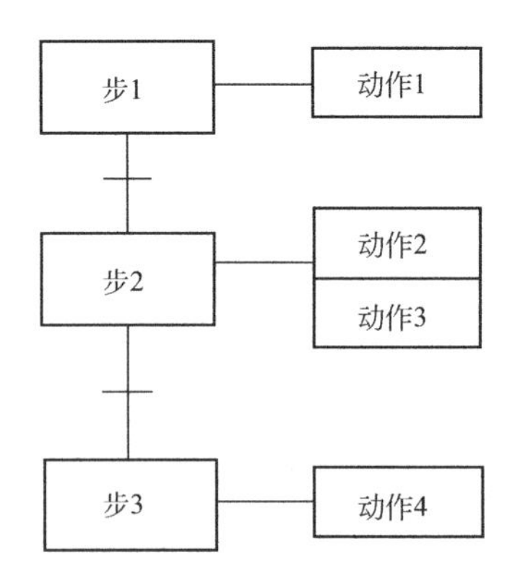

图 3-5 顺序功能流程图语言的示意图

顺序功能流程图语言的特点：以功能为主线，按照功能流程的顺序分配，条理清楚，便于对用户程序理解；避免梯形图或其他语言不能顺序动作的缺陷，同时也避免了用梯形图语言对顺序动作编程时，由于机械互锁造成用户程序结构复杂、难以理解的缺陷；用户程序扫描时间也大大缩短。在功能图中用户可以根据顺序控制步骤执行条件的变化，分析程序的执行过程，可清楚地看到在程序执行过程中每一步的状态，便于程序的设计和调试。

3.1.5 结构化文本语言（ST）

结构化文本语言是用结构化的描述文本来描述程序的一种编程语言。它是类似于高级语言的一种编程语言。在大中型的PLC系统中，常采用结构化文本来描述控制系统中各个变量的关系。主要用于其他编程语言较难实现的用户程序编制。

结构化文本编程语言采用计算机的描述方式来描述系统中各种变量之间的各种运算关系，完成所需的功能或操作。大多数PLC制造商采用的结构化文本编程语言与BASIC语言、PASCAL语言或C语言等高级语言相类似，但为了应用方便，在语句的表达方法及语句的种类等方面都进行了简化。

结构化文本编程语言的特点：采用高级语言进行编程，可以完成较复杂的控制运算；需要有一定的计算机高级语言的知识和编程技巧，对工程设计人员要求较高；直观性和操作性较差。不同型号的PLC编程软件对以上五种编程语言的支持种类是不同的，早期的PLC仅仅支持梯形图编程语言和指令表编程语言，目前的PLC对梯形图（LAD）、指令表（IL）、功能模块图（FBD）编程语言都支持。在PLC控制系统设计中，要求设计人员不但对PLC的硬件性能了解外，也要了解PLC对编程语言支持的种类。

3.2 PLC的基本指令

FX_{2N}系列PLC有：基本指令27条；步进梯形指令2条；应用指令128种，298条。

3.2.1 LD、LDI、OUT指令

LD、LDI指令分别用于将常开、常闭触点连接到母线上，OUT指令是对输出继电器、辅助继电器、状态器、定时器、计数器的线圈驱动指令。如图3-6所示。

3.2.2 AND、ANI指令

AND、ANI指令分别用于单个常开、常闭触点的串联，串联触点的数量不受限制，该指令可以连续多次使用。如图3-7所示。

助记符(名称)	功能	回路表示和可用软元件	程序步
LD(取)	常开触点逻辑运算开始	X,Y,M,S,T,C	1
LDI(取反)	常闭触点逻辑运算开始	X,Y,M,S,T,C	1
OUT(输出)	线圈驱动	Y,M,S,T,C	Y, M: 1 S, 特殊M: 2 T: 3 C: 3～5

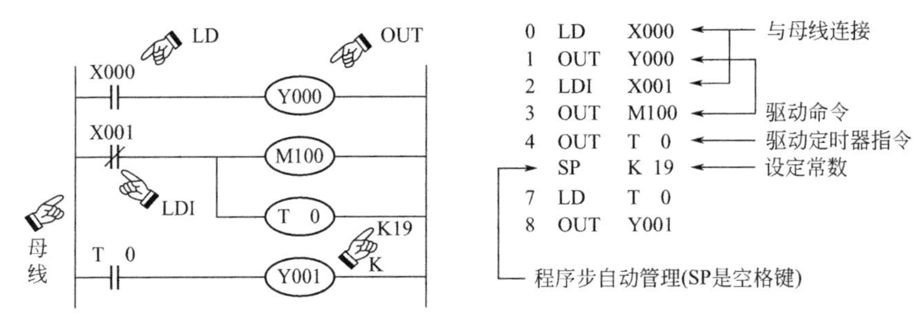

图 3-6 LD、LDI、OUT 指令的使用

助记符(名称)	功能	回路表示和可用软元件	程序步
AND(与)	常开触点串联连接	X, Y, M, S, T, C	1
ANI(与非)	常闭触点串联连接	X, Y, M, S, T, C	1

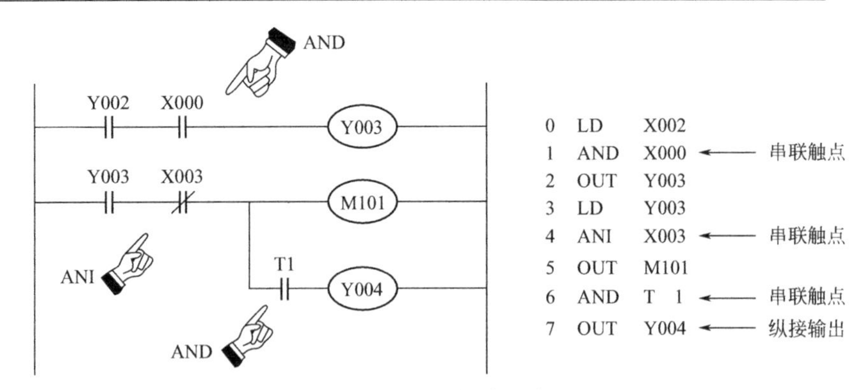

图 3-7 AND、ANI 指令的应用

3.2.3 OR、ORI 指令

OR、ORI 指令分别用于单个常开、常闭触点的并联，并联触点的数量不受限制，该指令可以连续多次使用。如图 3-8 所示。

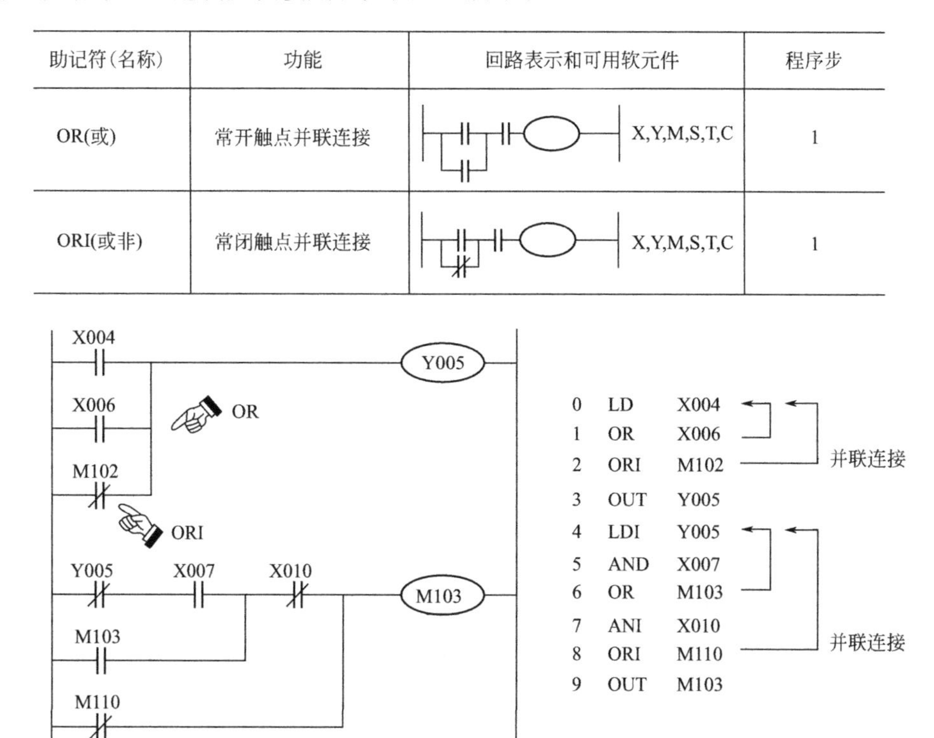

助记符(名称)	功能	回路表示和可用软元件	程序步
OR(或)	常开触点并联连接	X,Y,M,S,T,C	1
ORI(或非)	常闭触点并联连接	X,Y,M,S,T,C	1

图 3-8　OR、ORI 指令的应用

3.2.4 ORB、ANB 指令

若有多个串联回路块按顺序与前面的回路并联时，对每个回路块使用 ORB 指令，则对并联的回路个数没有限制。

若成批使用 ORB 指令并联连接多个串联回路块时，由于 LD、LDI 指令的重复次数限制在 8 次以下，因此这种情况下并联的回路个数限制在 8 个以下。如图 3-9 所示。

若有多个并联回路块按顺序与前面的回路串联时，对每个回路块使用 ANB 指令，则对串联的回路个数没有限制。若成批使用 ANB 指令串联连接多个并联回路块时，由于 LD、LDI 指令的重复次数限制在 8 次以下，因此这种情况下串联的回路个数限制在 8 个以下。如图 3-10 所示。

助记符(名称)	功能	回路表示和可用软元件	程序步
ORB(回路块或)	串联回路块并联连接	软元件：无	1
ANB(回路块与)	并联回路块串联连接	软元件：无	1

X000 X001 Y006
ORB
X002 X003
ORB
X004 X005
串联回路模块

正确的程序			
0	LD	X000	
1	AND	X001	
2	LD	X002	
3	AND	X003	
4	ORB		←
5	LDI	X004	
6	AND	X005	
7	ORB		←
8	OUT	Y006	

不佳的程序			
0	LD	X000	
1	AND	X001	
2	LD	X002	
3	AND	X003	
4	LDI	X004	
5	AND	X005	
6	ORB		←
7	ORB		←
8	OUT	Y006	

图 3-9　ORB 指令的应用

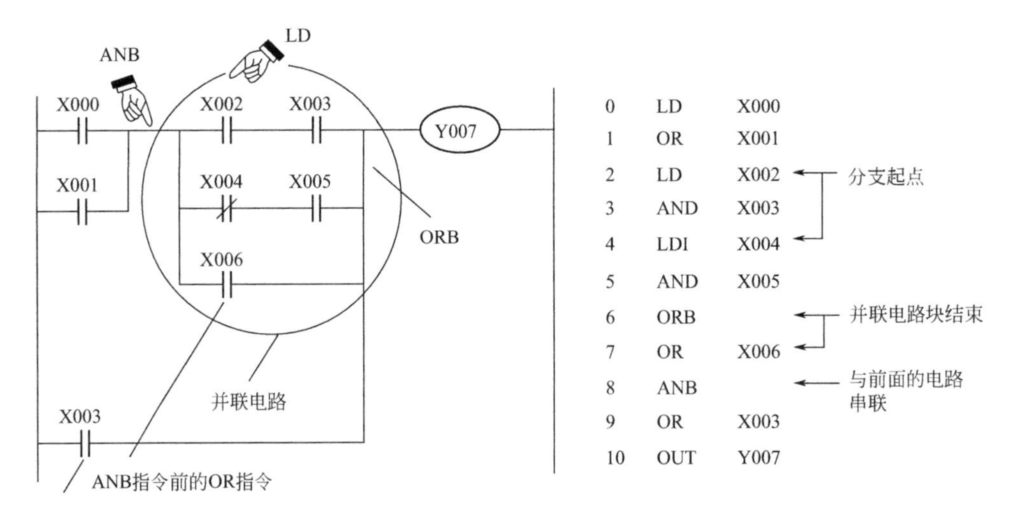

图 3-10　ANB 指令的应用

3.2.5　LDP、LDF、ANDP、ANDF、ORP、ORF 指令

LDP、ANDP、ORP 指令是进行上升沿检出的触点指令，仅在指定位元件的上升沿时（OFF→ON 变化时）接通一个扫描周期。LDF、ANDF、ORF 指令是进行下降沿检出的触点指令，仅在指定位元件的下降沿时（ON→OFF 变化时）接通

一个扫描周期。如图 3-11 所示。

助记符(名称)	功能	回路表示和可用软元件	程序步
LDP (取脉冲上升沿)	上升沿检出运算开始	X, Y, M, S, T, C	2
LDF (取脉冲下降沿)	下降沿检出运算开始	X, Y, M, S, T, C	2
ANDP (与脉冲上升沿)	上升沿检出串联连接	X, Y, M, S, T, C	2
ANDF (与脉冲下降沿)	下降沿检出串联连接	X, Y, M, S, T, C	2
ORP (或脉冲上升沿)	上升沿检出并联连接	X, Y, M, S, T, C	2
ORF (或脉冲下降沿)	下降沿检出并联连接	X, Y, M, S, T, C	2

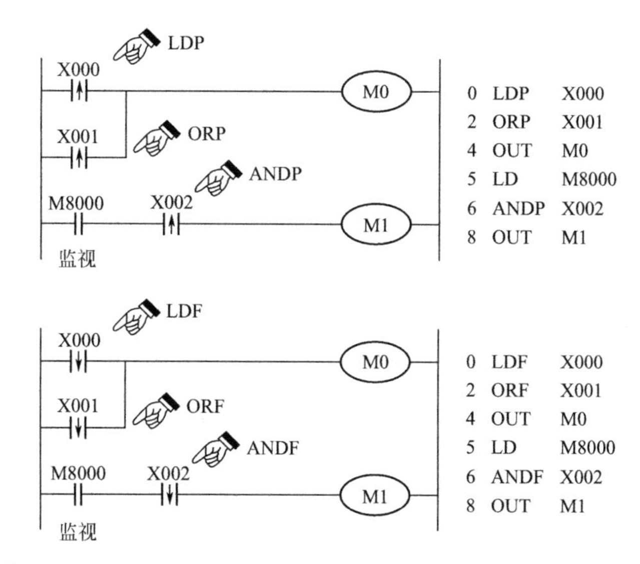

图 3-11　LDP、LDF、ANDP、ANDF、ORP、ORF 指令的应用

X000～X002 由 OFF→ON 变化或由 ON→OFF 变化时，M0 或 M1 仅接通一个扫描周期。需要指出的是这些指令的功能有时与脉冲指令的功能相同，另外，在将辅助继电器 M 指定为这些指令的软元件时，软元件编号范围不同，会造成动作上的差异。

3.2.6　MPS、MRD、MPP 指令

MPS 指令：将此时刻的运算结果送入堆栈存储。

MPP 指令：各数据按顺序向上移动，将最上端的数据读出，同时该数据就从堆栈中消失。

MRD 指令：是读出最上端所存数据的专用指令，堆栈内的数据不发生移动。

MPS 指令与 MPP 指令必须成对使用，连续使用的次数应小于 11。如图 3-12～图 3-15 所示。

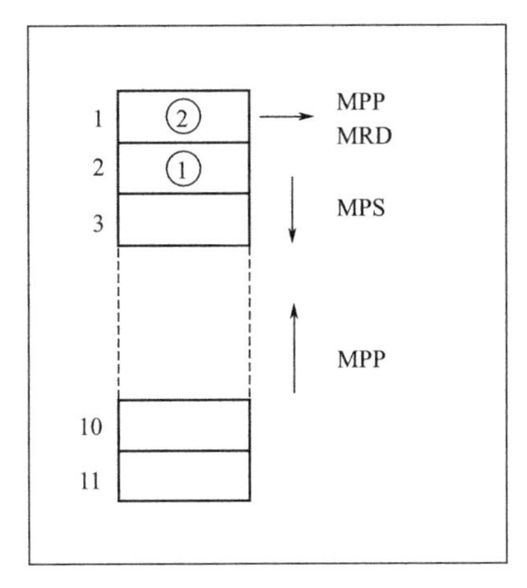

图 3-12　MPS、MRD、MPP 指令的使用

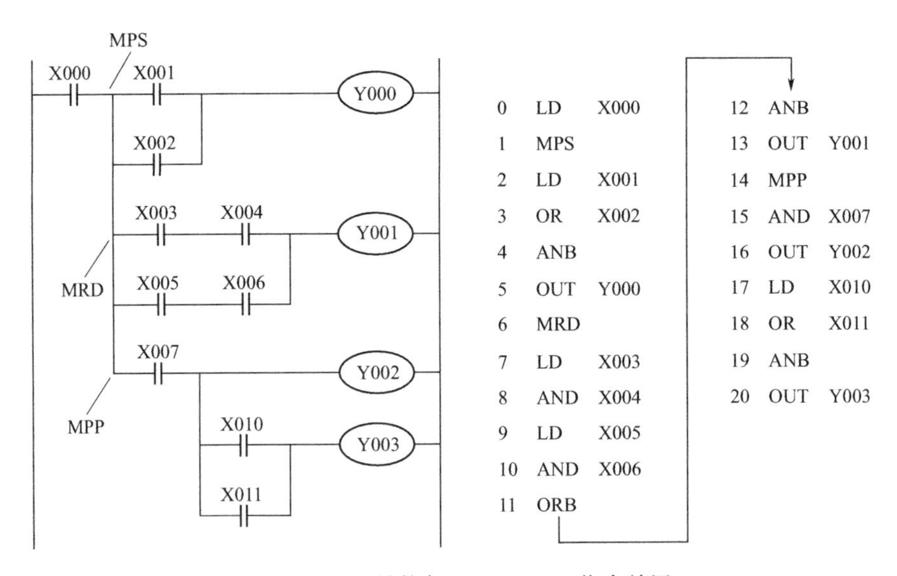

图 3-13　一段堆栈与 ANB、ORB 指令并用

3.2.7　MC、MCR 指令

MC 为主控指令，用于公共串联触点的连接，MCR 为主控复位指令，即 MC 的复位指令。

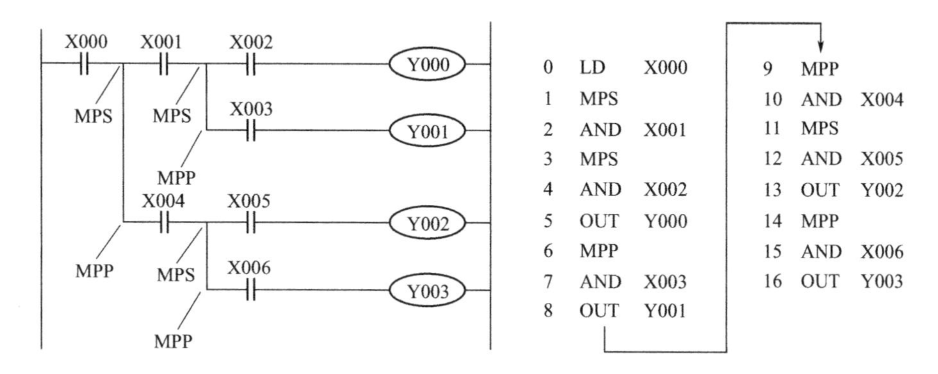

图 3-14 二段堆栈实例

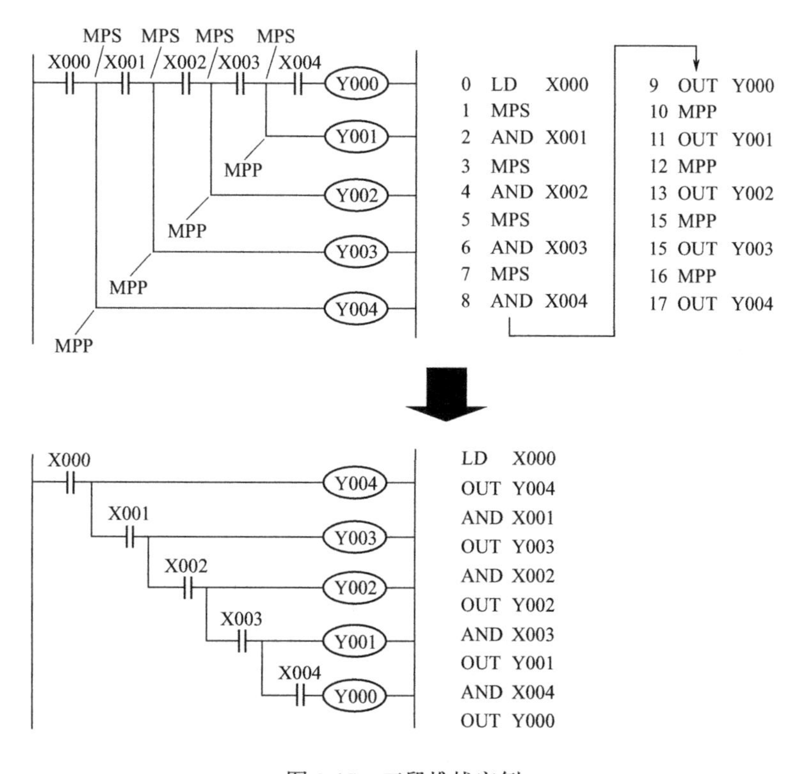

图 3-15 三段堆栈实例

应用主控触点可以解决若在每个线圈的控制电路中都串入同样的触点将多占存储单元的问题。它在梯形图中与一般的触点垂直。它们是与母线相连的常开触点，是控制一组电路的总开关。MC、MCR 指令的使用如图 3-16 所示。

3.2.8 INV 指令

其功能是将 INV 指令执行之前的运算结果取反，不需要指定软元件号。如

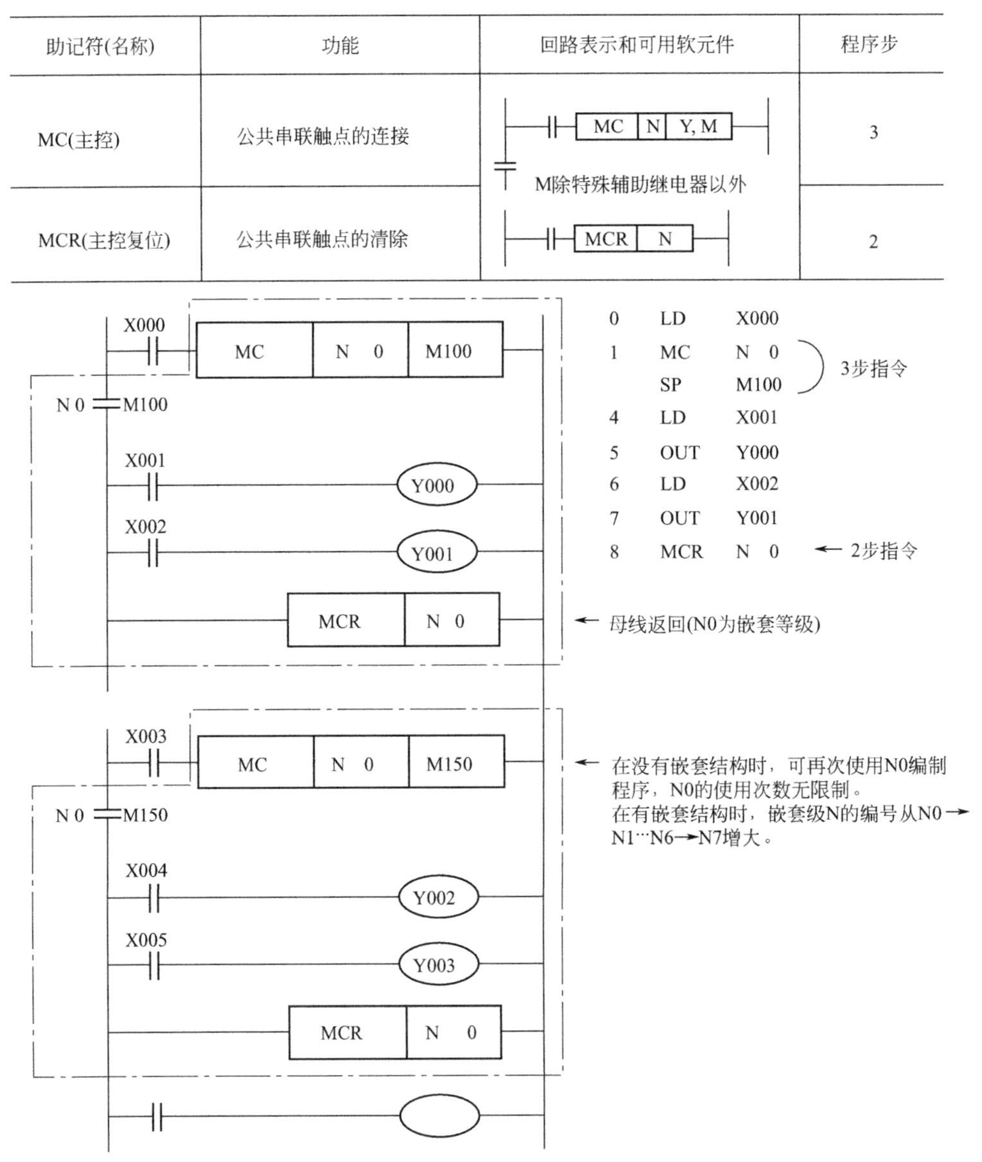

助记符(名称)	功能	回路表示和可用软元件	程序步
MC(主控)	公共串联触点的连接	MC N Y, M M除特殊辅助继电器以外	3
MCR(主控复位)	公共串联触点的清除	MCR N	2

图 3-16 MC、MCR 指令的使用

图 3-17 所示。

在梯形图中，只能在能输入 AND 或 ANI、ANDP、ANDF 指令步的相同位置处，才可编写 INV 指令，而不能像 LD、LDI、LDP、LDF 那样与母线直接相连，也不能像 OR、ORI、ORP、ORF 指令那样单独使用。

3.2.9 PLS、PLF 指令

使用 PLS 指令时，仅在驱动输入为 ON 的一个扫描周期内，软元件 Y、M 动

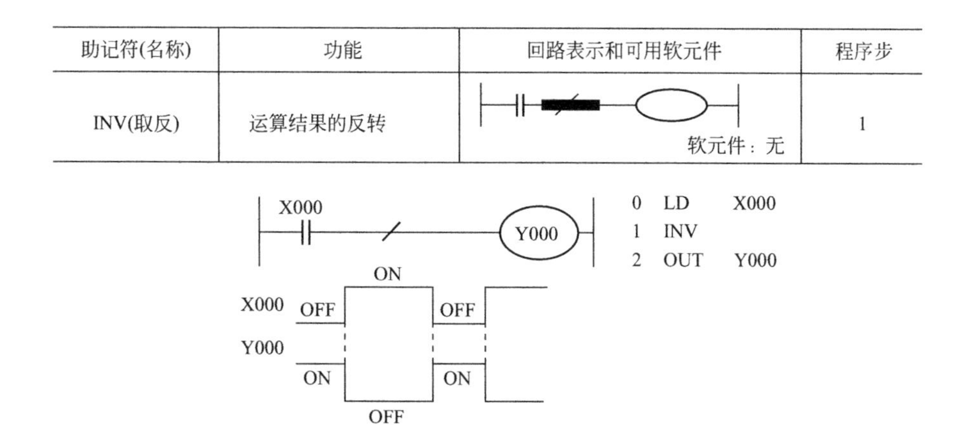

助记符(名称)	功能	回路表示和可用软元件	程序步
INV(取反)	运算结果的反转	软元件：无	1

图 3-17 INV 指令的使用

助记符(名称)	功能	回路表示和可用软元件	程序步
PLS(上升沿脉冲)	上升沿微分输出	PLS Y, M 除特殊的M以外	1
PLF(下降沿脉冲)	下降沿微分输出	PLS Y, M 除特殊的M以外	1

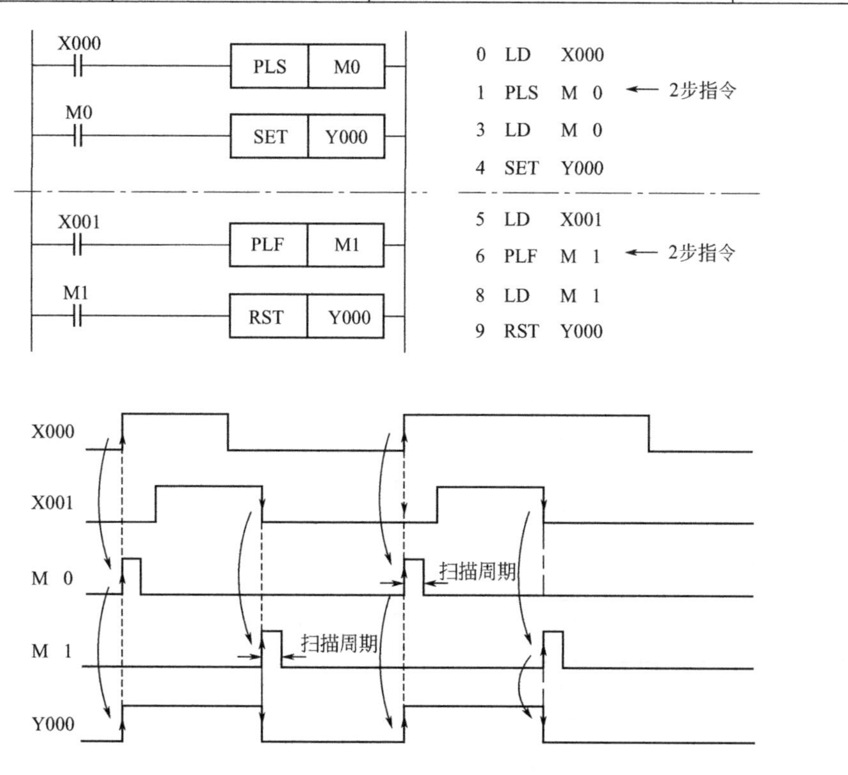

图 3-18 PLS、PLF 指令的使用

作。使用 PLF 指令时，仅在驱动输入为 OFF 的一个扫描周期内，软元件 Y、M 动作。如图 3-18 所示。

3.2.10 SET、RST 指令

SET 为置位指令，使操作保持；RST 为复位指令，使操作保持复位。如图 3-19 所示。

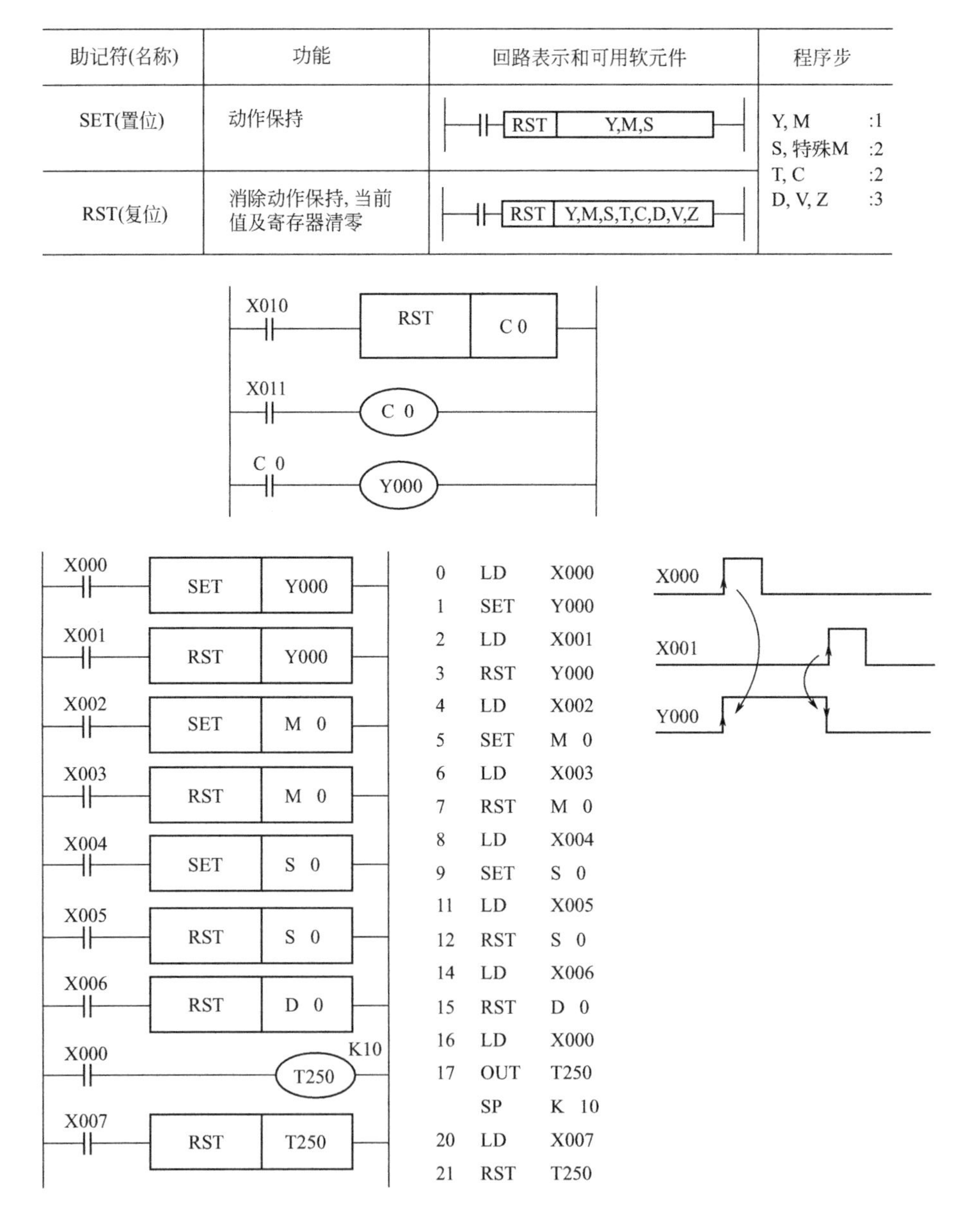

助记符(名称)	功能	回路表示和可用软元件	程序步
SET(置位)	动作保持	RST Y,M,S	Y, M :1 S, 特殊M :2 T, C :2 D, V, Z :3
RST(复位)	消除动作保持，当前值及寄存器清零	RST Y,M,S,T,C,D,V,Z	

图 3-19 SET、RST 指令

图 3-19 中，X000 一旦接通后，即使它再断开，Y000 仍继续动作，X001 接通时，即使它再断开，Y000 仍保持不被驱动。对于 M、S 也是一样。对于同一软元件，SET、RST 可多次使用，顺序也随意，但最后执行的有效。使数据寄存器（D）、变址寄存器（V、Z）的内容清零，也可使用 RST 指令，与用常数 K0 传送指令的结果一样。

累计定时器 T246～T255 的当前值以及触点复位也可用 RST 指令。

3.2.11　NOP、END 指令

NOP 为空操作指令，在程序中加入 NOP 指令，有利于修改或增加程序时减小程序步号的变化，但是程序要求有余量。END 为程序结束指令。如图 3-20 所示。

助记符(名称)	功　　能	回路表示和可用软元件	程序步
NOP(空操作)	无动作	NOP　软元件：无 没有回路表示	1
END(结束)	输入输出处理以及返回到0步	END　软元件：无	1

图 3-20　NOP、END 指令的使用

3.3　PLC的编程元件和规则

3.3.1　FX_{2N} 系列 PLC 编程元件的分类及编号

代表功能的字母：如输入继电器用“X”表示、输出继电器用“Y”表示。数字：数字为该类器件的序号。FX_{2N} 系列 PLC 中输入、输出继电器的序号为八进制，其余为十进制。

3.3.2　编程元件的基本特征

编程元件和继电接触器的元件类似，具有线圈和常开常闭触点。当线圈被选中（通电）时，常开触点闭合，常闭触点断开；当线圈失去选中条件时，常闭触点接通，常开触点断开。可编程控制器的编程元件可以有无数多个常开、常闭触点。

3.3.3 编程元件的功能和作用

（1）数值的处理

① 十进制

a. 定时器和计数器的设定值（K 常数）。

b. 辅助继电器（M）、定时器（T）、计数器（C）、状态器等的编号（软元件编号）。

c. 指定应用指令操作数中的数值与指令动作（K 常数）。

② 十六进制　同十进制数一样，用于指定应用指令操作数中的数值与指令动作。

③ 二进制　PLC 内部，这些数字都是用二进制处理的。

④ 八进制　FX_{2N} 系列的输入继电器、输出继电器的软元件编号。以八进制数值进行分配。

⑤ BCD 码　用于数字式开关或七段码的显示器控制等。

⑥ 其他数值　FX_{2N} 系列具有可进行高精度的浮点运算功能。

（2）输入输出继电器（FX_{2N} 系列输入、输出继电器总点数不能超过 256 点）输入端子是 PLC 从外部开关接收信号的窗口；输出端子是 PLC 向外部负载发送信号的窗口。如表 3-1 所示。

表 3-1　输入、输出点数表

型号	FX_{2N}-16M	FX_{2N}-32M	FX_{2N}-48M	FX_{2N}-64M	FX_{2N}-80M	FX_{2N}-128M	扩展时
输入	X000～X007 8 点	X000～X017 16 点	X000～X027 24 点	X000～X037 32 点	X000～X047 40 点	X000～X077 64 点	X000～X267 184 点
输出	Y000～Y007 8 点	Y000～Y017 16 点	Y000～Y027 24 点	Y000～Y037 32 点	Y000～Y047 40 点	Y000～Y077 64 点	Y000～Y267 184 点

（3）辅助继电器

① 这类辅助继电器的线圈与输出继电器一样有无数的电子常开和常闭触点。

② 该触点不能直接驱动外部负载，外部负载的驱动要通过输出继电器进行。

③ 如果在 PLC 运行过程中停电，输出继电器及一般用辅助继电器都断开。

再运行时，除了输入条件为 ON（接通）的情况以外，都为断开状态。

④ 分为一般用（M0～M499）、停电保持用（M500～M3071）和特殊用途（M8000～M8255）辅助继电器。

⑤ FX_{2N} 系列 PLC 内的一般用辅助继电器和部分停电保持用辅助继电器（M500～M1023）。

⑥ 特殊辅助继电器：分为触点利用型特殊辅助继电器和线圈驱动型特殊辅助

继电器。

（4）状态器 一般用（S0～S499）；停电保持用（S500～S899）；报警器用（S900～S999）；S0～S9一般用于步进梯形图的初始状态，S10～S19一般用作返回原点的状态。

（5）定时器 定时器相当于继电器系统中的时间继电器，可在程序中用于延时控制。定时器累计PLC内1ms、10ms、100ms等的时钟脉冲，当达到所定的设定值时，输出触点动作。

FX_{2N}系列PLC的定时器（T）有以下4种类型：

100ms定时器：T0～T199，200点。定时范围：0.1～3276.7s；

10ms定时器：T200～T245，46点。定时范围：0.01～327.67s；

1ms累计型定时器：T246～T249，4点，执行中断保持，定时范围：0.001～32.767s；

100ms累计型定时器：T250～T255，6点，定时中断保持，定时范围：0.1～3276.7s。

FX_{2N}系列PLC定时器设定值可以采用程序存储器内的常数（K）直接指定，也可以用数据寄存器（D）的内容间接指定。使用数据寄存器设定定时器设定值时，一般使用具有掉电保持功能的数据寄存器，这样在断电时不会丢失数据。

图3-21(a) 为非累计型定时器。如果X000为ON，T200开始计时，当脉冲数等于设定值K123时，定时器的输出触点动作，也就是说输出触点在线圈驱动1.23s后动作。X000断开或停电，定时器复位，输出触点复位。

图3-21(b) 为累计型定时器，如果X001为ON，则T250用当前值计数器累计100ms的时钟脉冲。当达到设定值K345时，定时器的输出触点动作。在累计过程中，即使输入X001断开或停电，再启动时，继续累计，其累计时间为34.5s。如果复位输入X002为ON，定时器复位，输出触点也复位。

从图3-21(b) 可知，驱动线圈开始到触点动作结束的定时器触点动作精度大致可用下式表示：

$$t=T+T_0-\alpha$$

式中，α与1ms、10ms、100ms定时器对应，分别为0.001s、0.01s、0.1s；T为定时器设定时间；T_0为扫描周期。

编程时，定时器触点写在线圈指令前时，最大误差为$-2T_0$。当定时器设定值为0时，在执行下一个扫描的线圈指令时，输出触点开始动作。此外，中断执行型的1ms定时器在执行线圈指令后，以中断方式对1ms时钟脉冲计数。如图3-22所示。

（6）计数器

① 内部信号计数器：是对机内的元件的信号计数，也称普通计数器；

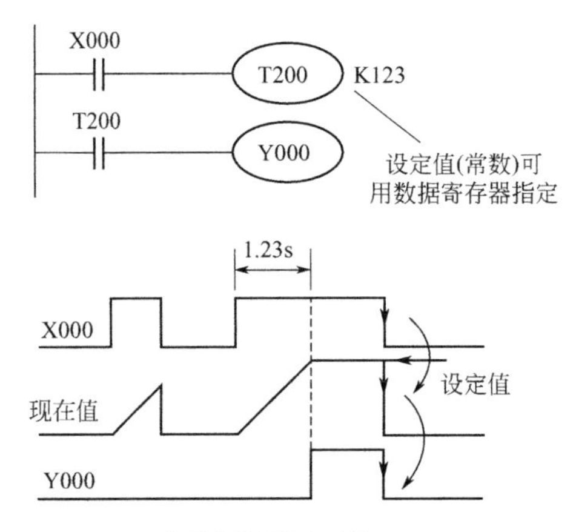

(a) 普通非累计型定时器

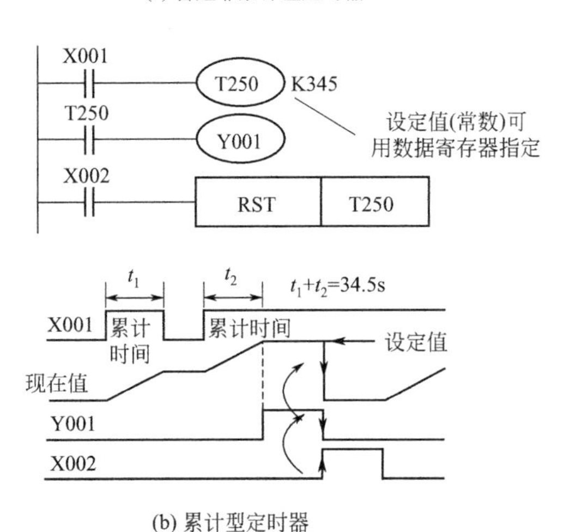

(b) 累计型定时器

图 3-21　定时器

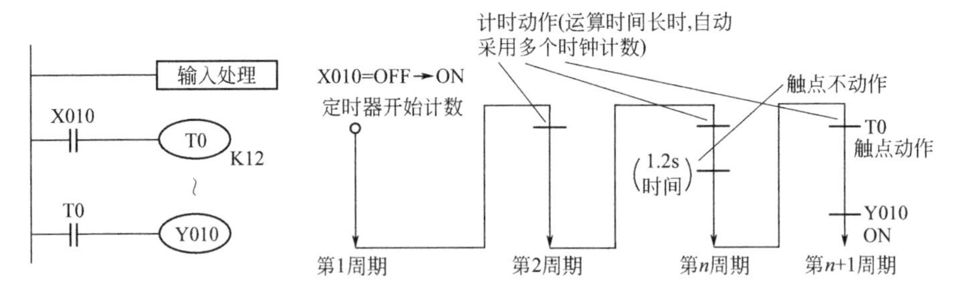

图 3-22　定时器应用

② 外部信号计数器：对机器的外部信号进行计数；

③ 16 位增计数器（一般用：C0～C99；停电保持用：C100～C199）。

16 位计数器其设定值在 K1～K32767 范围内有效。设定值 K0 与 K1 意义相同，均在第一次计数时，其触点动作。如果PLC断电，恢复电源后，计数器可按上一次数值累计计数。

如图3-23所示，当在执行第10次的线圈指令时，输出触点动作。如果复位输入X010为ON，则执行RST指令，计数器的当前值为0，输出触点复位。计数器的设定值，除用常数K设定外，还可由数据寄存器指定。

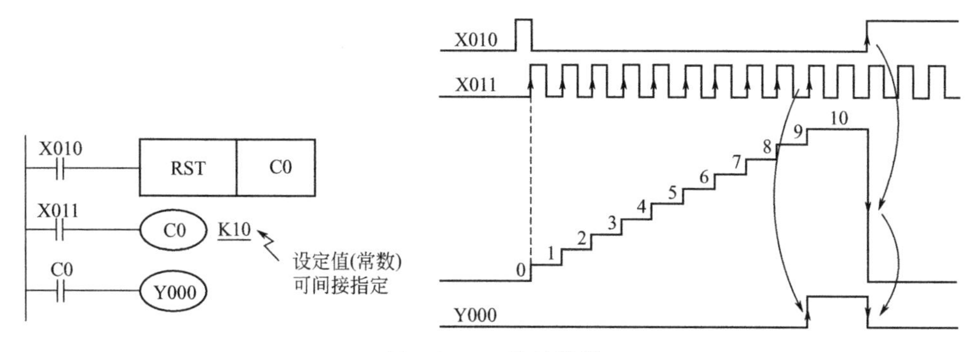

图3-23 16位计数器

32位增/减双向计数器（停电保持用：C200～C219；特殊用：C220～C234），32位增/减双向计数器的值有效范围为－2147483648～＋2147483647。在计数器的当前值由－6→－5增加时，输出触点置位；在由－5→－6减少时，输出触点复位，如果从2147483647开始增计数，则成为－2147483648，形成循环计数。如图3-24所示。

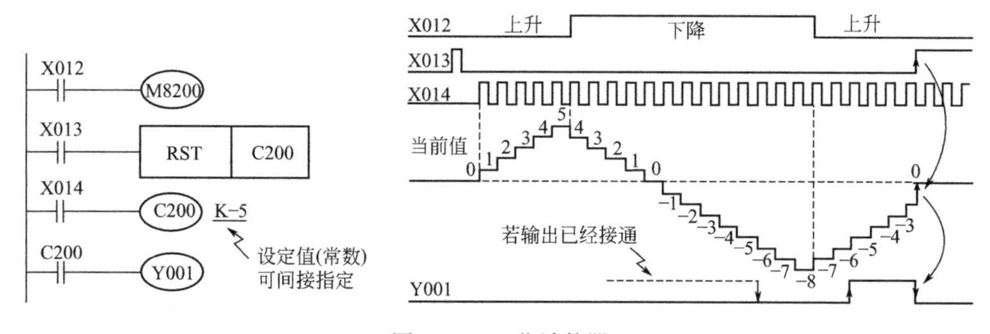

图3-24 32位计数器

利用计数输入X014驱动C200线圈，可增计数或减计数（增减可由特殊辅助继电器设置）；当前值的增减与输出触点的动作无关，但是如果从2147483647开始增计数，则成为－2147483648，形成循环计数；如果复位输入X013为ON，则执行RST指令，计数器当前值变为0，输出触点也复位。

④ 内置高速计数器。高速计数器通过对特定的输入作中断处理来进行计数，与扫描周期无关，可以执行数千赫兹的计数。根据不同增/减计数切换及控制的方法，分为1相1计数输入、1相2计数输入以及2相2计数输入三种类型。如图3-

25 所示。U 表示增计数输入；D 表示减计数输入；A 表示 A 相输入；B 表示 B 相输入；R 表示复位输入；S 表示启动输入。

	1 相 1 计数输入										
	C235	C236	C237	C238	C239	C240	C241	C242	C243	C244	C245
X000	U/D						U/D			U/D	
X001		U/D					R			R	
X002			U/D					U/D			U/D
X003				U/D				R			R
X004					U/D				U/D		
X005						U/D			R		
X006										S	
X007											S

	1 相 2 计数输入					2 相 2 计数输入					
	C246	C247	C248	C249	C250	C251	C252	C253	C254	C255	
X000	U	U		U		A	A		A		
X001	D	D		D		B	B		B		
X002		R		R			R		R		
X003			U		U			A		A	
X004			D		D			B		B	
X005			R		R			R		R	
X006				S					S		
X007					S					S	

图 3-25 高速计数器

图 3-26 为 FX_{2N} 系列 PLC 内置 1 相 1 计数输入高速计数器的应用：在 X012 为 ON 时，利用计数输入 X000，通过中断，C235 按 X010 设定的方式增计数或减计数。计数器的当前值由－6→－5 增加时，输出触点被置位，由－5→－6 减少时，输出触点被复位。如果复位输入 X011 为 ON，则执行 RST 指令，计数器当前值变为 0，输出触点也复位。

[1 相 2 计数输入高速计数器的应用举例] 如图 3-27 所示。C249 在 X012 为 ON 时，如果 X006 也为 ON，就立即开始计数，增计数的计数输入为 X000，减计数的计数输入为 X001。可以通过顺控程序上的 X011 执行复位，另外，当 X002 闭合，C249 也可立即复位，不需要该程序。

[2 相 2 计数输入高速计数器的应用举例] 如图 3-28 所示。这种计数器在 A 相接通的同时，B 相输入为 OFF→ON 则为增计数，ON→OFF 时为减计数。

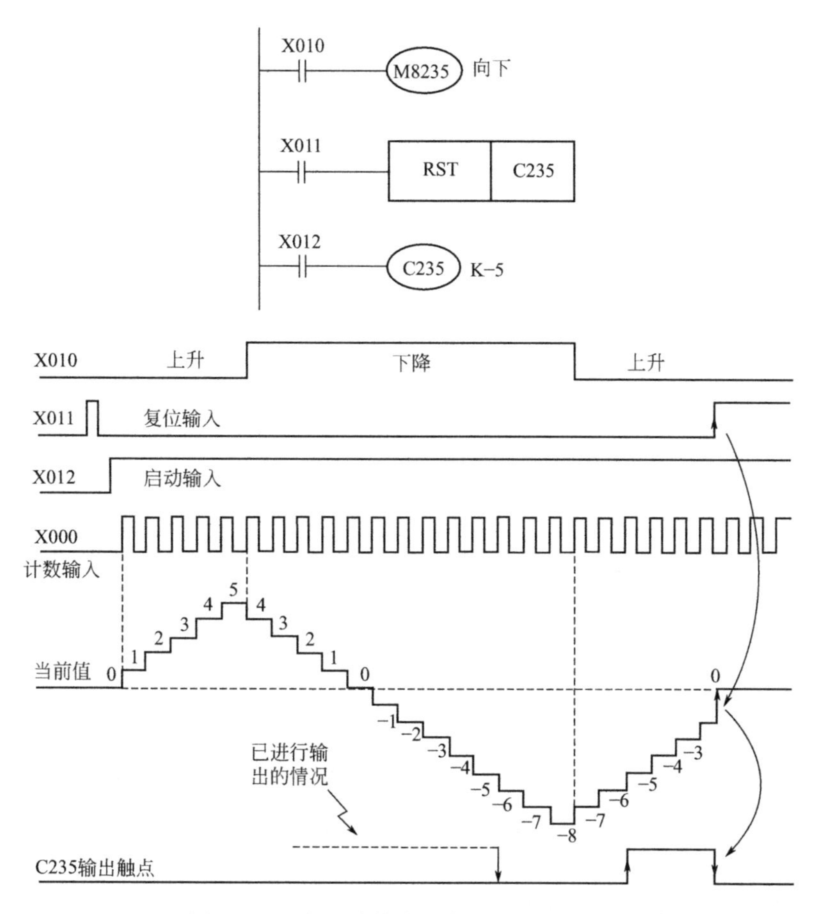

图 3-26　1 相 1 计数输入高速计数器的应用

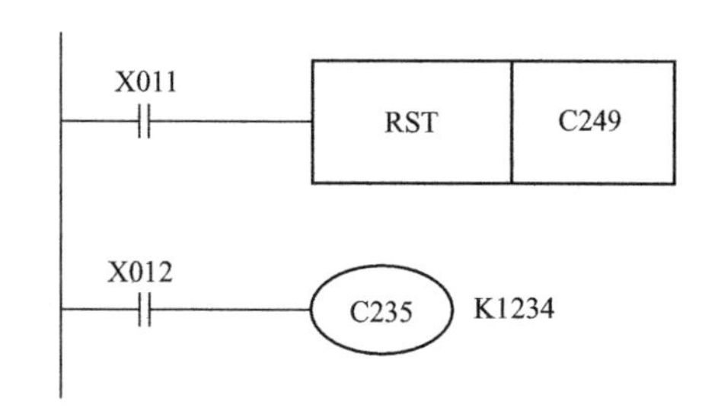

图 3-27　1 相 2 计数输入高速计数器的应用

X012 为 ON 时，C251 通过中断，对 A 相输入 X000、B 相输入 X001 的动作计数。如果 X011 为 ON，则执行 RST 复位指令。如果当前值超过设定值，则 Y002 为 ON；如果当前值小于设定值，则为 OFF。根据不同的计数方向，Y003 接通（增计数）或断开（减计数）。当 X012 为 ON 时，如果 X006 也为 ON，则 C254 立即开始对 A 相输入 X000、B 相输入 X001 的动作计数。可以通过顺控程序上的

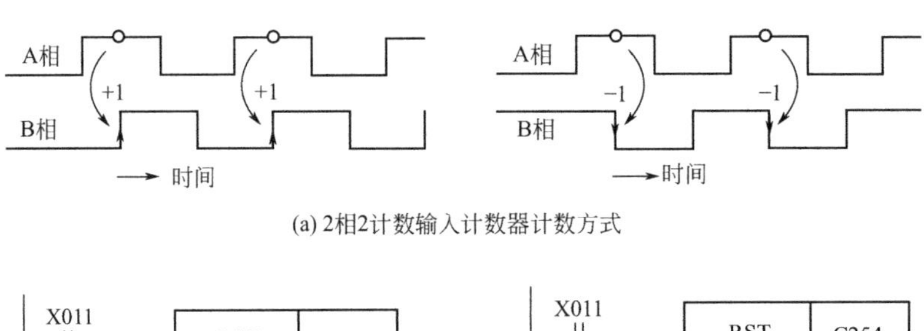

(a) 2相2计数输入计数器计数方式

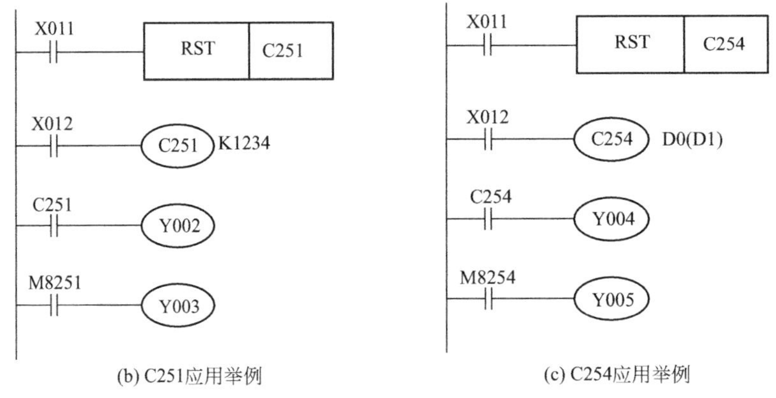

(b) C251应用举例

(c) C254应用举例

图 3-28　2 相 2 计数输入高速计数器的应用

X011 执行复位。

当 X002 闭合，C254 也可立即复位。如果当前值超过设定值（D1，D0），则 Y004 为 ON；如果当前值小于设定值，则为 OFF。根据不同的计数方向，Y005 接通（增计数）或断开（减计数）。

（7）数据寄存器　数据寄存器是存储数值数据的软元件，可以处理各种数值数据。类型如下：

一般用：D0～D199，200 点，通过参数设定可以变更为停电保持型。

停电保持用：D200～D511，312 点，通过参数设定可以变为非停电保持型。

停电保持专用：D512～D7999，7488 点，无法变更其停电保持特性。根据参数设定可以将 D1000 以后的数据寄存器以 500 点为单位设置文件寄存器。

特殊用：D8000～D8255，256 点。

变址寄存器：V0～V7，Z0～Z7，16 点。

这些寄存器都是 16 位，最高位为符号位，数值范围为－32768～＋32767。将相邻两个数据寄存器组合，可存储 32 位数值数据，最高位为符号位（高位为大的号码，低位为小的号码。变址寄存器中，V 为高位，Z 为低位），可处理－2147483648～＋2147483647 的数值。

一般用及停电保持用数据寄存器：在寄存器中一旦写入数据，就不会变化。利用外围设备的参数设定，可以改变一般用与停电保持用数据寄存器的分配。而对于将停电保持专用数据寄存器作为一般用途时，则要在程序的起始步采用 RST 或

ZRST 指令清除其内容。在使用 PC 间简易连接或并联连接下，一部分数据寄存器被连接所占用。

特殊用途数据寄存器：特殊用途数据寄存器是指写入特定目的的数据，或已事先写入特定内容的数据寄存器，其内容在电源接通时被置于初始值。一般初始值为零，需要设置时，则利用系统 ROM 将其写入。

变址寄存器：FX_{2N} 系列 PLC 的变址寄存器 V 与 Z 同普通的数据寄存器一样，是进行数值数据的读入、写出的 16 位数据寄存器。V0～V7、Z0～Z7 共有 16 个。

例如：

对于十进制数的软元件、数值（M、S、T、C、D、KnM、KnS、P、K），若 V0＝K5，执行 D20V0 时，被执行的软元件编号为 D25[D(20＋5)]；指定 K30V0 时，被执行的是十进制数值 K35[K(30＋5)]。

文件寄存器：FX_{2N} 系列 PLC 的数据寄存器 D1000～D7999 是普通停电保持用数据寄存器。

(8) 指针　分支用指针（P）：分支用指针的编号为 P0～P127，用作程序跳转和子程序调用的编号，其中 P63 专门用于结束跳转。

中断用指针（I）：中断用指针与应用指令 FNC03（IRET）中断返回、FNC04（EI）开中断和 FNC03（DI）关中断一起使用，有以下三类：

① 输入中断用：与输入 X000～X005 对应编号为 I00□～I50□，6 点；

② 定时器中断：编号为 I6□□、I7□□、I8□□，3 点；

③ 计数器中断：编号为 I010～I060，6 点。

3.3.4　PLC 的编程规则

(1) 梯形图编程规则（见图 3-29）

① 梯形图的各种符号，要以左母线为起点，右母线为终点自上而下依次写。

② 触点应画在水平线上，不能画在垂直分支线上。

③ 几个串联回路并联时，应该将串联触点多的回路写在上方；几个并联回路串联时，应该将并联触点多的回路写在左方。

④ 对不可编程的电路，必须对电路进行重新安排，便于正确使用 PLC 基本指令进行编程。

⑤ 输出线圈及运算处理框，必须写在一行的最右面，它们右边不能再有任何触点存在。

(2) 语句表编程规则　利用 PLC 基本指令对梯形图编程时，务必按从左到右、自上而下的原则进行。在处理较复杂的触点结构时，如触点块的串联、并联或与堆栈相关指令，指令表的表达顺序为：先写出参与因素的内容，再表达参与因素间的关系。

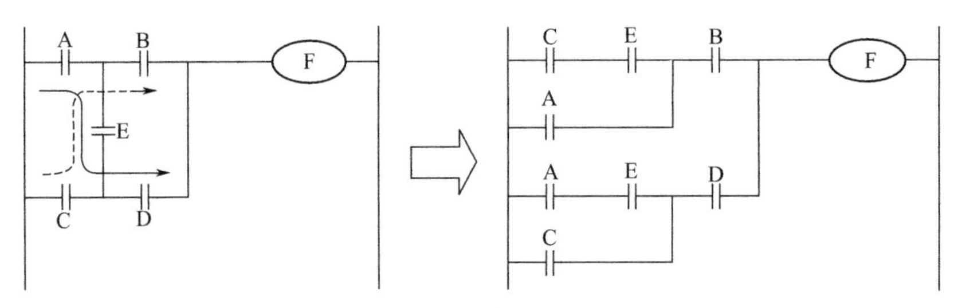

(a) 触点应在水平线上

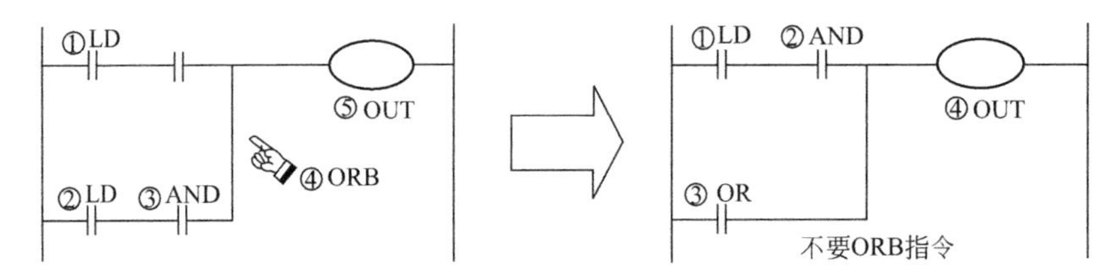

(b) 串联触点多的回路在上方

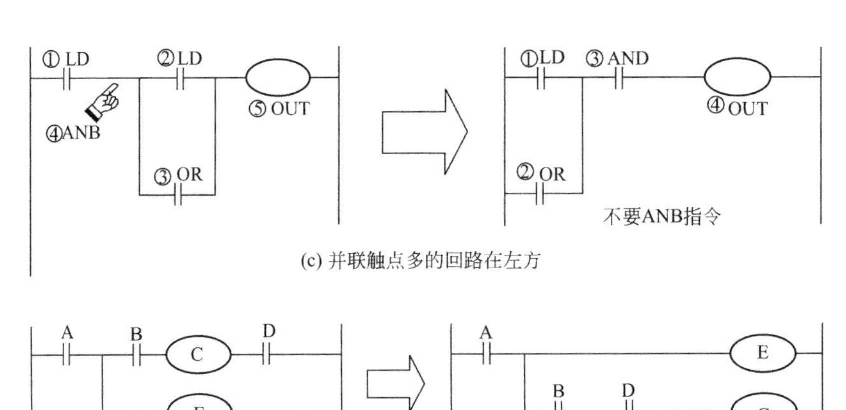

(c) 并联触点多的回路在左方

(d) 不可编程电路重新安排

图 3-29　梯形图编程规则

双线圈输出：如果在同一程序中同一元件的线圈使用两次或多次，称为双线圈输出。

PLC 程序顺序扫描执行的原则规定，这种情况出现时，前面的输出无效，只有最后一次输出才是有效的。

图 3-30 中，X001＝ON，X002＝OFF，起初的 Y003，因为 X001 接通，其映像寄存器变为 ON，输出 Y004 也接通。但是第二次的 Y003，因为输入 X002 断开，其映像寄存器变为 OFF，实际的外部输出为 Y003＝OFF，Y004＝ON。将 Y003 线圈驱动条件 X001 与 X002 合并，就能解决 Y003 双线圈驱动的问题。

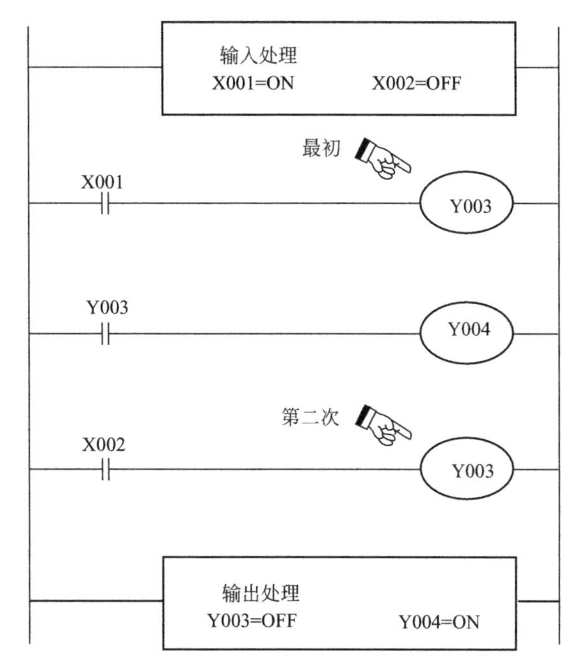

图 3-30 语句表编程规则

3.4 梯形图程序的设计

3.4.1 梯形图的基本电路

（1）启动、保持和停止电路 如图 3-31 所示。

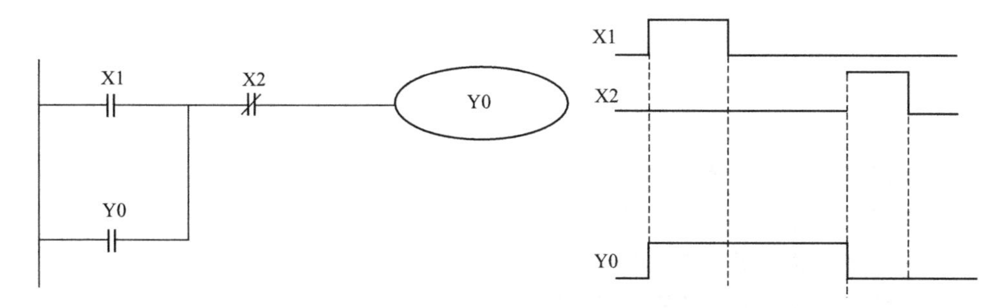

图 3-31 启动、保持和停止电路

特点：短信号的“记忆”和“自保持”功能启动信号、停止信号可以是由多个触点组成的串、并联电路。

（2）三相异步电动机正反转控制电路 如图 3-32 所示。

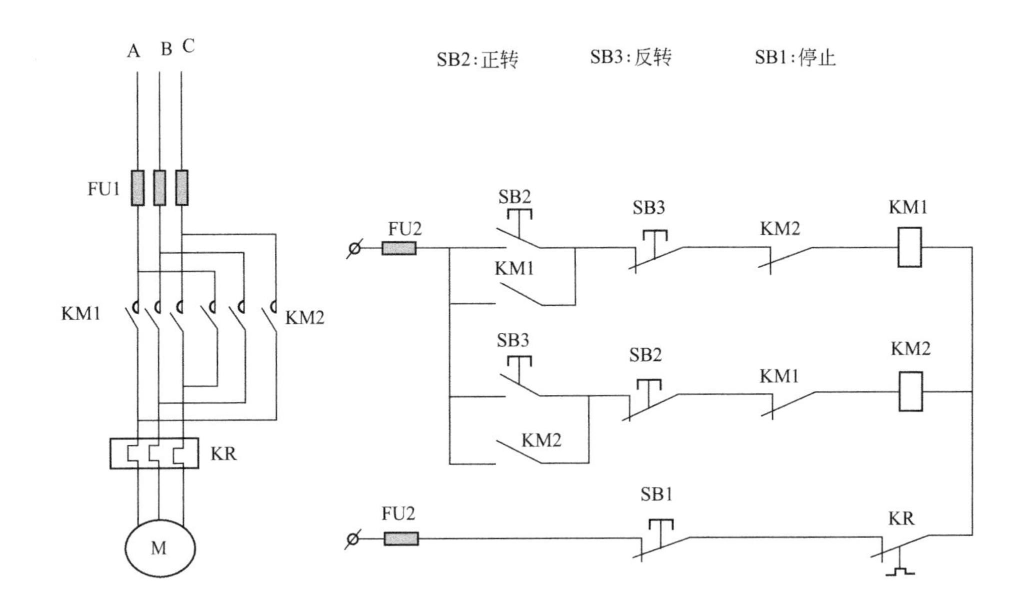

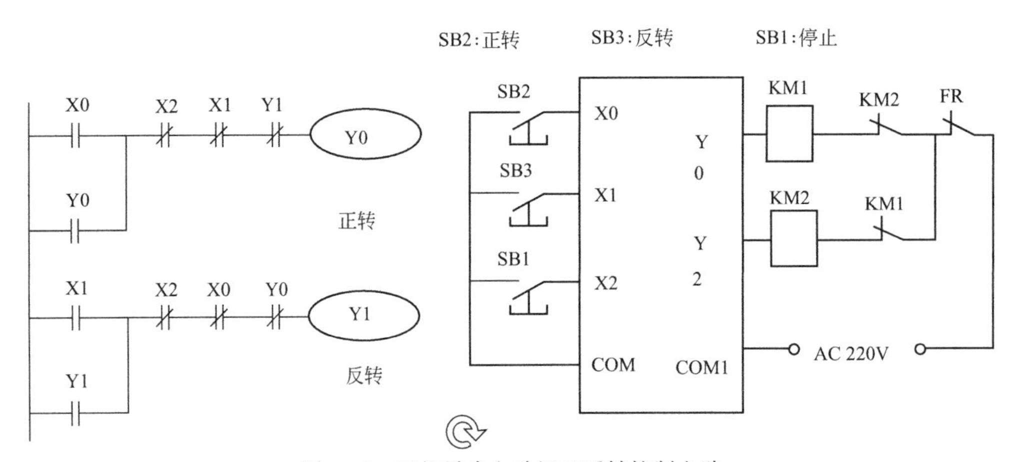

图 3-32 三相异步电动机正反转控制电路

安全保护：输出线圈互锁、按钮互锁。

（3）定时范围的扩展 如图 3-33 所示。

（4）闪烁电路 如图 3-34 所示。

（5）延时接通/断开电路 如图 3-35 所示。

（6）常闭触点输入信号的处理 如图 3-36 所示。

方法：

① 建议尽可能用常开触点开关；

② 对只能用常闭触点输入开关的情况，可先按常开触点设计，最后将其相应的触点改为相反的触点。

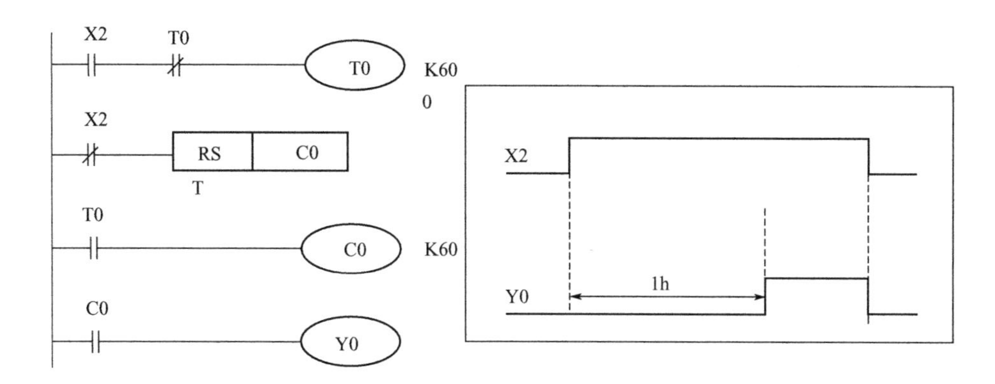

图 3-33　定时范围扩展电路

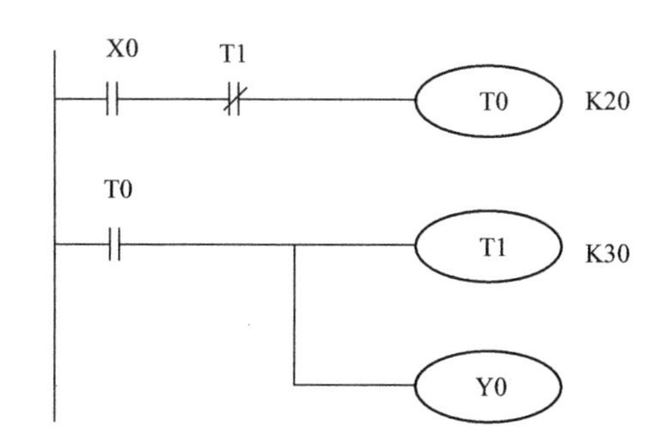

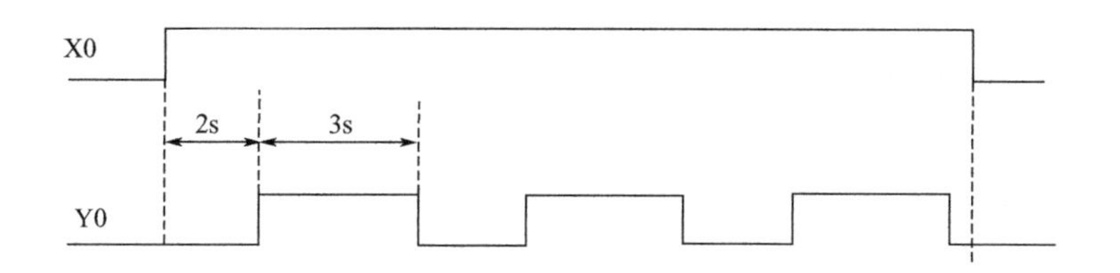

图 3-34　闪烁电路

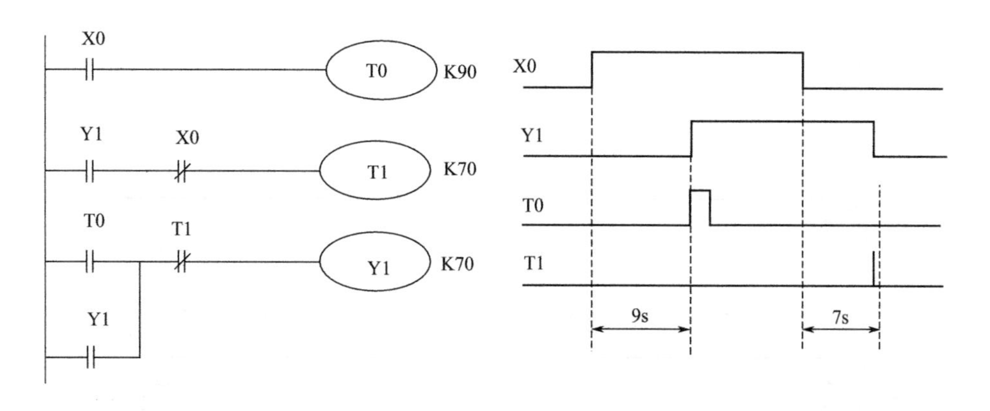

图 3-35　延时接通/断开电路

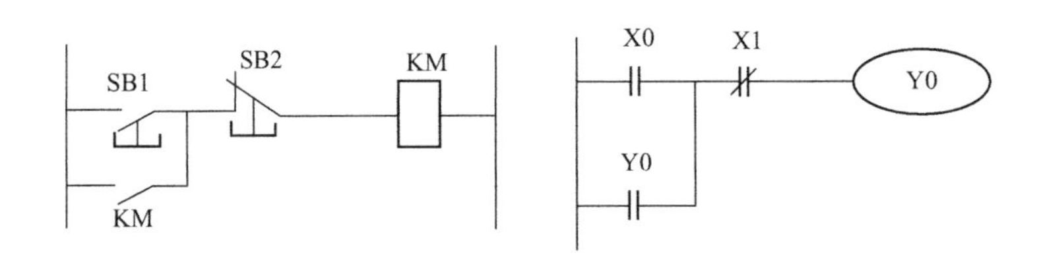

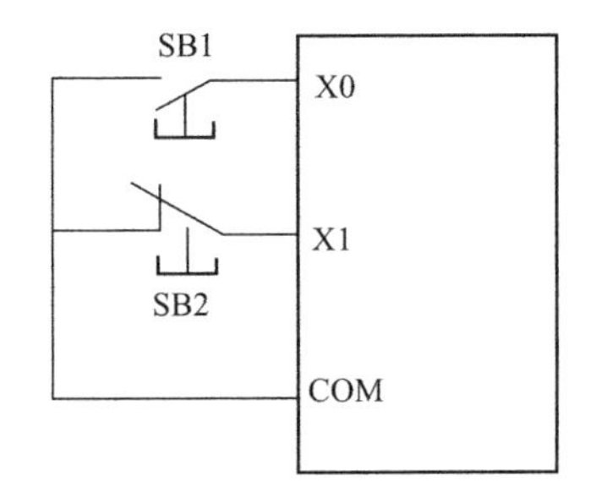

图 3-36　常闭触点输入信号

3.4.2　梯形图的经验设计法

（1）经验设计法　在一些典型电路的基础上，根据被控对象对控制系统的具体要求，不断地修改和完善梯形图。

特点：

① 没有普遍的规律可以遵循，具有很大的试探性和随意性；

② 结果不唯一；

③ 设计时间、质量与设计者的经验有很大的关系。

（2）自动往返控制的梯形图设计　如图 3-37 所示。

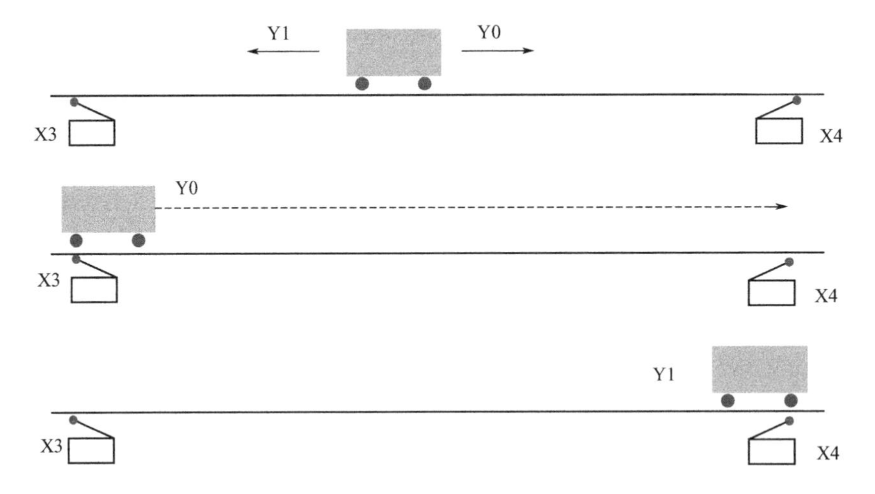

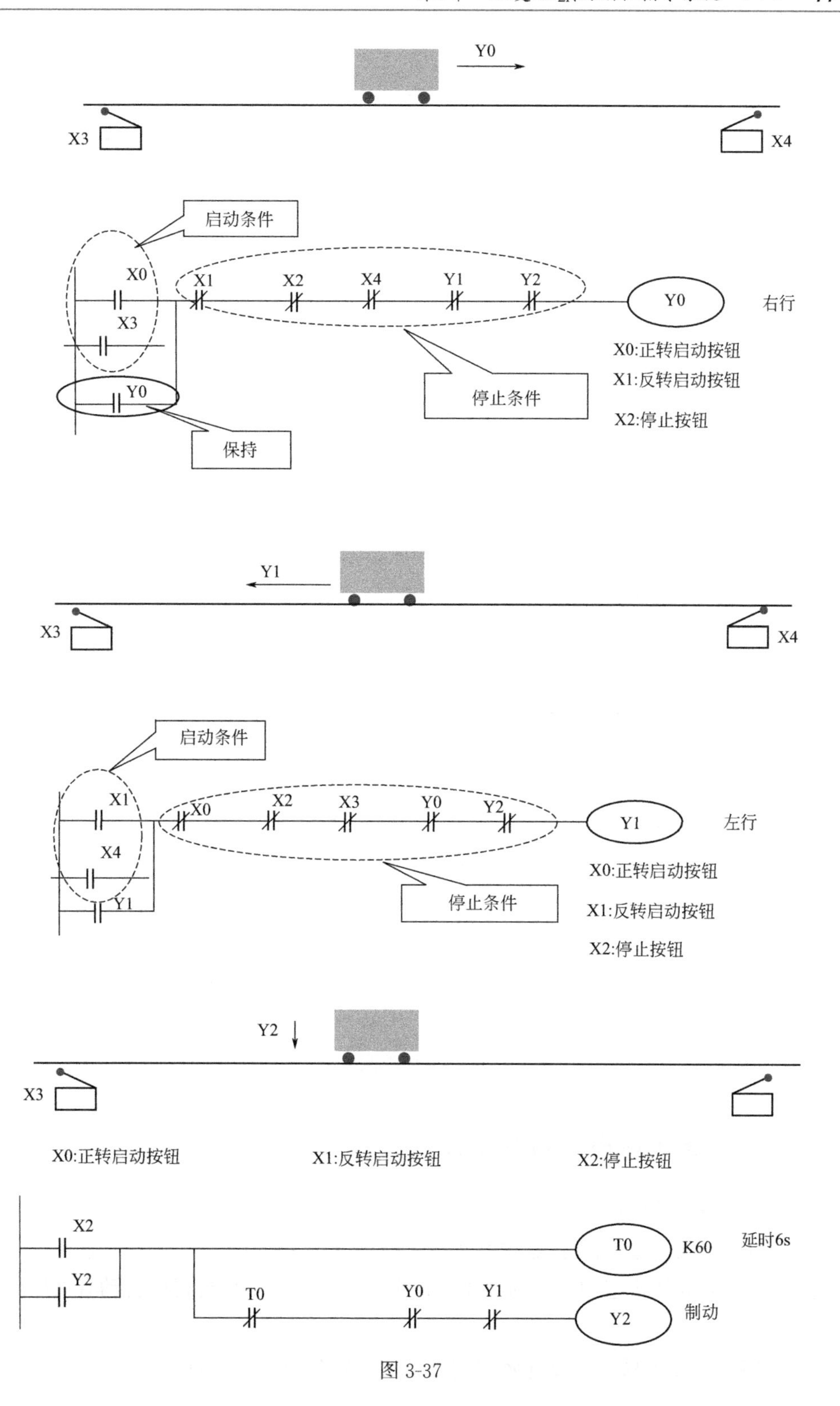
Y0
X3
X4
启动条件
X0
X1
X2
X4
Y1
Y2
Y0
右行
X3
X0:正转启动按钮
X1:反转启动按钮
X2:停止按钮
停止条件
Y0
保持
Y1
X3
X4
启动条件
X1
X0
X2
X3
Y0
Y2
Y1
左行
X4
X0:正转启动按钮
X1:反转启动按钮
X2:停止按钮
停止条件
Y1
Y2
X3
X0:正转启动按钮
X1:反转启动按钮
X2:停止按钮
X2
T0
K60
延时6s
Y2
T0
Y0
Y1
Y2
制动

图 3-37

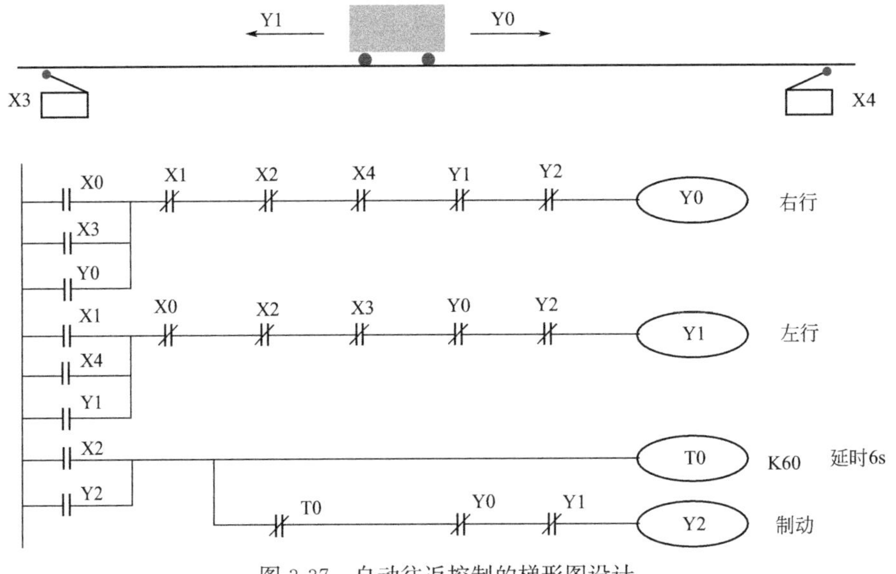

图 3-37 自动往返控制的梯形图设计

(3) 时序控制电路的设计方法 如图 3-38 所示。

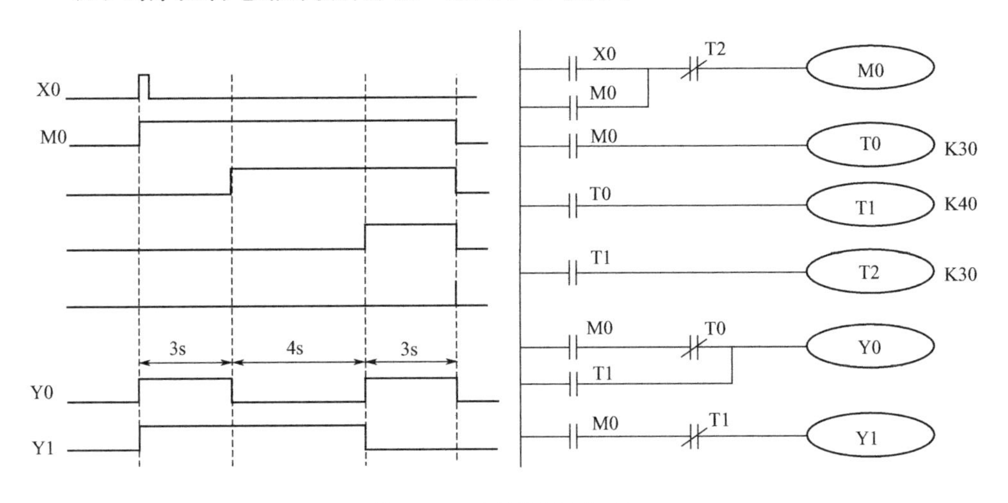

图 3-38 时序控制电路图

3.4.3 梯形图的顺序控制设计法

(1) 顺序控制设计法

① 定义：顺序控制法就是按照生产工艺预先规定的顺序，在各个输入信号的作用下，根据内部状态和时间的顺序，在生产过程中各个执行机构自动有秩序地进行操作。

② 特点：简单易学、设计效率高，调试、修改和阅读方便。

③ 步：系统所处的阶段（状态），根据输出量的状态变化划分。任何一步内，各个输出量状态保持不变，同时相邻的两步输出量总的状态是不同的。

④ 转移条件：触发状态变化的条件。

⑤ 转移：系统状态变化。

（2）顺序控制的本质

① 经验设计法：

$$Y=F(X)$$

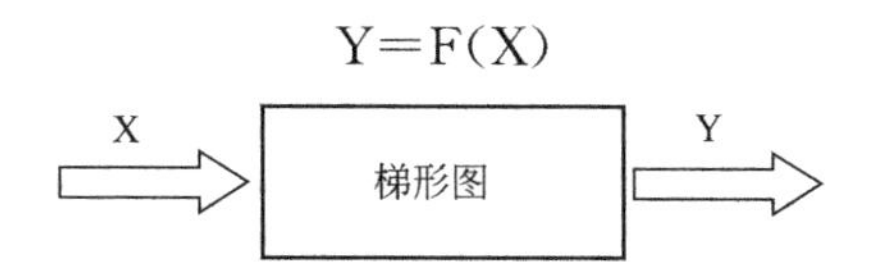

② 顺序控制设计法：

$$M=G(X)$$
$$Y=H(M)$$

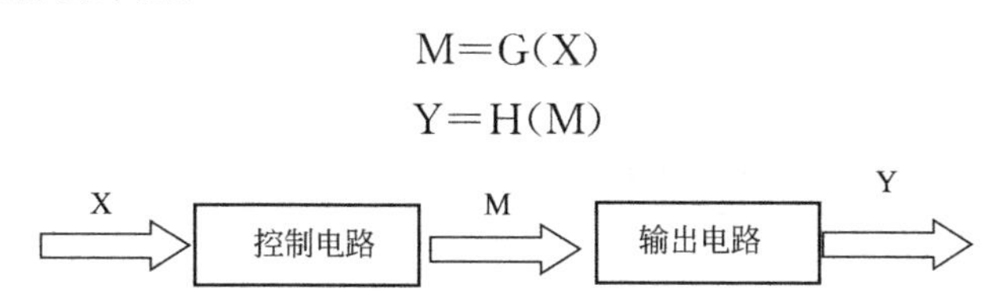

（3）顺序功能图　如图3-39所示。

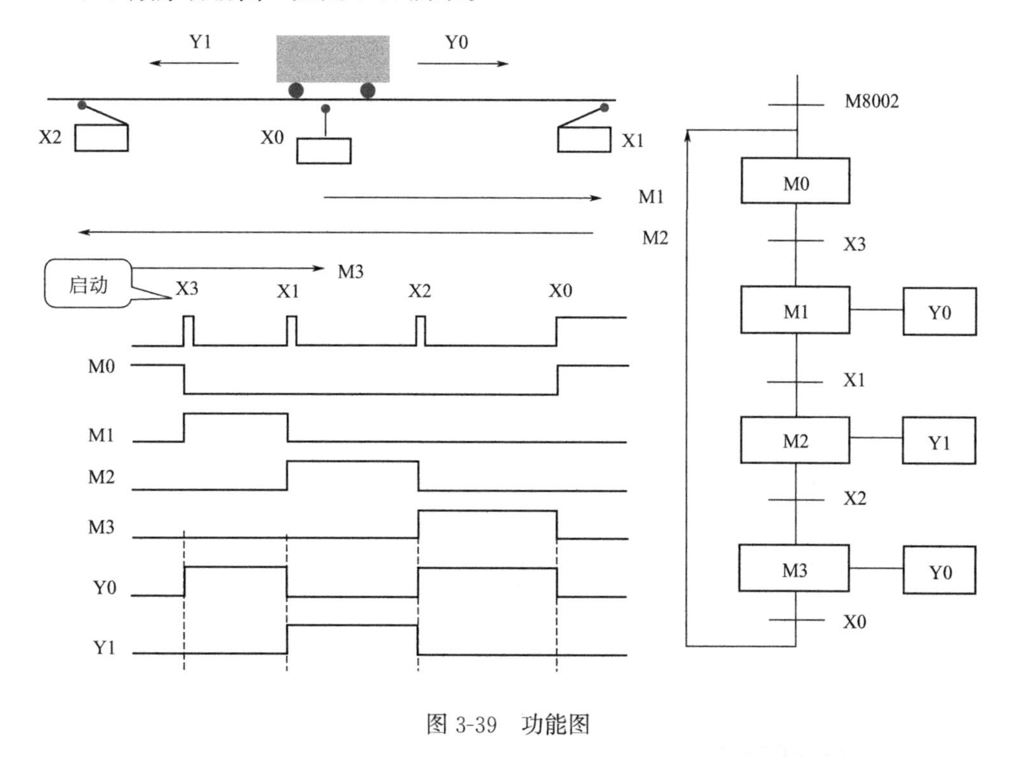

图3-39　功能图

顺序功能图的基本结构：单序列、选择序列、并列序列示意图如图3-40所示。

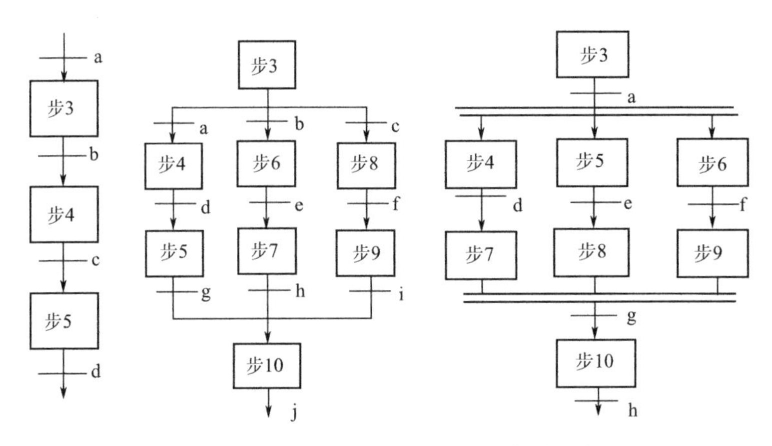

图 3-40　单序列、选择序列、并列序列示意图

3.5 基本指令编程举例

3.5.1 保持电路

当 X000 接通一下，辅助继电器 M500 接通并保持，Y000 有输出。停电后再通电，Y000 仍有输出，只有 X001 接通，其常闭触点断开，才能使 M500 自保持清除，使 Y000 无输出。如图 3-41 所示。

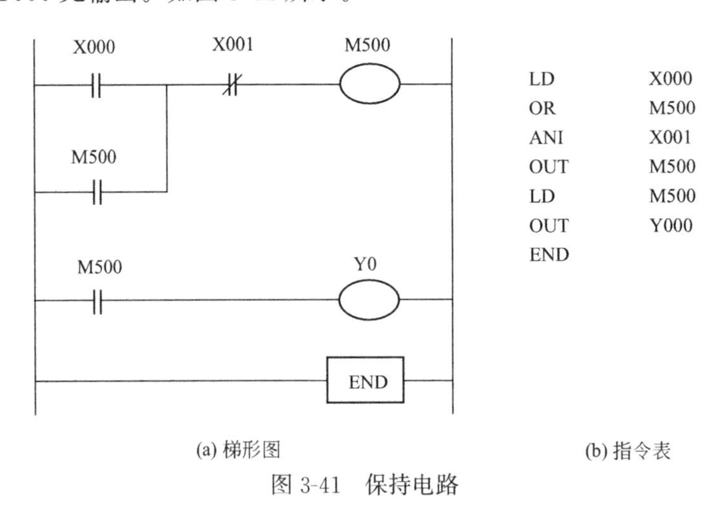

(a) 梯形图　　(b) 指令表

图 3-41　保持电路

3.5.2 延时断开电路

输入 X000＝ON 时，Y000＝ON，并且输出 Y000 的触点自锁保持接通，输入

X000＝OFF 后，启动内部定时器 T0，定时 5s 后，定时器触点闭合，输出 Y000 断开。如图 3-42 所示。

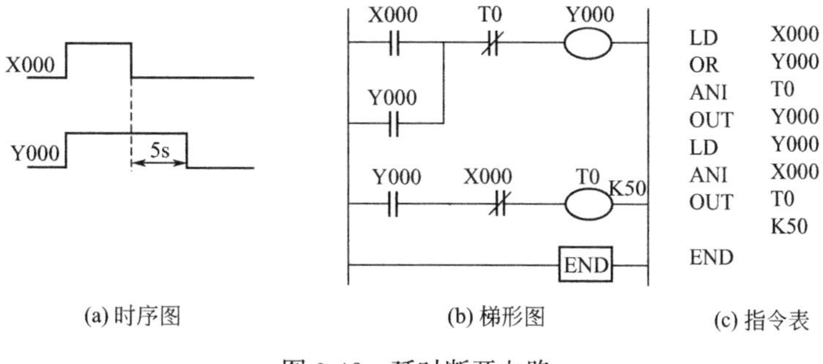

图 3-42　延时断开电路

3.5.3 分频电路

图 3-43 所示为一个二分频电路。待分频的脉冲信号加在输入 X000 上，在第一个脉冲信号到来时，M100 产生一个扫描周期的单脉冲，使 M100 常开触点闭合一个扫描周期。

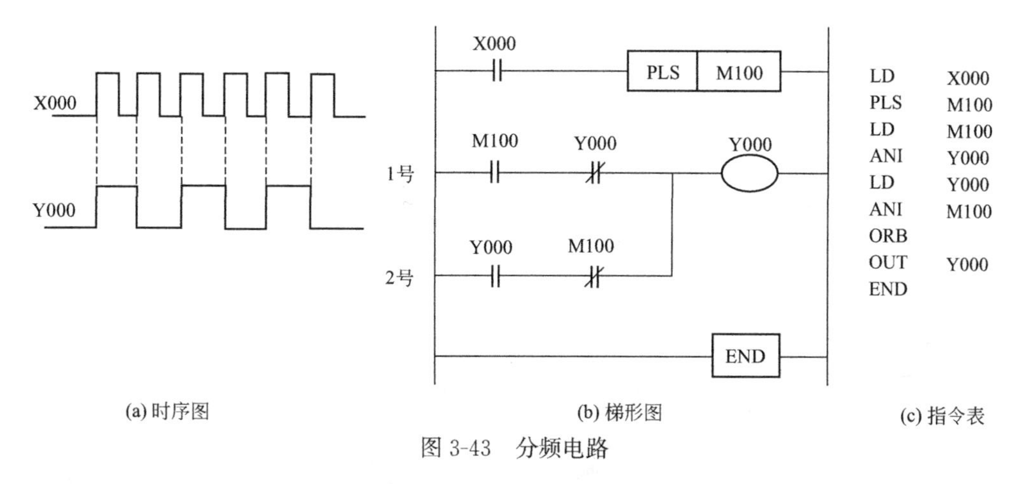

图 3-43　分频电路

第一个脉冲到来一个扫描周期后，M100 断开，Y000 接通，第二个支路使 Y0 保持接通。当第二个脉冲到来时，M100 再产生一个扫描周期的单脉冲，使得 Y000 的状态由接通变为断开；通过分析可知，X000 每送入两个脉冲，Y000 产生一个脉冲，完成对输入 X000 信号的二分频。

3.5.4 振荡电路

当输入 X000 接通时，输出 Y000 闪烁，接通与断开交替运行，接通时间为 1s 由定时器 T0 设定，断开时间为 2s 由定时器 T1 设定。如图 3-44 所示。

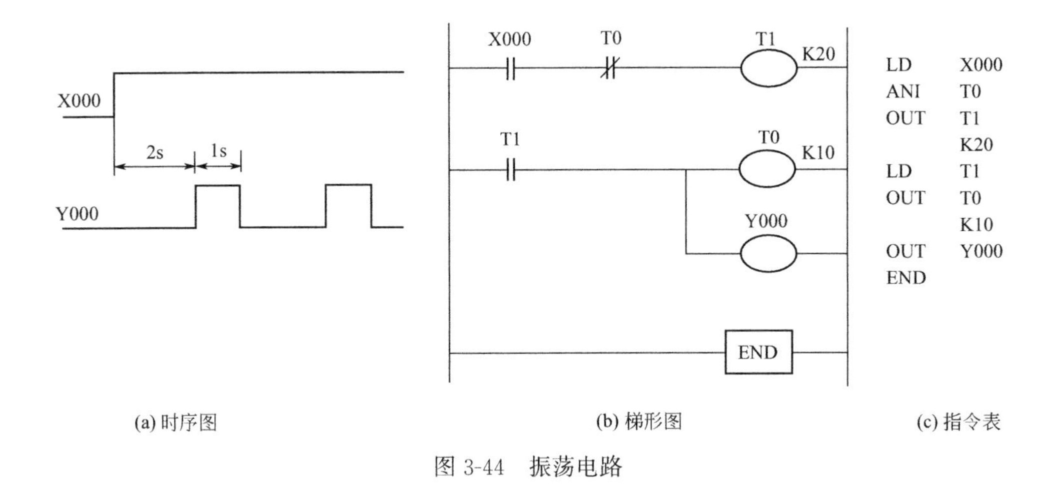

(a) 时序图 (b) 梯形图 (c) 指令表

图 3-44 振荡电路

3.5.5 报警电路

当 X001 接通后，Y000 报警灯由闪烁变为常亮，同时 Y001 报警蜂鸣器关闭。X002 接通则 Y000 接通。定时器 T0 和 T1 构成振荡电路，每 0.5s 断开、0.5s 接通反复。如图 3-45 所示。

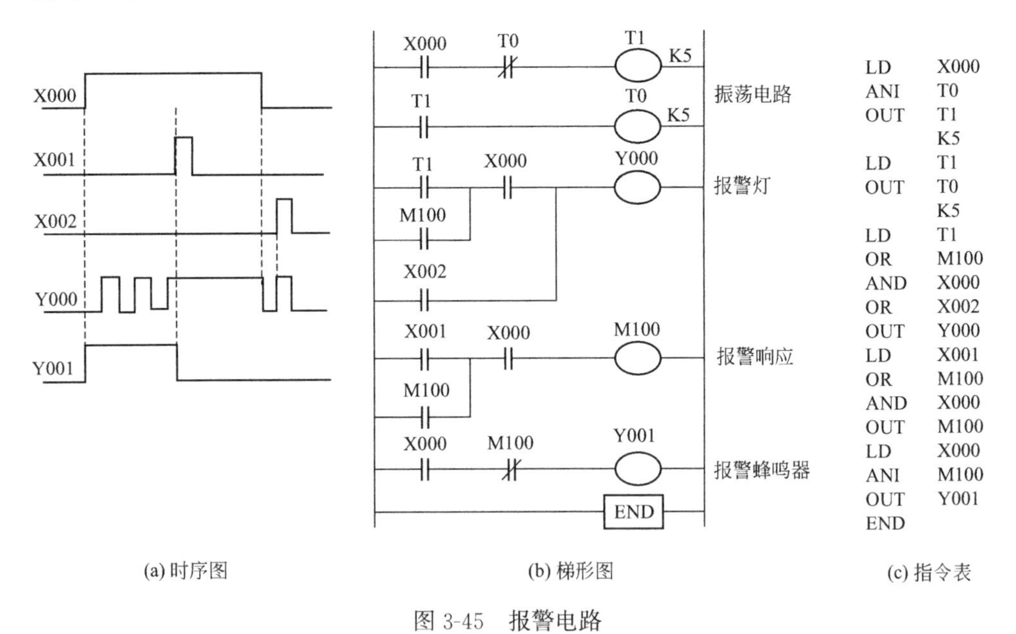

(a) 时序图 (b) 梯形图 (c) 指令表

图 3-45 报警电路

3.5.6 十字路口交通灯控制

十字路口南北向及东西向均设有红、黄、绿三只信号灯，交通信号灯启动时

（输入 X000 控制启动，输入 X001 控制停止），6 只灯依一定的时序循环往复工作。交通信号灯的时序图如图 3-46 所示。

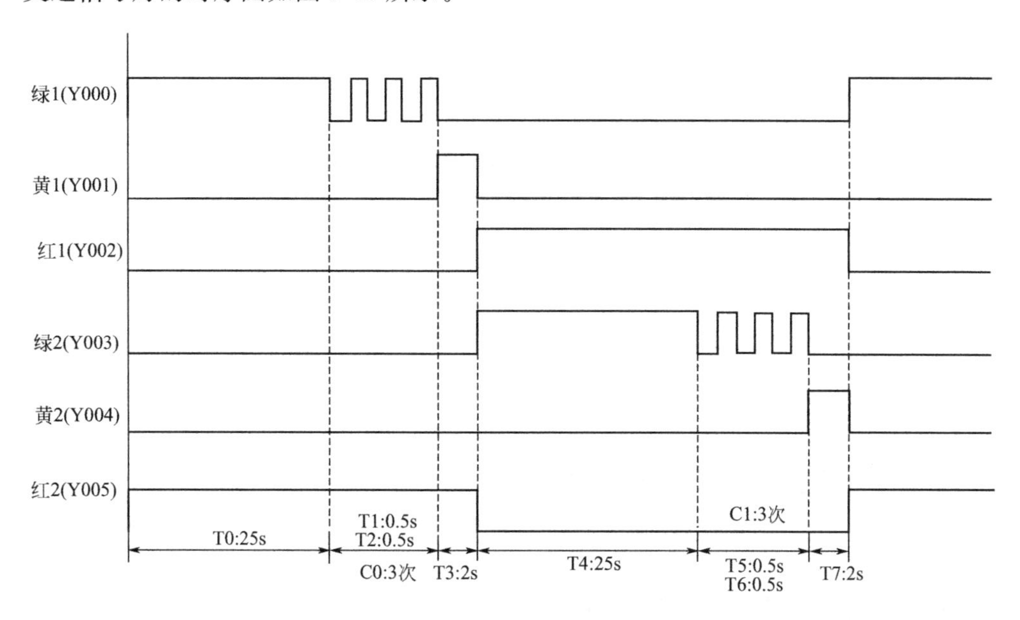

图 3-46　交通信号灯的时序图

梯形图设计步骤如下：

（1）依图中所示元件及方式绘出各个时间点形成所需支路。这些支路是按时间点的先后顺序绘出的，而且是采用一点连一点的方式。

（2）以时间点为工作条件绘出各灯的输出梯形图。

（3）为实现交通灯的启停控制，在梯形图上增加主控环节。作为一个循环的结束，第二个循环开始控制的 T7 常闭触点也作为条件串入主控指令中。

第 4 章 三菱PLC控制系统的调试与维修

4.1 PLC控制系统的调试

4.1.1 系统调试前的准备和检查

PLC 控制系统的调试工作，一般来说都是由系统硬件、软件设计者本人承担，调试者应对设备、生产现场的控制要求非常了解，对自己设计的 PLC 程序了如指掌，因此，调试前的准备和检查一般比较充分与具体。通常情况下，系统调试前的准备和检查有：

（1）前期技术准备 系统安装调试前的技术准备工作越充分，安装与调试就会越顺利。前期技术准备工作包括下列内容：

① 熟悉 PLC 随机技术资料、原文资料，深入理解其性能、功能及各种操作要求，制订操作规程。

② 深入了解设计资料，对系统工艺流程特别是工艺对各生产设备的控制要求要有全面的了解，在此基础上，按子系统绘制工艺流程联锁图、系统功能图、系统运行逻辑框图，这将有助于对系统运行逻辑的深刻理解，是前期技术准备的重要环节。

③ 熟悉各工艺设备的性能、设计与安装情况，特别是各设备的控制与动力接线图，并与实物相对照，以及时发现错误并纠正。

④ 在全面了解设计方案与 PLC 技术资料的基础上，列出 PLC 输入输出点号表（包括内部线圈一览表，I/O 所在位置，对应设备及各 I/O 点功能）。

⑤ 研读设计提供的程序，对逻辑复杂的部分输入、输出点绘制时序图，一些设计中的逻辑错误，在绘制时序图时即可发现。

⑥ 分子系统编制调试方案，然后在集体讨论的基础上综合成为全系统调试方案。

(2) PLC商检　商检应有甲乙双方共同进行，应确认设备及备品、备件、技术资料、附件等的型号、数量、规格，其性能是否完好待实验室及现场调试时验证。商检结果，双方应签署交换清单。

(3) 实验室调试

① PLC的实验室安装与开通。制作金属支架，将各工作站的输入、输出模块固定其上，按安装提要以同轴电缆将各站与主机、编程器、打印机等相连接，检查接线正确，供电电源等级与PLC电压选择相符合后，按开机程序送电，装入系统配置带，确认系统配置，装入编程器装载带、编程带等，按操作规程将系统开通，此时即可进行各项操作试验。

② 键入工作程序。

③ 模拟I/O输入、输出，检查修改程序。本步骤的目的在于验证输入的工作程序的正确性，该程序的逻辑所表达的工艺设备的联锁关系是否与设计的工艺控制要求相符，程序是否畅通。若不相符或不能运行完成全过程，说明程序有误，应进行修改。在这一过程中，对程序的理解将逐步加深，为现场调试做好了准备，同时也可以发现程序不合理和不完善的部分，以便进一步优化。

调试方法一般有两种：

a. 模拟方法：按设计做一块调试板，以钮子开关模拟输入节点，以小型继电器模拟生产工艺设备的继电器与接触器，其辅助接点模拟设备运行时的返回信号节点。其优点是具有模拟的真实性，可以反映出开关速度差异很大的现场机械触点和PLC内的电子触点相互连接时，是否会发生逻辑误动作。其缺点是需要增加调试费用和部分调试工作量。

b. 强置方法：利用PLC强置功能，对程序中涉及现场的机械触点（开关），以强置的方法使其“通”“断”，迫使程序运行。其优点是调试工作量小，简便，不需另外增加费用。缺点是逻辑验证不全面，人工强置模拟现场节点“通”“断”，会造成程序运行不能连续，只能分段进行。

根据我们现场调试的经验，对部分重要的现场节点采取模拟方式，其余的采用强置方式，取二者之长互补。

逻辑验证阶段要强调逐日填写调试工作日志，内容包括调试人员、时间、调试内容、修改记录、故障及处理、交接验收签字，以建立调试工作责任制，留下调试的第一手资料。对于设计程序的修改部分，应在设计图上注明，及时征求设计者的意见，力求准确体现设计要求。

(4) PLC的现场安装与检查　实验室调试完成后，待条件成熟，将设备移至现场安装。安装时应符合要求，插件插入牢靠，并用螺栓紧固；通信电缆要统一型号，不能混用，必要时要用仪器检查线路信号衰减量，其衰减值不超过技术资料提出的指标；测量主机、I/O 柜、连接电缆等的对地绝缘电阻；测量系统专用接地的接地电阻；检查供电电源等，并做好记录，待确认所有各项均符合要求后，才可通电开机。

(5) 现场工艺设备接线、I/O 接点及信号的检查与调整 对现场各工艺设备的控制回路、主回路接线的正确性进行检查并确认，在手动方式下进行单体试车；对进入 PLC 系统的全部输入点（包括转换开关、按钮、继电器与接触器触点、限位开关、仪表的位式调试开关等）及其与 PLC 输入模块的连线进行检查并反复操作，确认其正确性；对接收 PLC 输出的全部继电器、接触器线圈及其他执行元件和它们与输出模块的连线进行检查，确认其正确性；测量并记录其回路电阻、对地绝缘电阻，必要时应按输出节点的电源电压等级，向输出回路供电，以确保输出回路未短路，否则，当输出点向输出回路送电时，会因短路而烧坏模块。

一般来说，大中型 PLC 如果装上模拟输入输出模块，还可以接收和输出模拟量。在这种情况下，要对向 PLC 输送模拟输入信号的一次检测或变送元件，以及接收 PLC 模拟输出的调节或执行装置进行检查，确认其正确性。必要时，还应向检测与变送装置送入模拟输入量，以检验其安装的正确性及输出的模拟量是否正确并是否符合 PLC 所要求的标准；向接收 PLC 模拟输出信号的调节或执行元件，送入与 PLC 模拟量相同的模拟信号，检查调节可执行装置能否正常工作。装上模拟输入与输出模块的 PLC，可以对生产过程中的工艺参数（模拟量）进行监测，按设计方案预定的模型进行运算与调节，实行生产工艺流程的过程控制。

本步骤至关重要，检查与调整过程复杂且麻烦，必须认真对待。因为只要所有外部工艺设备完好，所有送入 PLC 的外部节点正确、可靠、稳定，所有线路连接无误，加上程序逻辑验证无误，则进入联动调试时，就能一举成功，收到事半功倍的效果。

(6) 系统模拟联动空投试验 本步骤的试验目的是将经过实验室调试的 PLC 机及逻辑程序，放到实际工艺流程中，通过现场工艺设备的输入、输出节点及连接线路进行系统运行的逻辑验证。

试验时，将 PLC 控制的工艺设备（主要指电力拖动设备）主回路断开二相（仅保留作为继电控制电源的一相），使其在送电时不会转动。按设计要求对子系统的不同运转方式及其他控制功能，逐项进行系统模拟实验，先确认各转换开关、工作方式选择开关，其他预置开关的正确位置，然后通过 PLC 启动系统，按联锁顺序观察并记录 PLC 各输出节点所对应的继电器、接触器的吸合与断开情况，以及其顺序、时间间隔、信号指示等是否与设计的工艺流程逻辑控制要求相符，观察并记录其他装置的工作情况。对模拟联动空投实验中不能动作的执行机构，料位开关、限位开关、仪表的开关量与模拟量输入、输出节点，与其他子系统的联锁等，视具体情况采用手动辅助、外部输入、机内强置等手段加以模拟，以协助 PLC 指挥整个系统按设计的逻辑控制要求运行。

（7）PLC 控制的单体试车　本步骤试验的目的是确认 PLC 输出回路能否驱动继电器、接触器的正常接通，而使设备运转，并检查运转后的设备，其返回信号是否能正确送入 PLC 输入回路，限位开关能否正常动作。

其方法是，在 PLC 控制下，机内强置对应某一工艺设备（电动机、执行机构等）的输出节点，使其继电器、接触器动作，设备运转。这时应观察并记录设备运转情况，检查设备运转返回信号及限位开关、执行机构的动作是否正确无误。

试验时应特别注意，被强置的设备应悬挂运转危险指示牌，设专人值守。待机旁值守人员发出指令后，PLC 操作人员才能强置设备启动。应当特别重视的是，在整个调试过程中，没有充分的准备，绝不允许采用强置方法启动设备，以确保安全。

（8）PLC 控制下的系统无负荷联动试运转　本步骤的试验目的是确认经过单体无负荷试运转的工艺设备与经过系统模拟试运转证明逻辑无误的 PLC 连接后，能否按工艺要求正确运行，信号系统是否正确，检验各外部节点的可靠性、稳定性。试验前，要编制系统无负荷联动试车方案，讨论确认后严格按方案执行。试验时，先分子系统联动，子系统的联锁用人工辅助（节点短接或强置），然后进行全系统联动，试验内容应包括设计要求的各种启停和运转方式、事故状态与非常状态下的停车、各种信号等。总之，应尽可能地充分设想，使之更符合现场实际情况。事故状态可用强置方法模拟，事故点的设置要根据工艺要求确定。

在联动负荷试车前，一定要再对全系统进行一次全面检查，并对操作人员进行培训，确保系统联动负荷试车一次成功。

（9）信号衰减问题的讨论

① 从 PLC 主机至 I/O 站的信号最大衰减值为 35dB。因此，电缆敷设前应仔细规划，画出电缆敷设图，尽量缩短电缆长度（长度每增加 1km，信号衰减 0.8dB）；尽量少用分支器（每个分支器信号衰减 14dB）和电缆接头（每个电缆接头信号衰减 1dB）。

② 通信电缆最好采用单总线方式敷设，即由统一的通信干线通过分支器接 I/O 站，而不是呈星状放射状敷设。PLC 主机左右两边的 I/O 站数及传输距离应尽可能一致，这样能保证一个较好的网络阻抗匹配。

③ 分支器应尽可能靠近 I/O 站，以减少干扰。

④ 通信电缆末端应接 75Ω 电阻的 BNC 电缆终端器，与各 I/O 柜相连接，将电缆由 I/O 柜拆下时，带 75Ω 电阻的终端头应连在电缆网络的一头，以保持良好的匹配。

⑤ 通信电缆与高压电缆间距至少应保证 40cm/kV；必须与高压电缆交叉时，

必须垂直交叉。

⑥ 通信电缆应避免与交流电源线平行敷设，以减少交流电源对通信的干扰。同理，通信电缆应尽量避开大电机、电焊机、大电感器等设备。

⑦ 通信电缆敷设要避开高温及易受化学腐蚀的地区。

⑧ 电缆敷设时要按0.05%/℃留有余地，以满足热胀冷缩的要求。

⑨ 所有电缆接头，分支器等均应连接紧密，用螺钉紧固。

⑩ 剥削电缆外皮时，切忌损坏屏蔽层，切断金属铂与绝缘体时，一定要用剥线钳，切忌刻伤损坏中心导线。

(10) 系统接地问题的讨论

① 主机及各分支站以上的部分，其接地应用10mm^{2}的编织铜线汇接在一起，经单独引下线接至独立的接地网，一定要与低压接地网分开，以避免干扰。系统接地电阻应小于4Ω。PLC主机及各屏、柜与基础底座间要垫3mm厚橡胶使之绝缘，螺栓也要经过绝缘处理。

② I/O站设备本体的接地应用单独的引下线引至共用接地网。

③ 通信电缆屏蔽层应在PLC主机侧I/O处理模块处一起汇集接到系统的专用接地网，在I/O站一侧则不应接地。电缆接头的接地也应通过电缆屏蔽层接至专用接地网。要特别提醒的是决不允许电缆屏蔽层有两点接地形成闭合回路，否则易引起干扰。

④ 电源应采用隔离方式，即电源中性线浮地，当不平衡电流出现时将经电源中性线直接进入系统中性点，而不会经保护接地形成回路，造成对PLC运行和干扰。

⑤ I/O模块的接地接至电源中性线上。

(11) 调试中应注意的问题

① 系统联机前要进行组态，即确定系统管理的I/O点数，输入寄存器、保持寄存器数、通信端口数及其参数、I/O站的匹配及其调度方法、用户占用的逻辑区大小，等等。组态一经确认，系统便按照一定的约束规则运行。重新组态时，按原组态的约定生成的程序将不能在新的组态下运行，否则会引起系统错乱。因此，第一次组态时一定要慎重，I/O站、I/O点数、寄存器数、通道端口数、用户存储空间等均要留有余地，必须考虑到近期的发展。但是，I/O站、I/O点数、寄存器数、端口数等的设置，都要占用一定的内存，同时延长扫描时间，降低运行速度。因此，余量又不能留得太多。特别要引起注意的是运行中的系统一定不能重新组态。

② 对于大中型PLC机来说，由于CPU对程序的扫描是分段进行的，每段程序分段扫描完毕，即更新一次I/O点的状态，因而大大提高了系统的实时性。但是，若程序分段不当，也可能引起实时性降低或运行速度减慢的问题。分段不同将

显著影响程序运行的时间，特别是对于个别程序段特长的情况尤其如此。一般地说，理想的程序分段是各段程序有大致相当的长度。

4.1.2 系统的硬件组态和调试

对于各种 PLC 的现场硬件组态，通常应该先花一些时间对自己的现场工作进行一个简单的规划，通常应当采取如下的步骤：

(1) 系统的规划 首先，必须深入了解系统所需求的功能，并调查可能的控制方法，同时与用户或设计院共同探讨最佳的操作程序，根据所归纳的结论来拟定系统规划，决定所采用的 PLC 系统架构、所需的 I/O 点数与 I/O 模块形式。

(2) I/O 模块选择与地址设定 当 I/O 模块选妥后，依据所规划的 I/O 点使用情形，由 PLC 的 CPU 系统自动设定 I/O 地址，或由使用者自定 I/O 模块的地址。

(3) 梯形图程序的编写与系统配线 在确定好实际的 I/O 地址之后，依据系统需求的功能，开始着手梯形图程序的编写。同时，I/O 地址已设定妥当，故系统的配线也可着手进行。

(4) 梯形图程序的仿真与修改 在梯形图程序撰写完成后，将程序写入 PLC，便可先行在 PC 与 OpenPLC 系统做在线连接，以执行在线仿真作业。倘若程序执行功能有误，则必须进行除错，并修改梯形图程序。

(5) 系统试车与实际运转 在线上程序仿真作业下，若梯形图程序执行功能正确无误，且系统配线也完成后，便可使系统纳入实际运转，项目计划也告完成。

(6) 程序注释和归档 为确保日后维修的便利，要将试车无误可供实际运转的梯形图程序做批注，并加以整理归档，方能缩短日后维修与查阅程序的时间。这是职业工程师的良好习惯，无论对今后自己进行维护，或者移交用户，这都会带来极大的便利。

(7) 通信的设置 现在的 PLC 大多数需要与人机界面进行连接，而下面也常常有变频器需要进行通信，而在需要多个 CPU 模块的系统中，可能不同的 CPU 所接的 I/O 模块的参量有需要协同处理的地方，或者，即使不需要协同控制，可能也要送到某一个中央控制室进行集中显示或保存数据。即便只有一个 CPU 模块，如果有远程单元的话，就牵涉到本地 CPU 模块与远程单元模块的通信。此外，即使只有本地单元，CPU 模块也需要通过通信口与编程器进行通信。因此，PLC 的通信是十分重要的。

系统的硬件调试分模拟调试和联机调试。模拟调试主要是对控制柜或操作台的接线进行测试。可在操作台的接线端子上模拟 PLC 外部的开关量输入信号，或操作按钮的指令开关，观察对应 PLC 输入点的状态。用编程软件将输出点强制 ON/OFF，观察对应的控制柜内 PLC 负载（指示灯、接触器等）的动作是否正常，或对应的接线端子上的输出信号的状态变化是否正确。联机调试时，把编制好的程序下载到现场的 PLC 中。调试时，主电路一定要断电，只对控制电路进行联机调试。通过现场的联机调试，还会发现新的问题或对某些控制功能的改进。

4.1.3 系统的软件调试

PLC 的内部固化了一套系统软件，使得用户开始能够进行初始化工作和对硬件的组态。PLC 的启动设置、看门狗、中断设置、通信设置、I/O 模块地址识别都是在 PLC 的系统软件中进行的。每种 PLC 都有各自的编程软件作为应用程序的编程工具，常用的编程语言是梯形图语言，也有 ST、IL 和其他的语言。如何使用编程语言进行编程，这里就不细述了。

但是，用一种编程语言编出优化的程序，则是工程师编程水平的体现。每一种 PLC 的编程语言都有自己的特色，指令的设计与编排思路都不一样。如果对一种 PLC 的指令十分熟悉，就可以编出十分简洁、优美、流畅的程序。例如，对于同样的一款 PLC 的同样一个程序的设计，如果编程工程师对指令不熟悉，编程技巧也差的话，需要 1000 条语句；但一个编程技巧高超的工程师，可能只需要 200 条语句就可以实现同样的功能。程序的简洁不仅可以节约内存，出错的概率也会小很多，程序的执行速度也快很多，而且，今后对程序进行修改和升级也容易很多。

所以，虽然说所有的 PLC 的梯形图逻辑都大同小异，一个工程师只要熟悉了一种 PLC 的编程，再学习第二个品牌的 PLC 就可以很快上手。但是，工程师在使用一种新的 PLC 的时候，还是应该将新的 PLC 的编程手册认真看一遍，看看指令的特别之处，尤其是自己可能要用到的指令，并考虑如何利用这些特别的方式来优化自己的程序。各个 PLC 的编程语言的指令设计、界面设计都不一样，不存在孰优孰劣的问题，主要是风格不同。

现场常常需要对已经编好的程序进行修改。修改的原因可能是用户的需求变更了，可能是发现了原来编程时的错误，或者是 PLC 运行时发生了电源中断，有些状态数据会丢失，如非保持的定时器会复位，输入映射区会刷新，输出映射区可能会清零，但状态文件的所有组态数据和偶然的事件如计数器的累计值会被保存。

工程师在这个时候可能会需要对 PLC 进行编程，使某些内存可以恢复到缺省的状态。在程序不需要修改的时候，可以设计应用默认途径来重新启动，或者利用首次扫描位的功能。所有的智能 I/O 模块，包括模拟量 I/O 模块，在进入编程模式后或者电源中断后，都会丢失其组态数据，用户程序必须确认每次重新进入运行模式时，组态数据能够被重新写入智能 I/O 模块。在现场修改已经运行时常被忽略的一个问题是，工程师忘记将 PLC 切换到编程模式，虽然这个错误不难发现，但工程师在疏忽时，往往会误以为 PLC 发生了故障，因此耽误了许多时间。

另外，在 PLC 进行程序下载时，许多 PLC 是不允许进行电源中断的，因为这时，旧的程序已经部分被改写，但新的程序又没有完全写完，因此，如果电源中断，会造成PLC无法运行，这时，可能需要对PLC的底层软件进行重新装入，而许多厂家是不允许在现场进行这个操作的。

软件设计好后一般先作模拟调试。模拟调试可以通过仿真软件来代替PLC硬件在计算机上调试程序。如果有PLC的硬件，可以用小开关和按钮模拟PLC的实际输入信号（如启动、停止信号）或反馈信号（如限位开关的接通或断开），再通过输出模块上各输出位对应的指示灯，观察输出信号是否满足设计的要求。需要模拟量信号I/O时，可用电位器和万用表配合进行。在编程软件中可以用状态图或状态图表监视程序的运行或强制某些编程元件。

4.2 PLC控制系统的维护与故障诊断

PLC控制系统故障诊断技术的基本原理是利用PLC的逻辑或运算功能，把连续获得的被控过程的各种状态不断地与所存储的理想（或正确）状态进行比较，发现它们之间的差异，并检查差异是否在所允许的范围（包括时间范围和数值范围）。若差异超出了该范围，则按事先设定的方式对该差异进行译码，最后以简单的或较完善的方式给出故障信息报警。故障诊断的功能包括故障的检测和判断及故障的信息输出。常见的PLC控制系统中，其故障的情况是多种多样的。

4.2.1 PLC控制系统的一般结构和故障类型

PLC控制系统主要由输入部分、CPU、采样部分、输出控制和通信部分组成。输入部分包括控制面板和输入模板；采样部分包括采样控制模板、AD转换模板和传感器；CPU作为系统的核心，完成接收数据、处理数据、输出控制信号；输出部分有的系统用到DA模板，将输出信号转换为模拟量信号，经过功放驱动执行器；大多数系统直接将输出信号给输出模板，由输出模板驱动执行器工作；通信部分由通信模板和上位机组成。因为PLC本身的故障可能性极小，系统的故障主要来自外围的元部件，所以它的故障可分为如下几种：

① 输入故障（即操作人员的操作失误）；

② 传感器故障；

③ 执行器故障；

④ PLC软件故障。

这些故障，都可以用合适的故障诊断方法进行分析和用软件进行实时监测，对故障进行预报和处理。

4.2.2 PLC控制系统的故障诊断方法

（1）PLC控制系统故障的宏观诊断 故障的宏观诊断就是根据经验，参照发生故障的环境和现象来确定故障的部位和原因。PLC控制系统的故障宏观诊断方法如下：

① 是否为使用不当引起的故障，如属于这类故障，则根据使用情况可初步判断出故障类型、发生部位。常见的使用不当包括供电电源故障、端子接线故障、模板安装故障、现场操作故障等。

② 如果不是使用故障，则可能是偶然性故障或系统运行时间较长所引发的故障。对于这类故障可按PLC的故障分布，依次检查、判断故障。首先检查与实际过程相连的传感器、检测开关、执行机构和负载是否有故障，然后检查PLC的I/O模板是否有故障，最后检查PLC的CPU是否有故障。

③ 在检查PLC本身故障时，可参考PLC的CPU模板和电源模板上的指示灯。

④ 采取上述步骤还检查不出故障部位和原因，则可能是系统设计错误，此时要重新检查系统设计，包括硬件设计和软件设计。

（2）PLC控制系统的故障自诊断 故障自诊断是系统可维修性设计的重要方面，是提高系统可靠性必须考虑的重要问题。自诊断主要采用软件方法判断故障部分和原因。不同控制系统自诊断的内容不同。PLC有很强的自诊断能力，当PLC出现自身故障或外围设备故障，都可用PLC上具有的诊断指示功能的发光二极管的亮、灭来查找。

（3）总体诊断 根据总体检查流程图找出故障点的大方向，逐渐细化，以找出具体故障，如图4-1所示。

（4）电源故障诊断 电源灯不亮，需对供电系统进行诊断。如果电源灯不亮，首先检查是否有电，如果有电，则下一步就检查电源电压是否合适，不合适就调整电压。若电源电压合适，则下一步就是检查熔丝是否烧坏，如果烧坏就更换熔丝检查电源，如果没有烧坏，下一步就是检查接线是否有误，若接线无误，则应更换电源部件。

（5）运行故障诊断 电源正常，运行指示灯不亮，说明系统已因某种异常而终止了正常运行。检查流程如图4-2所示。

（6）输入/输出故障诊断 输入/输出是PLC与外部设备进行信息交流的通道，其是否正常工作，除了和输入/输出单元有关外，还与连接配线、接线端子、熔丝等元件状态有关。出现输入故障时，首先检查LED电源指示器是否响应现场元件（如按钮、行程开关等）。如果输入器件被激励（即现场元件已动作），而指示器不亮，则下一步就应检查输入端子的端电压是否达到正确的电压值。若电压值正确，则可替换输入模块。若一个LED逻辑指示器变暗，而且根据编程器件监视器、处理器未识别输入，则输入模块可能存在故障。如果替换的模块并未解决问题且连接

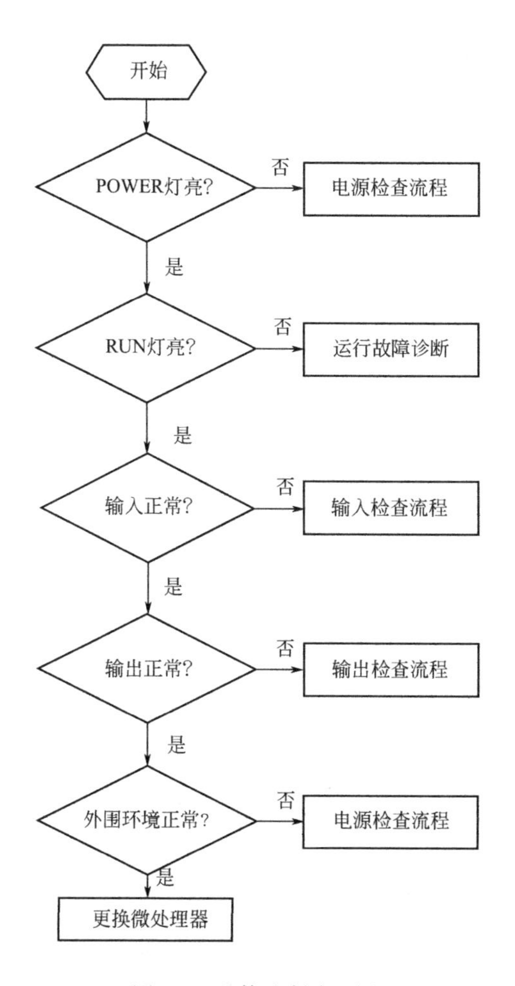

图 4-1　总体诊断流程图

正确，则可能是I/O机架或通信电缆出了问题。

出现输出故障时，首先应察看输出设备是否响应LED状态指示器。若输出触点通电，模块指示器变亮，输出设备不响应，那么，首先应检查熔丝或替换模块。若熔丝完好，替换的模块未能解决问题，则应检查现场接线。若根据编程设备监视器显示一个输出器被命令接通，但指示器关闭，则应替换模块。

在诊断输入/输出故障时，最佳方法是区分究竟是模块自身的问题，还是现场连接上的问题。如果有电源指示器和逻辑指示器，模块故障易于发现。通常，先是更换模块，或测量输入或输出端子板两端电压测量值正确，模块不响应，则应更换模块。若更换后仍无效，则可能是现场连接出问题了。输出设备截止，输出端间电压达到某一预定值，就表明现场连线有误。若输出器受激励，且LED指示器不亮，则应替换模块。如果不能从I/O模块中查出问题，则应检查模块接插件是否接触不良或未对准。最后，检查接插件端子有无断线，模块端子上有无

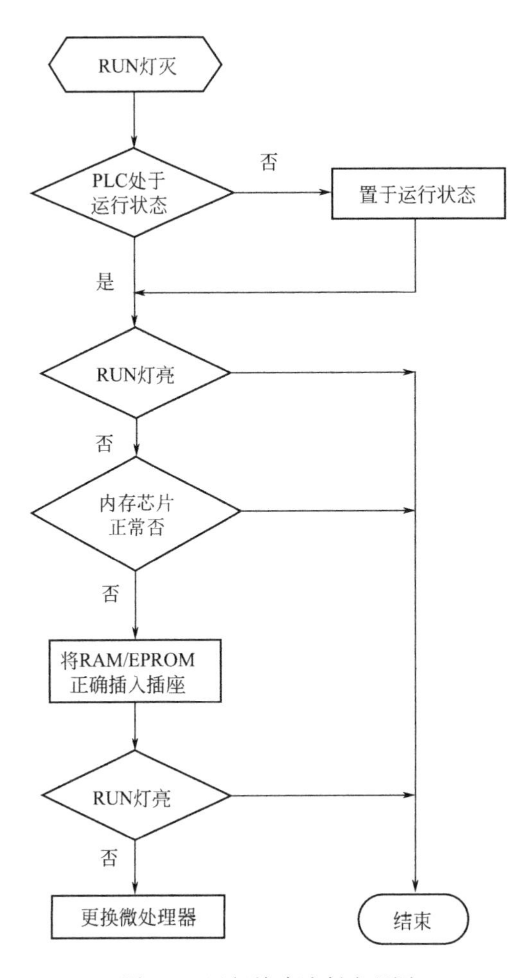

图 4-2　运行故障诊断流程图

虚焊点。

(7) 指示诊断　LED状态指示器能提供许多关于现场设备、连接和I/O模块的信息。大部分输入/输出模块至少有一个指示器。输入模块常设电源指示器，输出模块则常设一个逻辑指示器。对于输入模块，电源LED显示表明输入设备处于受激励状态，模块中有一信号存在。该指示器单独使用不能表明模块的故障。逻辑LED显示表明输入信号已被输入电路的逻辑部分识别。如果逻辑和电源指示器不能同时显示，则表明模块不能正确地将输入信号传递给处理器。输出模块的逻辑指示器显示时，表明模块的逻辑电路已识别出从处理器来的命令并接通。除了逻辑指示器外，一些输出模块还有一只熔丝熔断指示器或电源指示器，或二者兼有。熔丝熔断指示器只表明输出电路中的保护性熔丝的状态；输出电源指示器显示时，表明电源已加在负载上。像输入模块的电源指示器和逻辑指示器一样，如果不能同时显示，表明输出模块就有故障了。

4.2.3 PLC控制系统的维护

(1)日常维护 PLC的日常维护和保养比较简单，主要是更换熔丝和锂电池，基本没有其他易损元器件。由于存放用户程序的随机存储器（RAM)、计数器和具有保持功能的辅助继电器等均用锂电池保护，锂电池的寿命大约为5年，当锂电池的电压逐渐降低到一定程度时，PLC基本单元上电池电压跌落到指示灯亮，提示用户注意有锂电池所支持的程序还可保留一周左右，必须更换电池，这是日常维护的主要内容。调换锂电池的步骤为：

① 在拆装前，应先让PLC通电15s以上（这样可使作为存储器备用电源的电容器充电，在锂电池断开后，该电容可对PLC做短暂供电，以保护RAM　中的信息不丢失)；

② 断开PLC的交流电源；

③ 打开基本单元的电池盖板；

④ 取下旧电池，装上新电池；

⑤ 盖上电池盖板。

注意更换电池时间要尽量短，一般不允许超过3min。如果时间过长，RAM中的程序将消失。此外，应注意更换熔丝时要采用指定型号的产品。

(2)I/O模块的更换 若需替换一个模块，用户应确认被安装的模块是同类型。有些I/O系统允许带电更换模块，而有些则需切断电源。若替换后可解决问题，但在一相对较短时间后又发生故障，那么用户应检查能产生电压的感性负载，也许需要从外部抑制其电流尖峰。如果熔丝在更换后易被烧断，则有可能是模块的输出电流超限，或输出设备被短路。

PLC的故障诊断是一个十分重要的问题，是保证PLC控制系统正常、可靠运行的关键。在实际工作过程中，应充分考虑到对PLC的各种不利因素，定期进行检查和日常维护，以保证PLC控制系统安全、可靠地运行。

第 5 章

三菱FX_{2N}系列产品的编程软件

5.1 FX-GP/WIN-C编程软件

5.1.1 软件的操作与使用

FX-GP/WIN-C 编程软件是 FX 系列 PLC 专用的编程软件，其编程界面和帮助文档均已汉化，占用空间小，在 Windows 98/2000/XP 系统下均可运行。

(1) 项目的管理

① 打开编程软件　打开 FX-GP/WIN-C 编程软件一般使用以下两种方法：

a. 点击“开始”→“所有程序”→“MELSEC-F FX Applications”→“FXGP _ WIN-C”，打开 FX-GP/WIN-C 编程软件的编程界面，如图 5-1 所示。

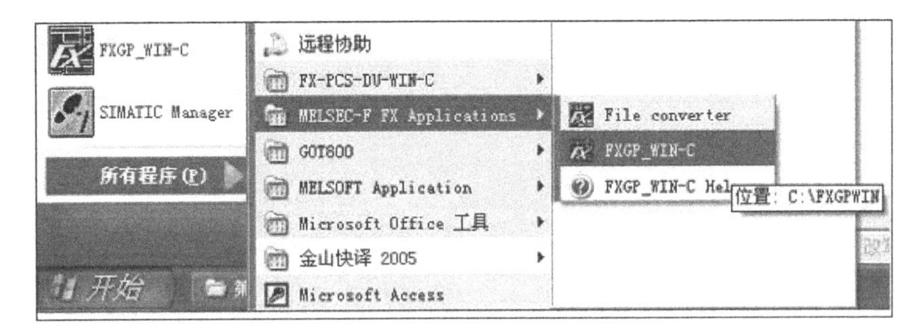

图 5-1　从“开始”打开编程界面

b. 在桌面上选中 FX-GP/WIN-C 编程软件的快捷图标，按动鼠标右键，出现下拉菜单，点击下拉菜单中的“打开”，或者在桌面上双击 FX-GP/WIN-C 的快捷图标，如图 5-2 所示。

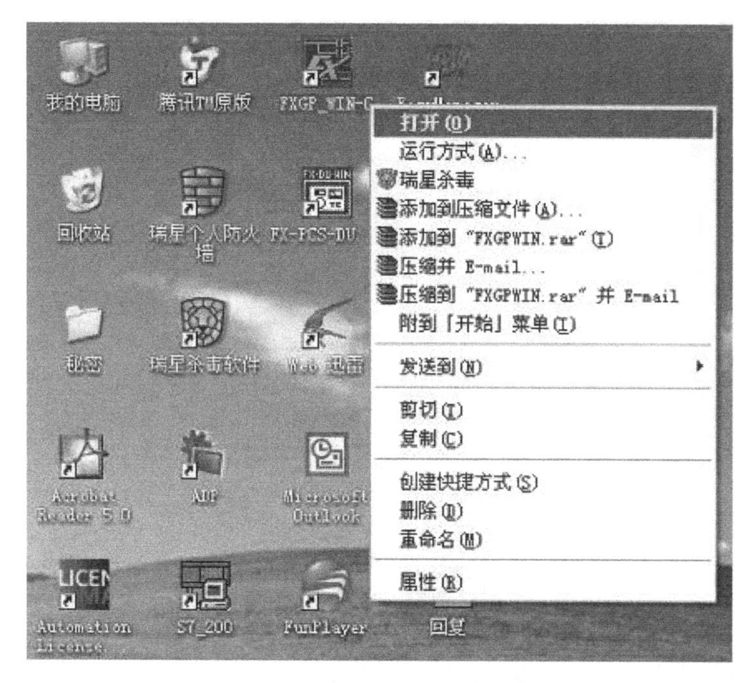

图 5-2　用桌面的快捷图标打开编程界面

② 新建项目文件　在编程界面，点击“文件”→“新文件”，如图 5-3 所示，在出现的画面中选择项目中使用的 PLC 型号，如图 5-4 所示，然后在图 5-4 中点击“确认”按钮，出现 FX-GP/WIN-C 编程软件的编程界面，如图 5-5 所示。

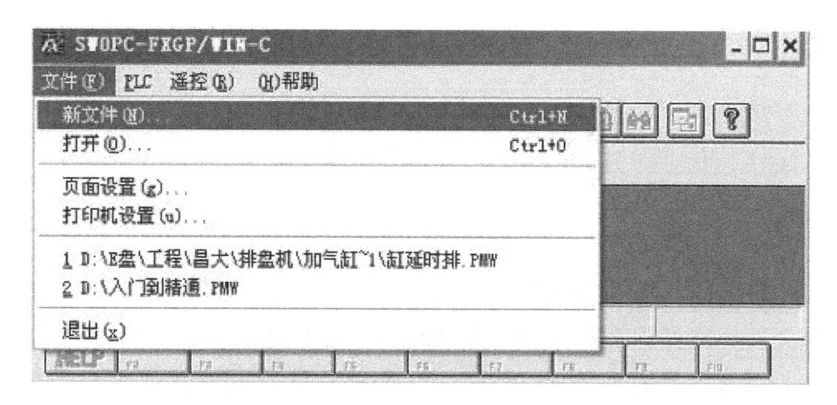

图 5-3　新建项目文件

③ 保存项目文件　在 FX-GP/WIN-C 编程软件的编程界面中，点击“文件”→“保存”，如图 5-6 所示，在出现的画面中选择保存项目文件的路径并写上项目文件的名称，如图 5-7 所示，然后在出现的画面中写上项目文件的题目，如图 5-8 所示。

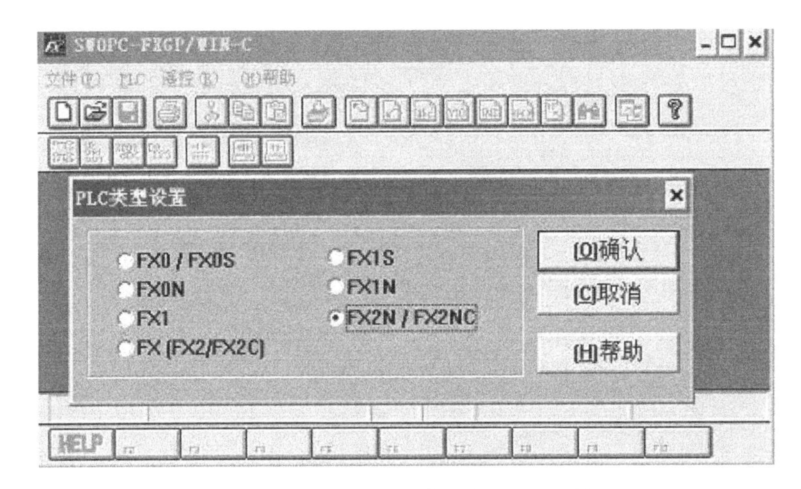

图 5-4　选择项目中使用的 PLC 型号

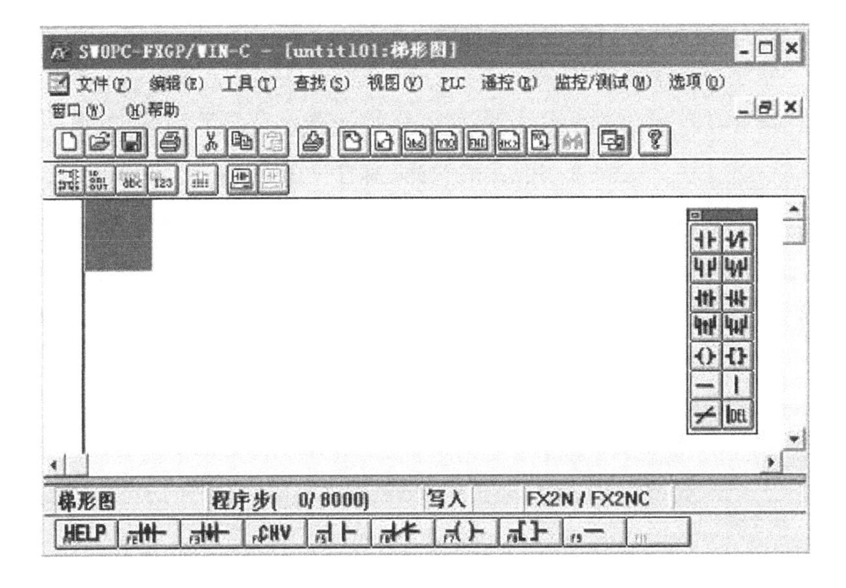

图 5-5　FX-GP/WIN-C 编程软件的编程界面

从保存的路径“我的电脑”→“(D:)”，找到保存的文件“入门到精通”，包含 4 个文件：文件保存类型为“PMW”的是项目程序文件，“COW”是注释文件，“PTW”是打印页眉文件，“DMW”是数据储存器文件，如图 5-9 所示。

④ 打开原来保存的项目文件　在 FX-GP/WIN-C 编程软件的编程界面，点击“文件”→“打开”，如图 5-10 所示，在出现的画面中选择打开路径及项目文件名称，如图 5-11 所示，在出现的画面中确认无误点击“确定”按钮打开后的界面如图 5-12 所示。

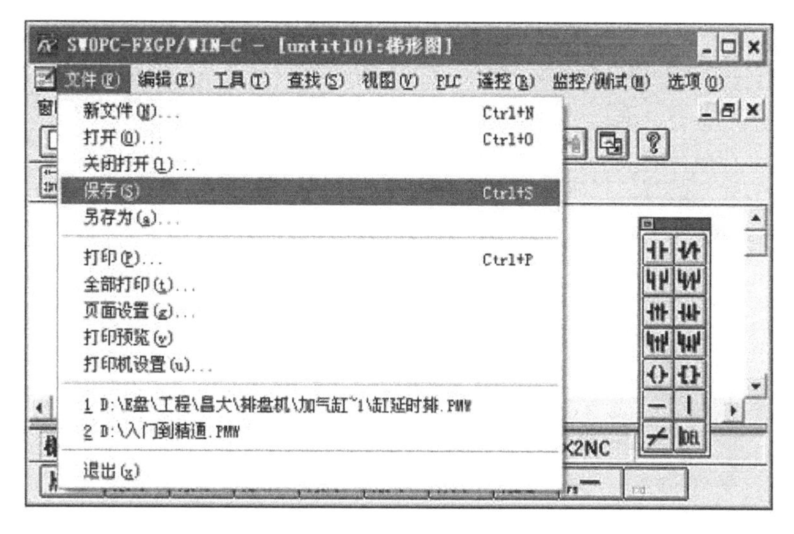

图 5-6 保存项目文件

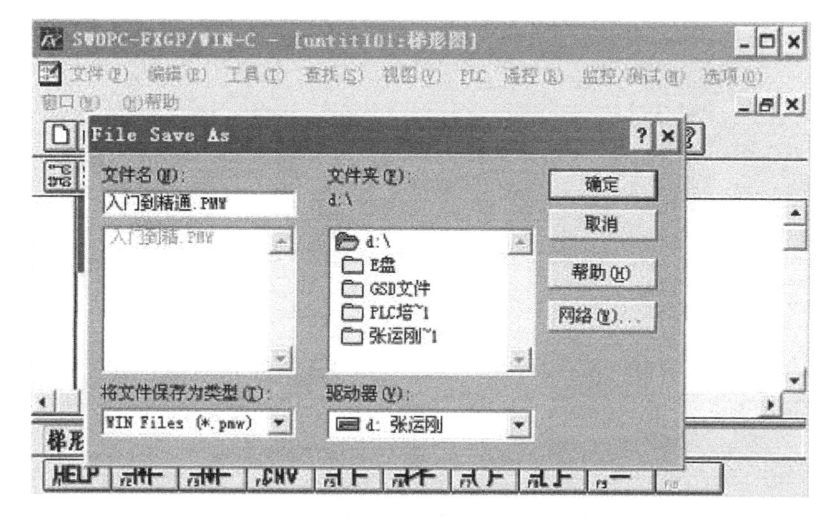

图 5-7 选择保存项目文件的路径并写上项目文件的名称

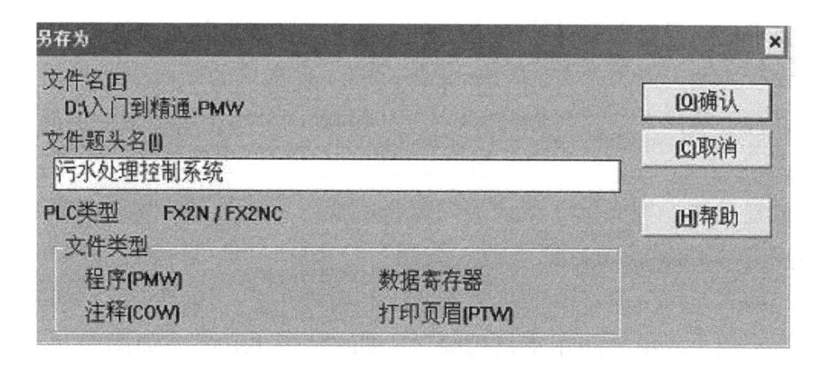

图 5-8 写上项目文件的题目名称

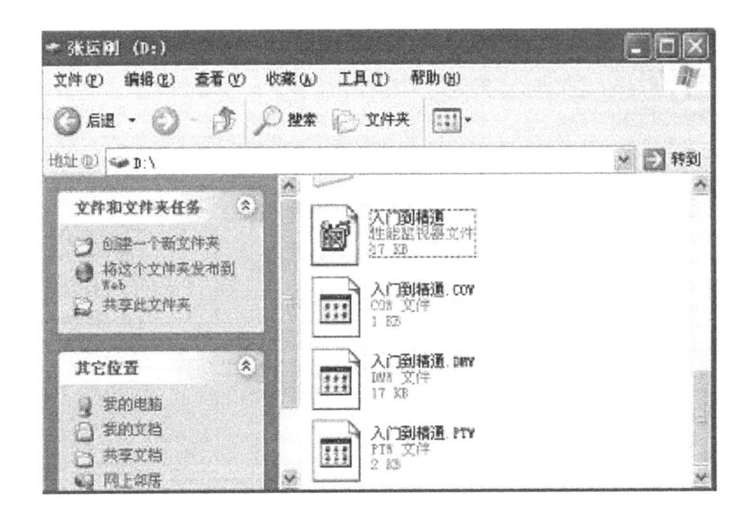

图 5-9　保存的 4 种文件类型

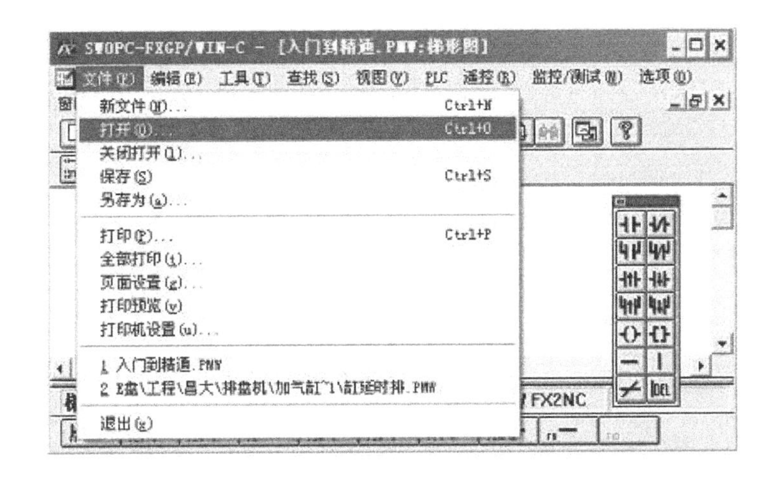

图 5-10　打开原来保存的项目文件

如果要求把项目保存到另外的地方可以选择“另存为”，在 FX-GP/WIN-C 编程软件的编程界面，点击“文件”→“另存为”，在出现的画面中选择保存项目文件的路径并写上项目文件的名称，然后在出现的画面中写上项目文件的题目，最后确认即可。

（2）放置元件　把光标（默认为深蓝色的矩形框）放置在欲放置功能图的地方，然后点击“工具”→“触点”（或“线圈”“功能”“连线”），如图 5-13 所示，在弹出的“输入元件”窗口中用键盘直接输入软元件号，如“X10”，如图 5-14 所示，如果有多项，各项之间用空格键隔开，如“T10 K100”，如图 5-15 所示。触点、线圈、功能和连线的功能图如图 5-16 所示。

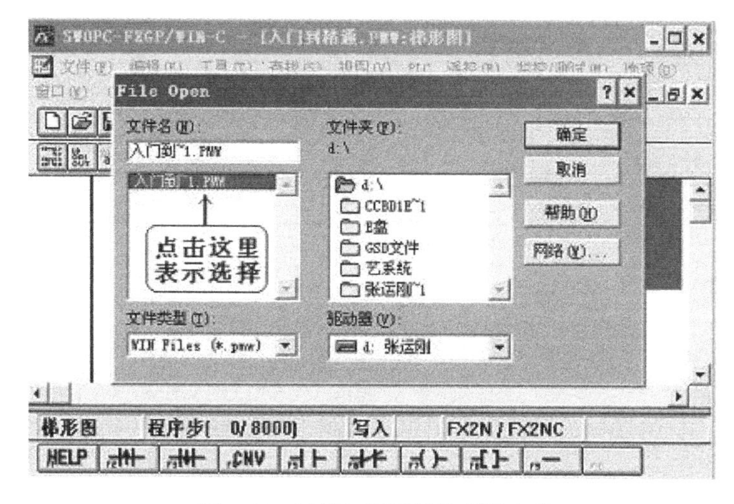

图 5-11　选择打开路径及项目文件

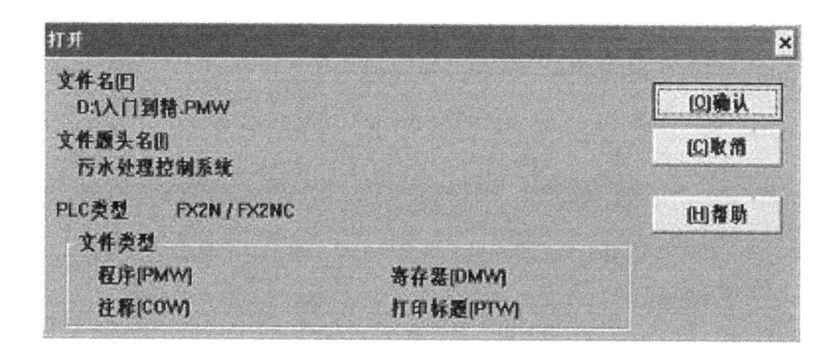

图 5-12　打开后的界面

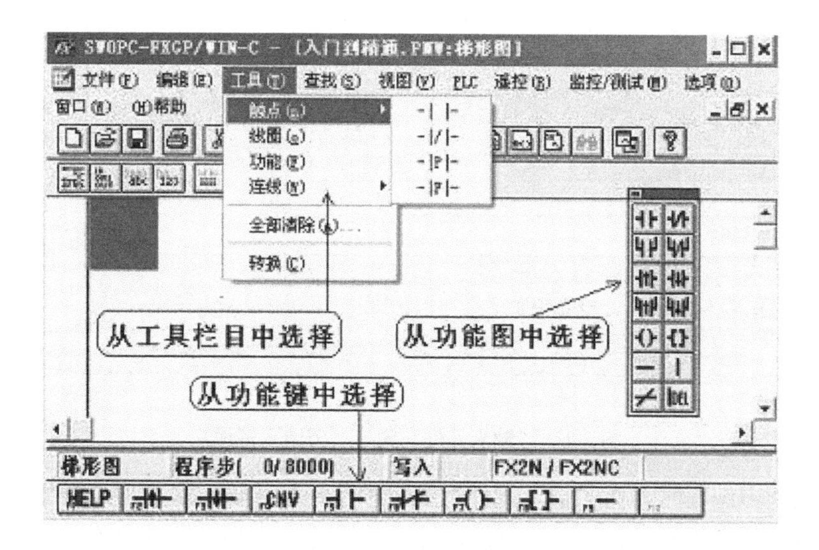

图 5-13　选择软元件

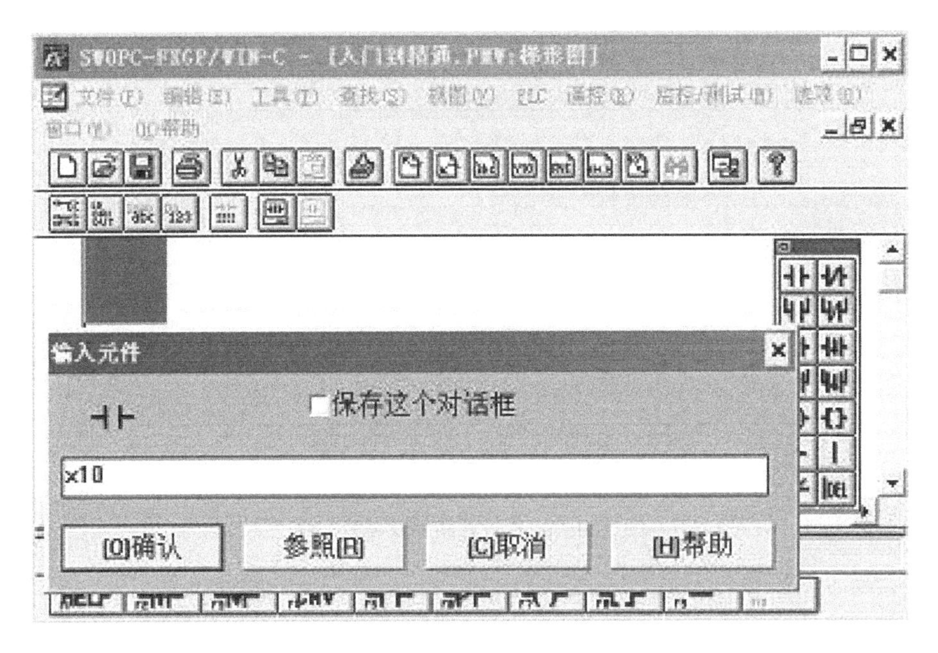

图 5-14 “输入元件”窗口（只需输入一项）

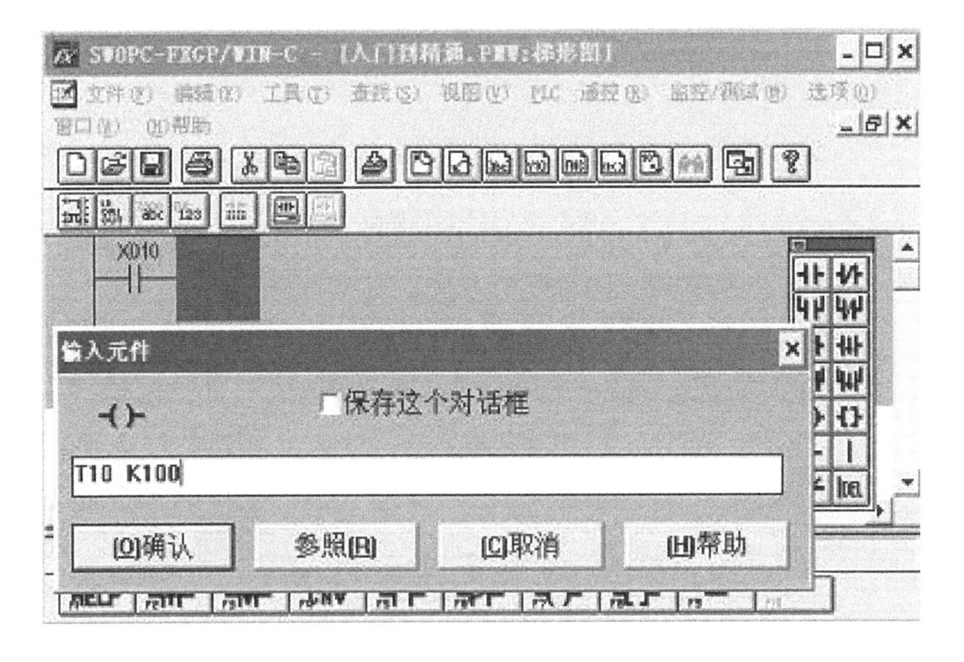

图 5-15 “输入元件”窗口（需输入多项）

在刚学习编程时，在“输入元件”窗口中还不熟练输入多少项或具体输入些什么元件时，在图 5-14 和图 5-15 中，可以点击“参照”键，在弹出的元件“参照”输入窗口中按照各项“参照”的元件限制范围分别选择输入，如图 5-17 所示。

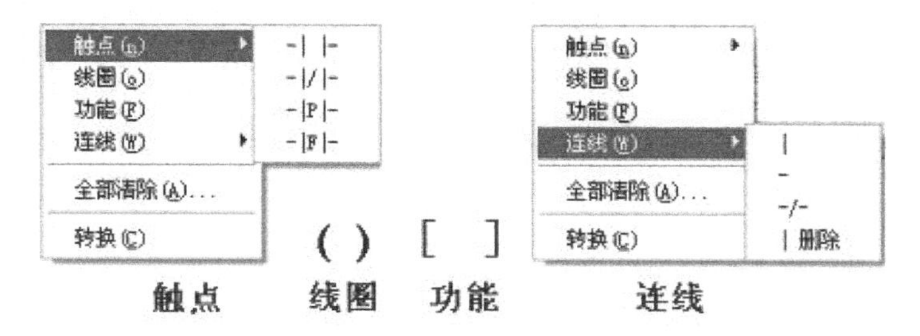

图 5-16 编程中常用的 4 种元件

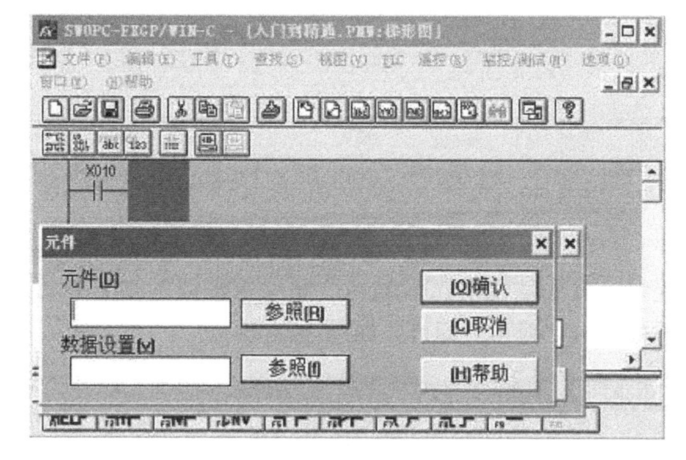

图 5-17 元件参照输入窗口

线圈和功能放置在每行的最后，触点放在线圈和功能之前，触点、线圈或功能之间用连接线接起来。

（3）**放置与删除连线** 连线分两种，一种是水平连线，另外一种是垂直连线。放置水平连线的方法是先把光标放到欲放置水平线的地方，然后点击“工具”→“连线”→“—”即可，如图 5-18 所示。

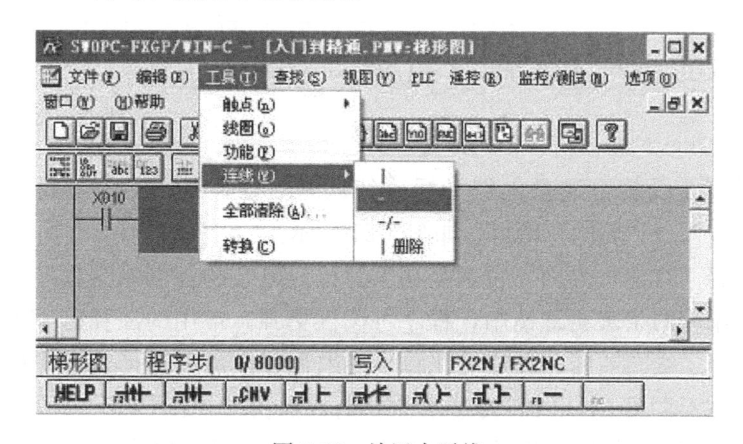

图 5-18 放置水平线

放置垂直连线的方法是先把光标放到欲放置垂直线的上方，然后点击“工具”→“连线”→“｜”即可，如图5-19所示。

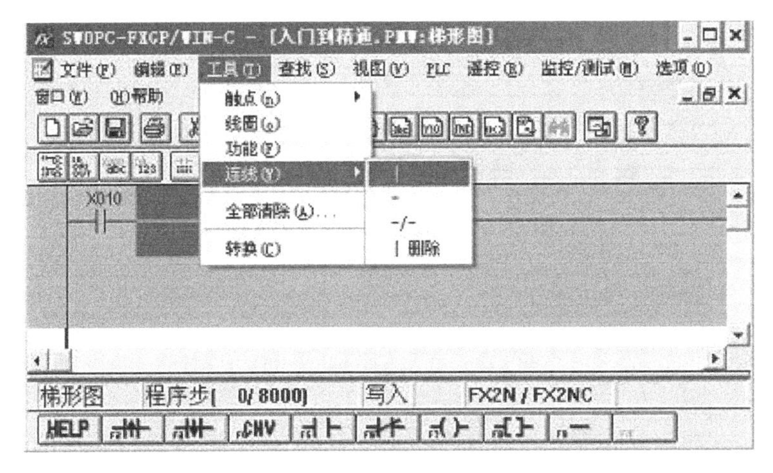

图5-19　放置垂直线

删除水平连线的方法是先把光标放到欲删除水平线的地方，然后点击鼠标右键，在下拉菜单中点击“剪切”即可，如图5-20所示。

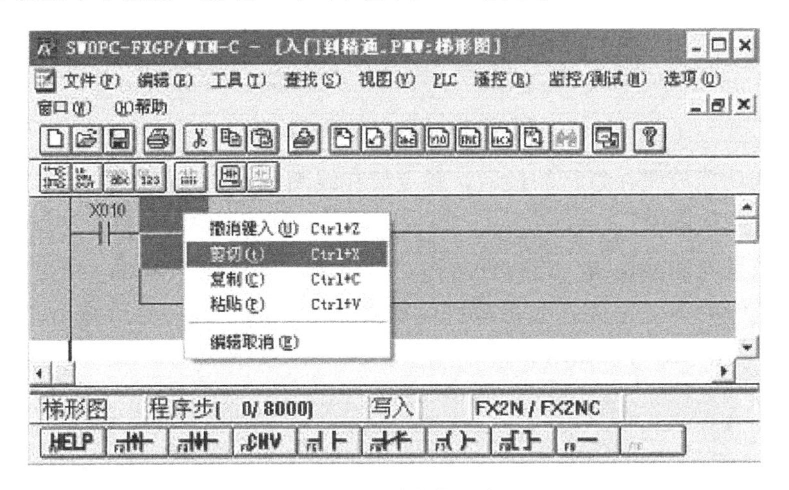

图5-20　删除水平线

删除垂直连线的方法是先把光标放到欲删除垂直线的上方，然后点击“工具”→“连线”→“删除”即可，如图5-21所示。

（4）注释　在编程界面，特别是在编写比较复杂的控制系统程序时，合理使用注释会使编程的条理更加清晰，程序可读性更强。常用的注释有4种：元件名称、元件注释、线圈注释和程序块注释。在编程界面可以选择显示注释或隐藏注释，默认状态是隐藏的。当需要显示注释时，点击“视图”→“显示注释”，如图5-22所示，在需要显示注释种类前的方框中打钩即可，如图5-23所示。

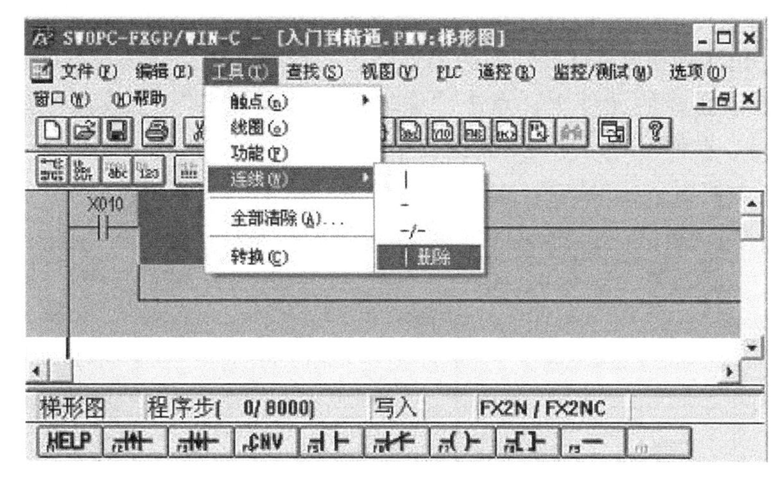

图 5-21 删除垂直线

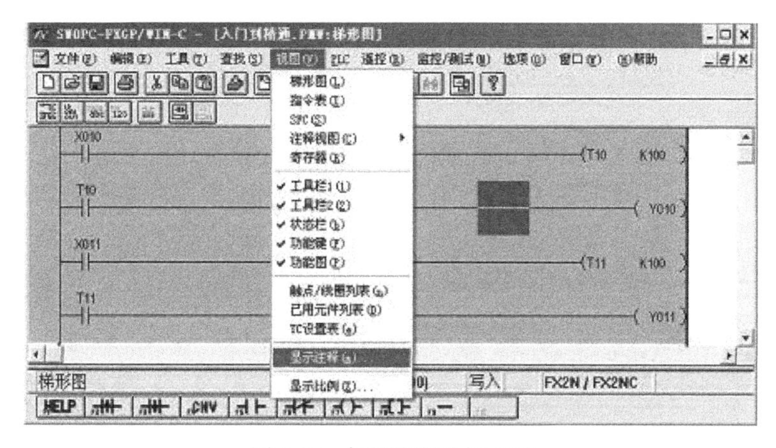

图 5-22 打开注释选择画面

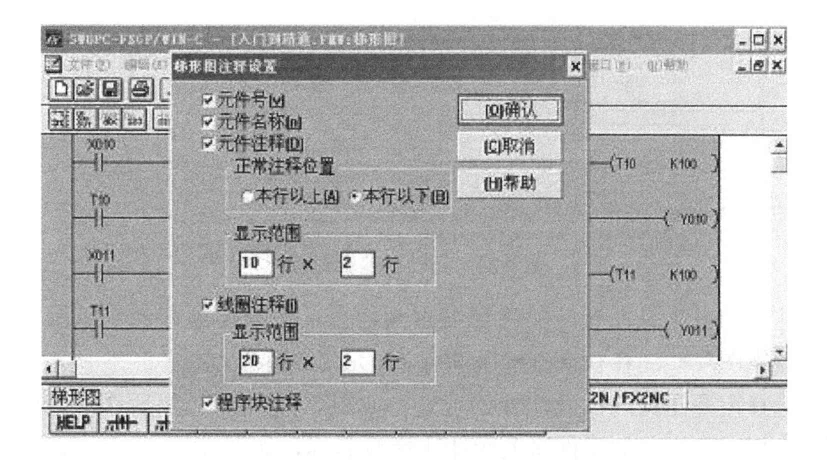

图 5-23 注释选择画面

① 元件名称和元件注释的设置　设置元件名称和元件注释一般使用两种方法：一边编程一边注释和成批注释。一边编程一边注释的方法是在编写程序的过程中，把光标放在欲注释的元件上，点击“编辑”→“元件名”（或元件注释），如图 5-24 所示，在弹出的元件名编辑画面中写上需要的名称，元件名称不能使用汉字注释，一般使用字母和数字，如图 5-25 中的“PB1”。

图 5-24　打开元件名编辑画面

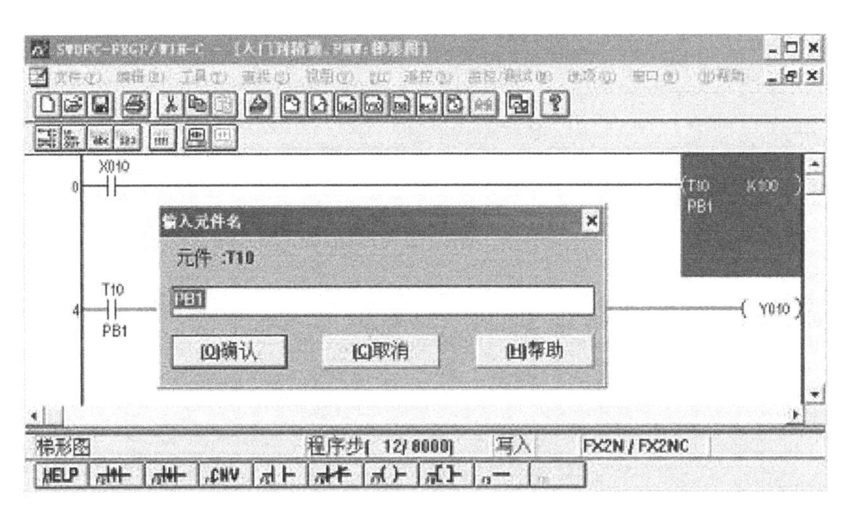

图 5-25　元件名编辑画面

成批注释的方法是在专门的注释编辑画面里，把需要注释的全部写上注释即可。点击“视图”→“注释视图”→“元件注释/元件名称”，如图 5-26 所示，在弹出的画面里选择需要注释的批元件开始地址，如图 5-27 所示，然后在专门的注释编辑画面里，把需要注释的元件写上元件注释或名称，如图 5-28 中 T10 的元件注释是“启动”，元件名称是“PB1”，元件注释可以使用中文、符号、字母和数字。在编程界面元件名称和注释显示效果如图 5-29 所示。

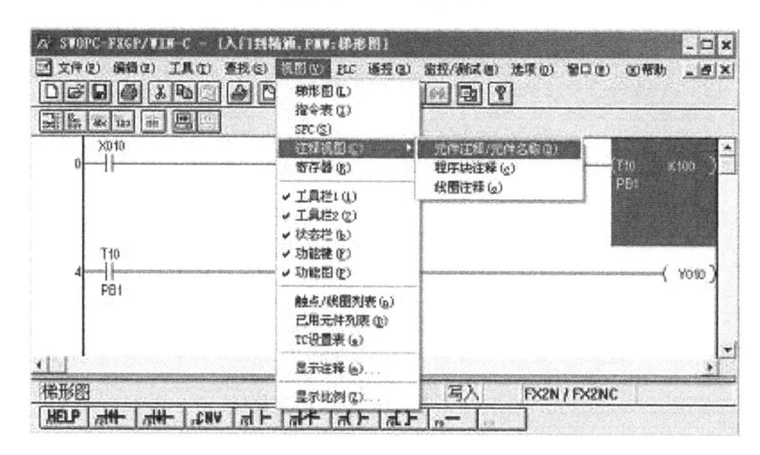

图 5-26　打开元件名称和元件注释编辑画面

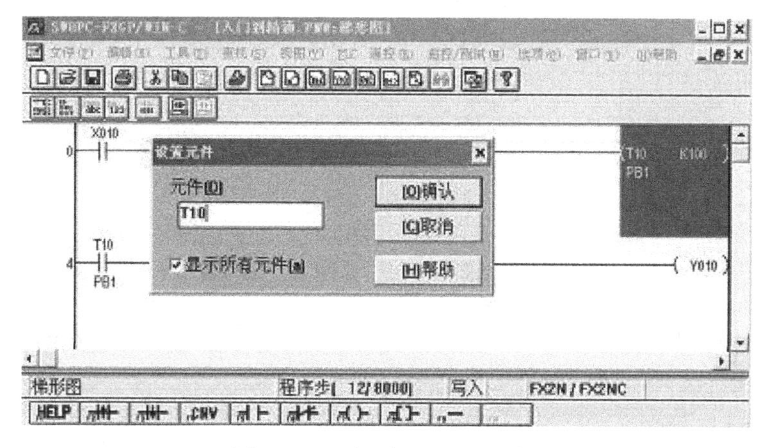

图 5-27　选择需要注释的元件

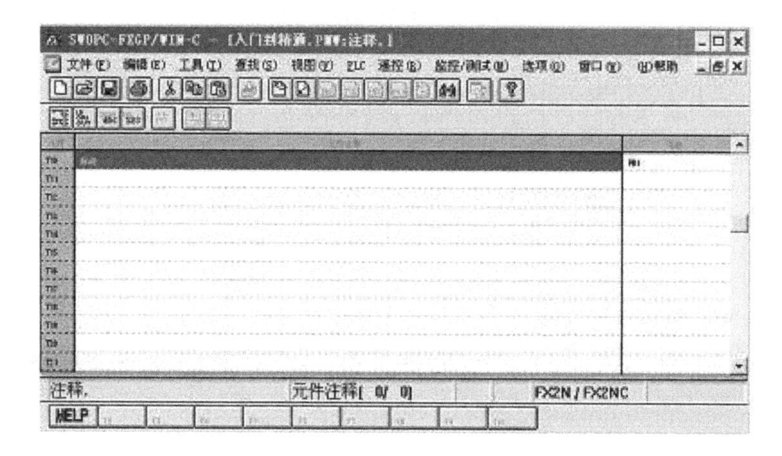

图 5-28　逐个写上注释或名称

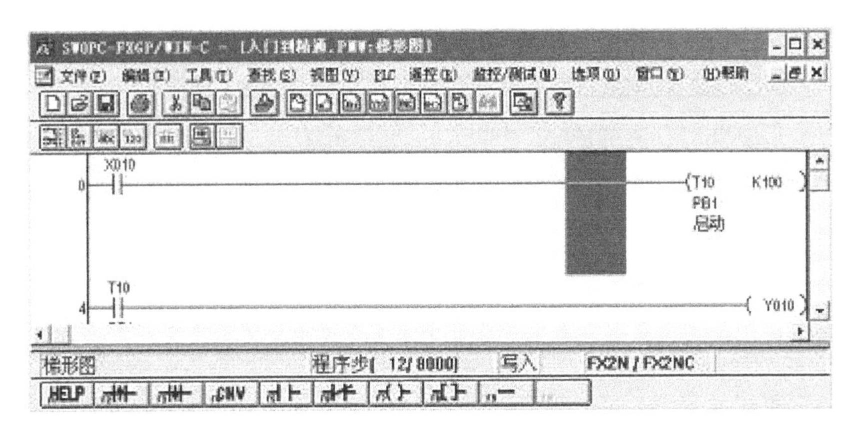

图 5-29 T10 的名称和注释

② 线圈注释的设置 线圈注释是在梯形图程序中一行右母线处的用户标志。把光标放在欲注释的行中，点击“编辑”→“线圈注释”，如图 5-30 所示，在弹出的画面中写上需要注释的内容，如图 5-31 所示，线圈注释在梯形图中的显示效果如图 5-32 所示。

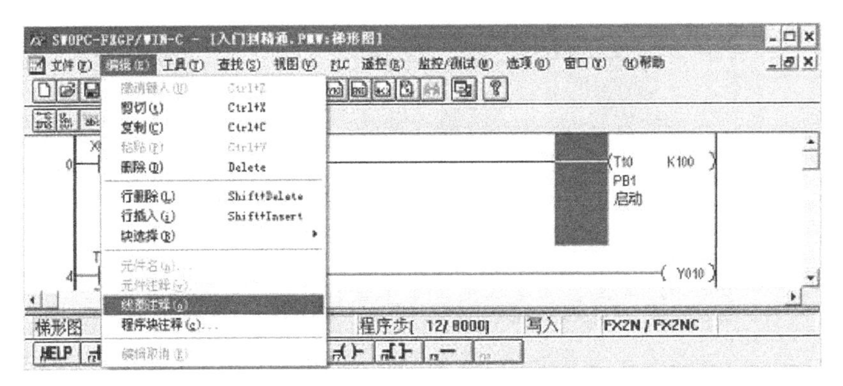

图 5-30 打开线圈注释

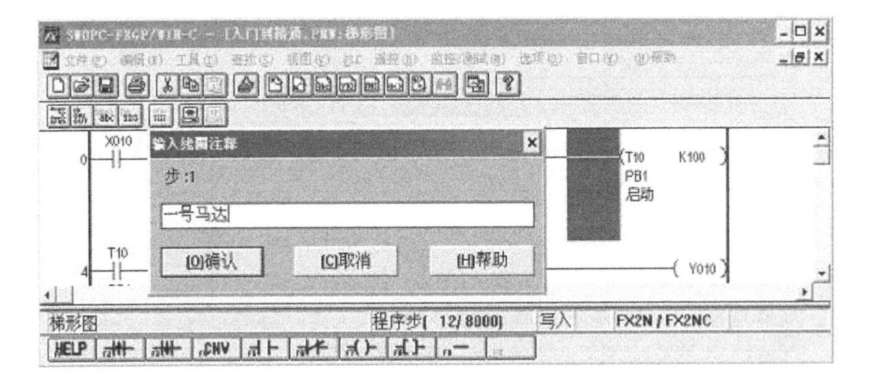

图 5-31 输入线圈注释

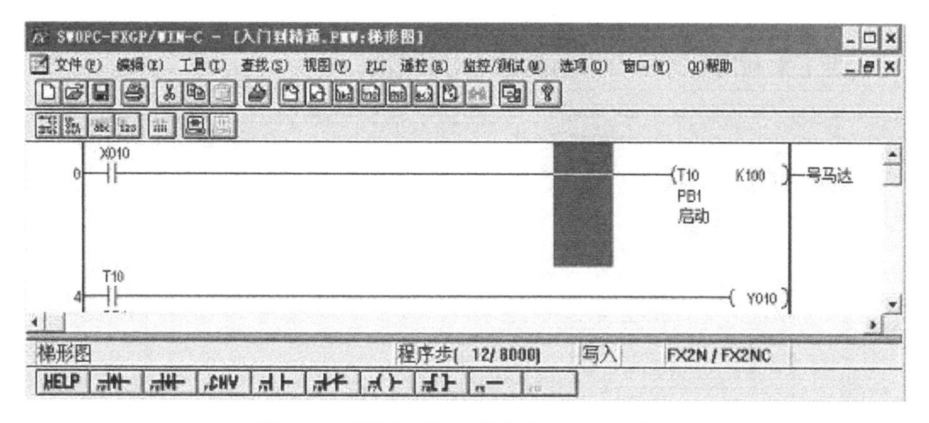

图 5-32　线圈注释在梯形图中的显示效果

③ 程序块注释　程序块注释是在程序中行与行之间的注释，如图 5-33 所示。把光标放在欲注释的行中点击“编辑”→“程序块注释”，如图 5-34 所示，在弹出的画面中写上需要注释的内容，然后确认即可。

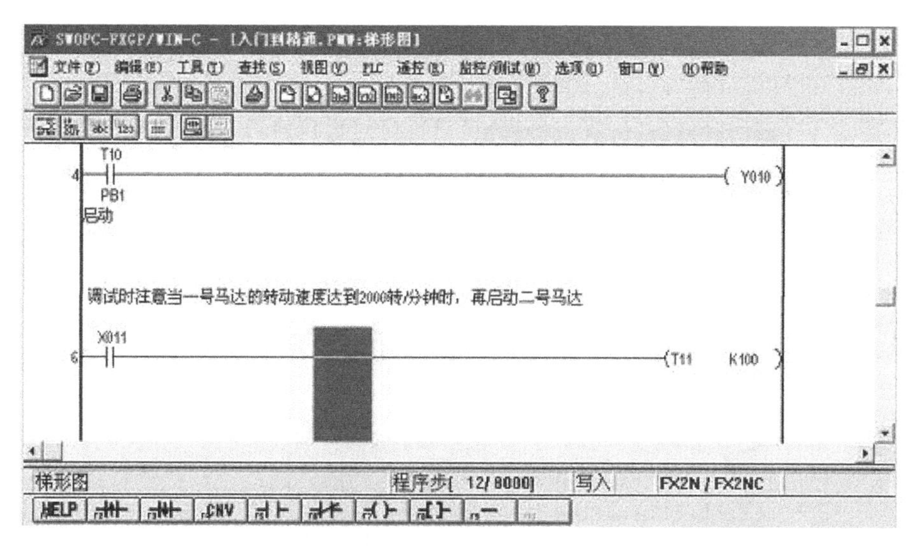

图 5-33　程序块注释

(5) Windows XP 系统中中文注释显示乱码的处理方法　FX-GP/WIN-C 编程软件安装在 Windows XP 系统中，设置的中文注释在显示时是乱码，需要把 Windows 系统中的日文字体删除才能正常显示中文。查看 Windows 系统的日文网页字体。点击“开始”→“Internet Explorer”，如图 5-35 所示，在 Internet Explorer 浏览画面中点击“工具”→“Internet 选项”，如图 5-36 所示，在 Internet 选项画面中双击“字体”按钮，如图 5-37 所示，在字体画面中选择字符集“日文”，如图 5-38 所示，把日文网页字体各个符号记下来，如图 5-39 所示。删除日文网页字体。点击“开始”→“控制面板”→“字体”，如图 5-40 和图 5-41 所示，把所有日文网页字体符号图标删除，如果在控制面板删除不了，可以进入 DOS 系统中删除或者把硬盘拆下来利用另外一台电脑的系统对其删除。

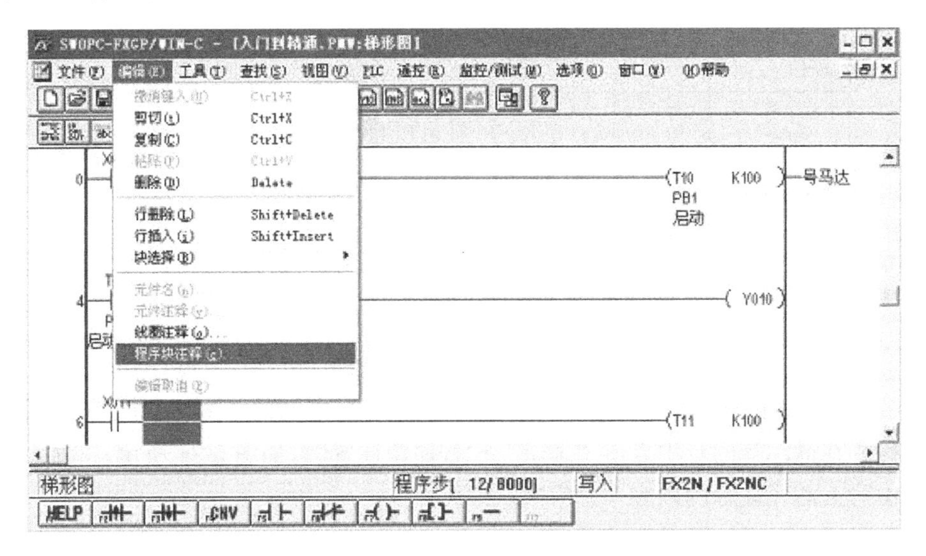

图 5-34　打开程序块注释

图 5-35　打开 Internet Explorer

图 5-36　打开 Internet 选项

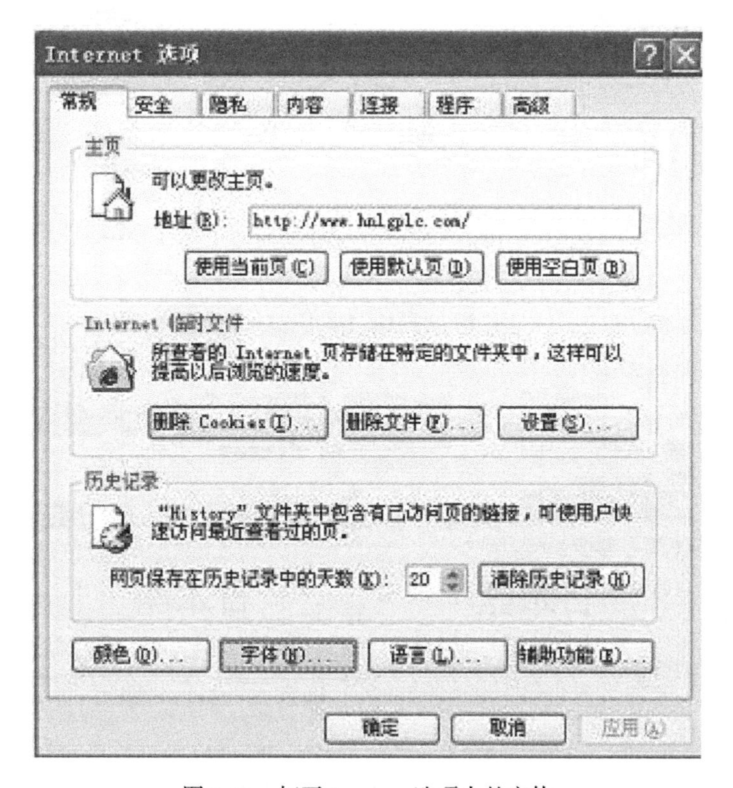

图 5-37　打开 Internet 选项中的字体

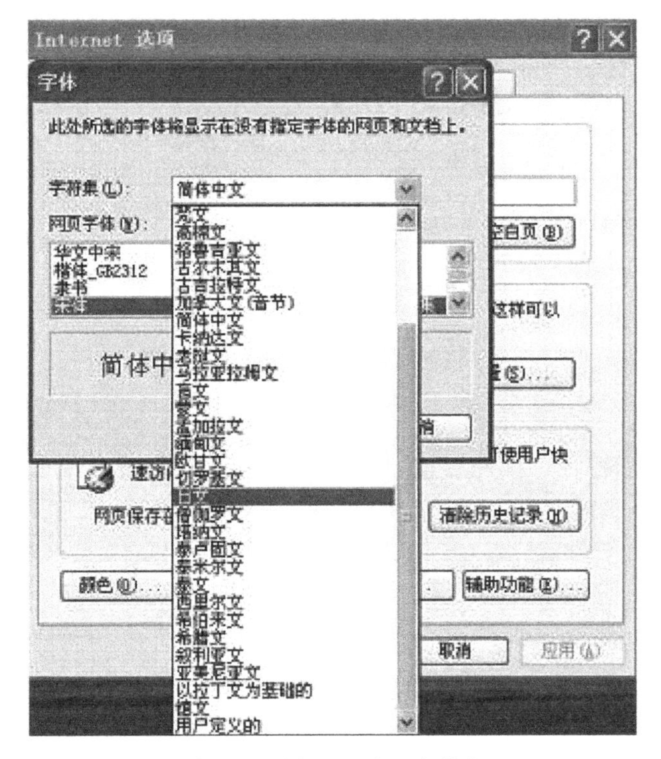

图 5-38　选择“日文”字符集

图 5-39　查看日文网页字体符号

图 5-40　打开控制面板

图 5-41　删除日文字体

（6）**程序的转换和清除**　在编写程序的过程中，点击“工具”→“转换”，如图 5-42 所示，可以对所编写的梯形图程序进行表面检查，如果没有错误，梯形图将被转换格式并存放在电脑里，同时编程界面梯形图的灰色变成白色，如图 5-43 所示；如果有错，将显示“梯形图”错误，如图 5-44 所示。

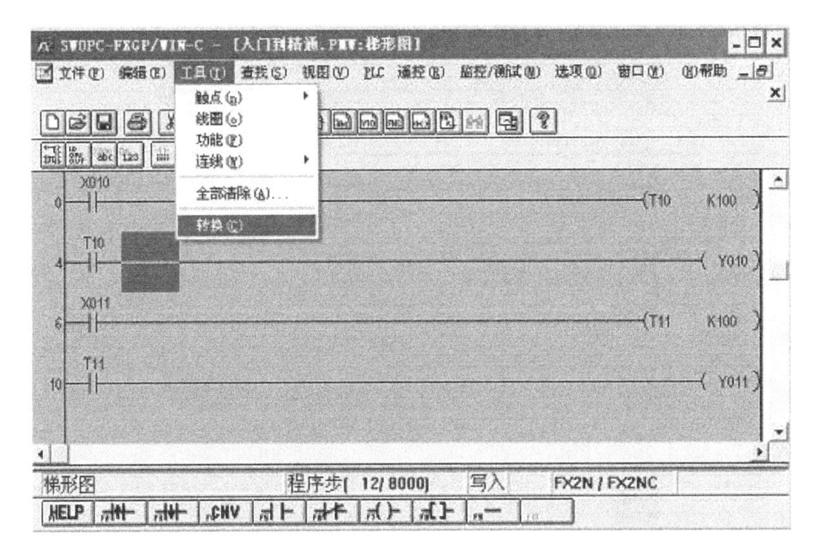

图 5-42 程序的转换

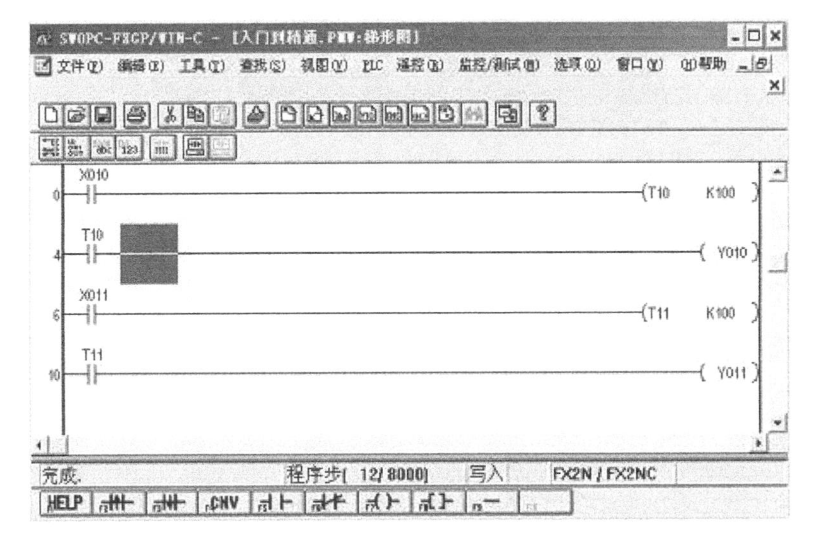

图 5-43 成功转换的梯形图

如果在没有完成转换的情况下关闭梯形图编辑画面，该梯形图不能被保存。只有成功转换的程序才能下载到 PLC 中并被保存在电脑里。点击“工具”→“全部清除”，如图 5-45 所示，可以把当前界面的程序全部清除。

（7）程序的检查 点击“选项”→“程序检查”，如图 5-46 所示，弹出程序检查界面，如图 5-47 所示，在图 5-47 中可以选择语法错误检查、双线圈检验和电路错误检查，检查结果会显示在“结果”窗口。语法检查主要是检查命令代码及命令格式是否正确，电路检查是检查梯形图电路是否存在缺陷，双线圈检验是检查同一个软元件是否多处驱动，双线圈从编程角度看本来是没有错的，但分析时动作复杂，建议不要编写双线圈的程序。

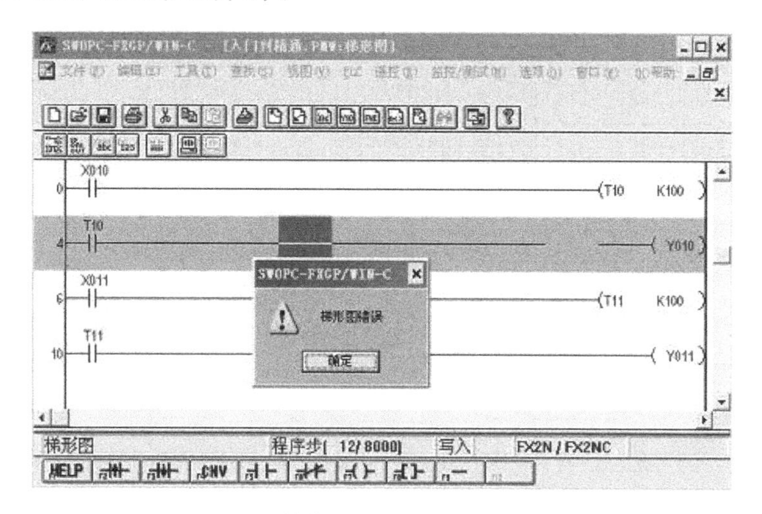

图 5-44　转换梯形图错误时的错误信息

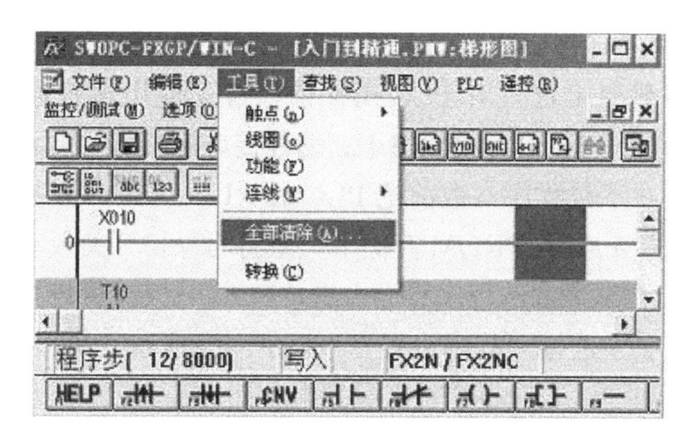

图 5-45　清除编程界面的程序

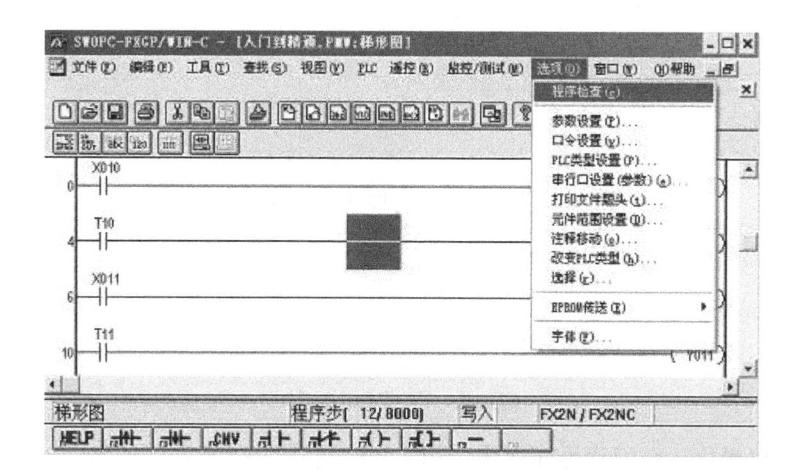

图 5-46　打开程序检查

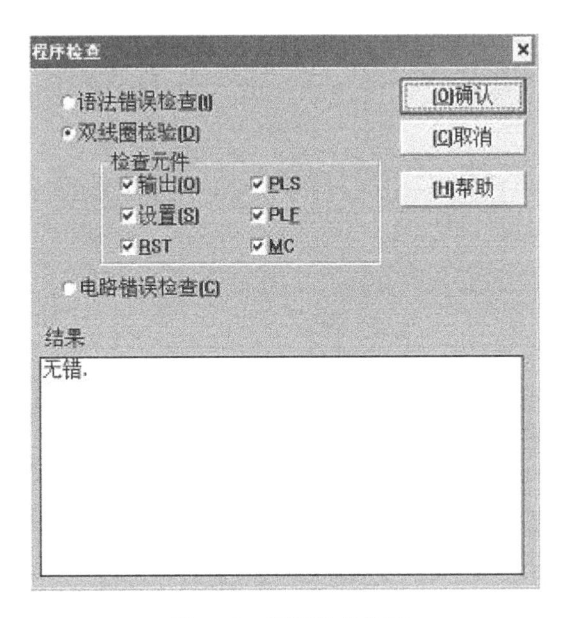

图 5-47　程序检查界面

(8) 程序的下载和上传　对 PLC 操作前，首先使用编程通信转换接口电缆 SC-09 将编程电脑的串口和 PLC 的 RS-422 编程接口连接好，并设置好编程电脑的通信参数和端口。在下载程序参数前把 PLC 的 RUN/STOP 开关扳动到 STOP 位置，如果使用了 RAM 或 EEPROM 存储卡，应将写保护开关扳动到 OFF 位置。

① 写出操作　在欲下载的程序界面点击"PLC"→"传送"→"写出"，如图 5-48 所示，在弹出的画面中选择"范围设置"，如图 5-49 所示，可以减少写入的时间。传送中的"写出"和"读入"是相对于编程电脑而言。

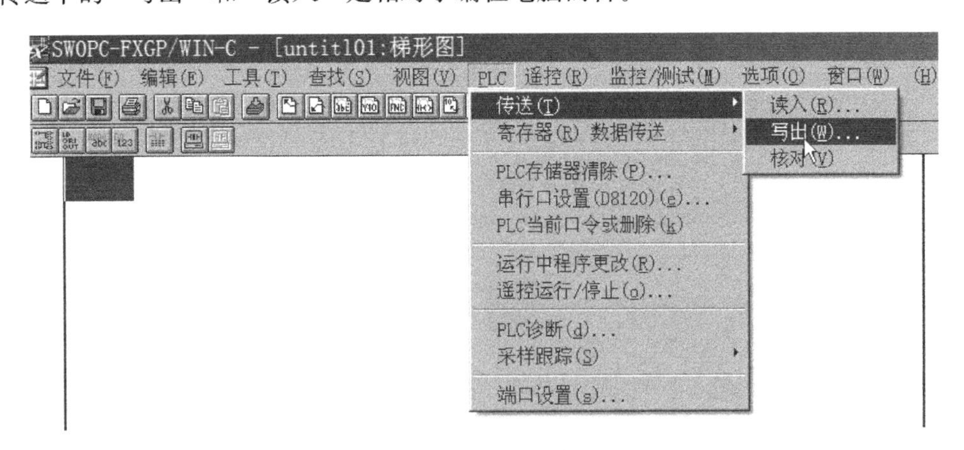

图 5-48　下载程序参数

② 读出操作　在编程界面点击"PLC"→"传送"→"读入"如图 5-50 所示，在弹出的画面中正确选择 PLC 的型号如图 5-51 所示，然后确认进入读入程序参数状

态。读入执行完毕，编程电脑中当前界面的程序被读入的程序代替，建议最好新建项目文件，在新编程界面读入，并保存在新建项目文件中。

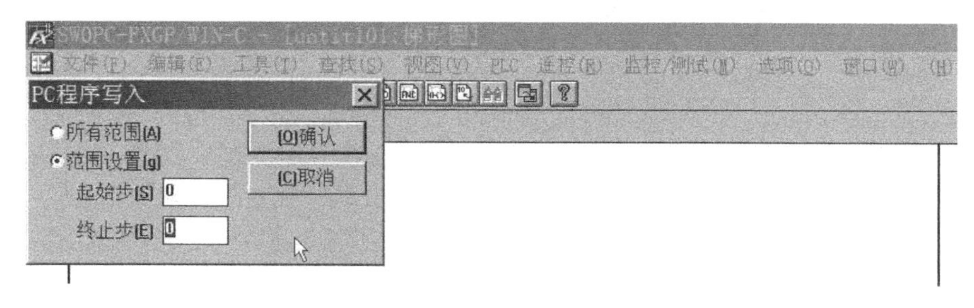

图 5-49　选择下载范围

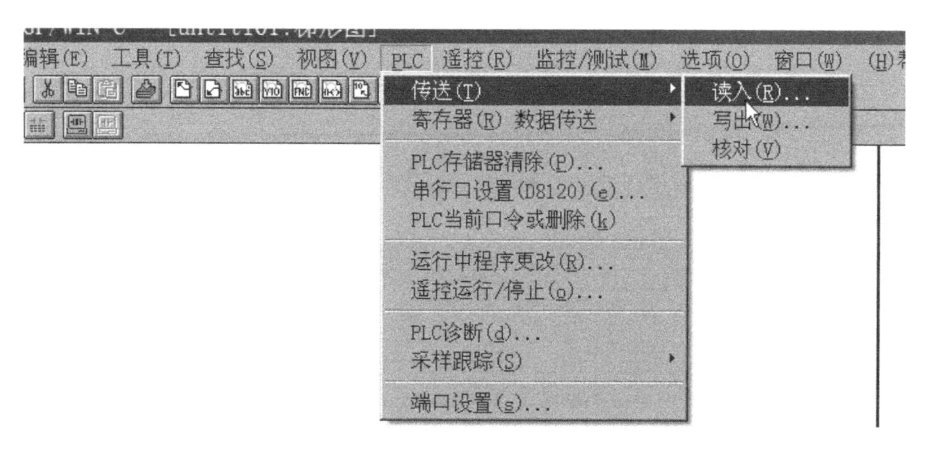

图 5-50　读出程序参数

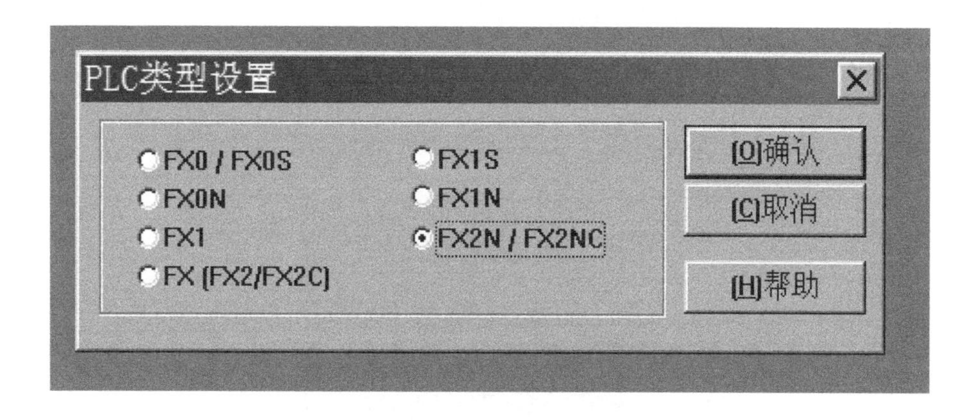

图 5-51　选择 PLC 型号

（9）遥控运行/停止　程序参数下载到 PLC 后，在编程界面点击“PLC”→“遥控运行/停止”，在弹出的遥控运行/停止命令窗口选择“运行”或“停止”。如图 5-52 和图 5-53 所示。

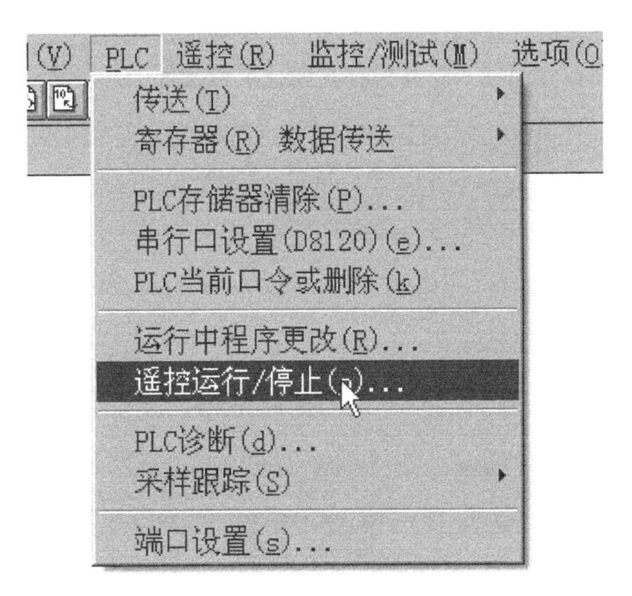

图 5-52　打开遥控运行/停止命令窗口

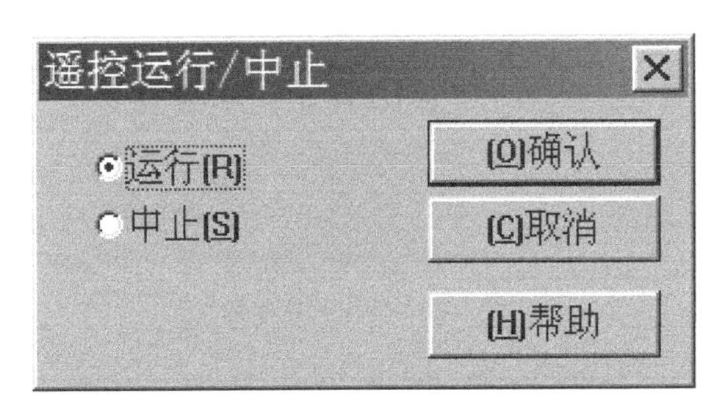

图 5-53　遥控运行/停止命令窗口

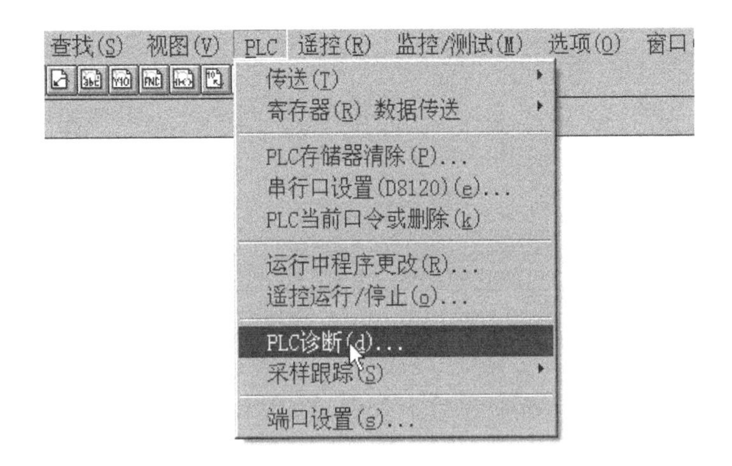

图 5-54　打开 PLC 诊断窗口

（10）**PLC 诊断**　在编程界面点击“PLC”→“PLC 诊断”如图 5-54 所示，自动弹出 PLC 诊断窗口如图 5-55 所示，给出错误、扫描周期时间和 RUN/STOP 状态信息。

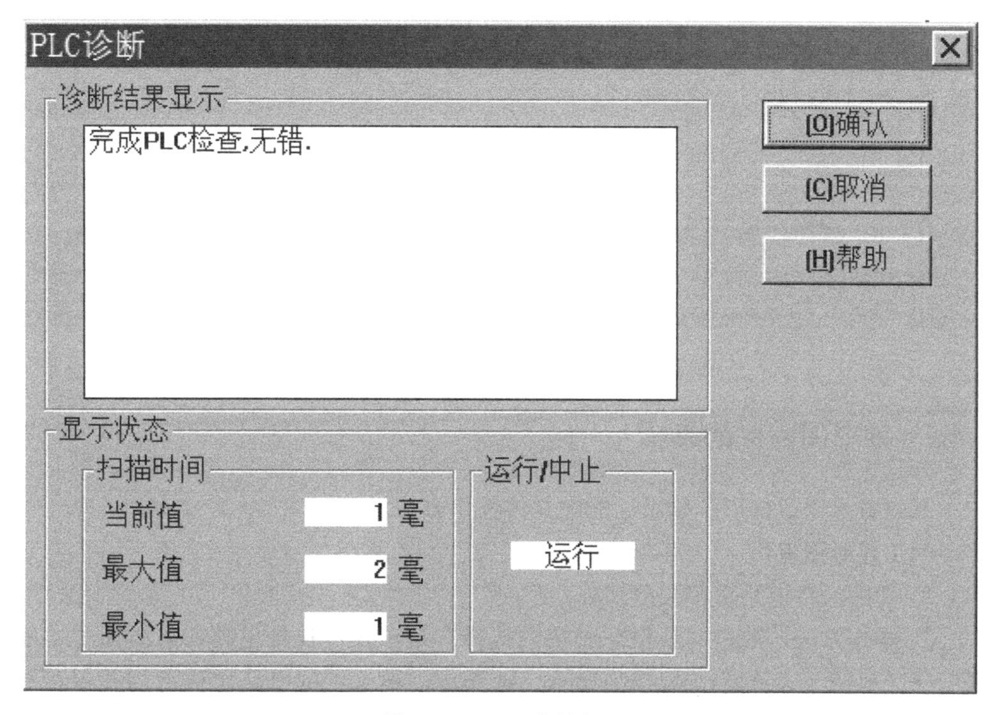

图 5-55　PLC 诊断窗口

（11）**PLC 监控和测试**　在编程界面点击“监控/测试”→“开始监控”如图 5-56 所示，进入程序运行状态监控界面如图 5-57 所示。

查找(S)　视图(V)　PLC　遥控(R)　监控/测试(M)　选项(O)　窗口(W)　(H)帮助
开始监控(M)
动态监视器(D)
进入元件监控(n)
进入元件监控(T,C,D)(t)
元件监控(光标)
强制Y输出(F)...
强制ON/OFF(r)...
改变当前值(C)...
改变设置值(a)...
显示监控数据的变化值（十六进制）

图 5-56　打开 PLC 监控界面

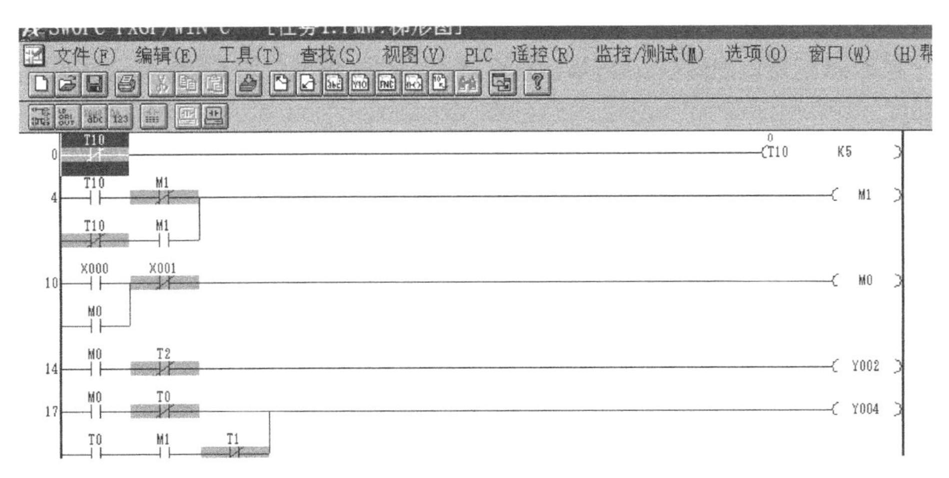

图 5-57 PLC 监控界面

5.1.2 梯形图程序的编辑

下面着重介绍梯形图编辑功能的具体操作方法。

(1) 梯形图剪切

① 功能：将电路块单元剪切掉。

② 操作方法：通过“编辑”→“块的选择”菜单操作选择电路块，再通过“编辑”→“剪切”菜单操作或“Ctrl+X”键操作，被选中的电路块被剪切并保存在剪贴板中。

(2) 梯形图粘贴

① 功能：粘贴电路块单元。

② 操作方法：通过“编辑”→“粘贴”菜单操作或“Ctrl+V”键操作，把选择的电路块粘贴上去；被粘贴上的电路块的数据来自于执行“剪切”或“复制”命令时存储在剪贴板中的数据。

(3) 梯形图的行删除

① 功能：在行单元中删除线路块。

② 操作方法：通过执行“编辑”→“行删除”菜单操作或“Ctrl+Del”键盘操作，把光标所在行的线路块删除。

(4) 梯形图的行插入

① 功能：在梯形图中插入一行。

② 操作方法：通过执行“编辑”→“行插入”菜单操作，在光标位置上插入一行。

(5) 元件名

① 功能：在进行线路编辑时输入一个元件名。

② 操作方法：在执行“编辑”→“元件名”菜单操作时，屏幕显示“元件名输入”对话框。在输入栏输入元件名并按“Enter”键或“确认”按钮，光标所在电路符号的元件名即被登录。必须指出的是元件名可为字母数字及符号，但长度不得超过8位；复制时不得同名。

（6）元件注释

① 功能：在进行电路编辑时输入元件注释。

② 操作方法：在执行“编辑”→“元件注释”菜单操作时，“元件注释输入”对话框被打开。元件注释被登录后即被显示；在输入栏中输入元件注释，再按“Enter”键或“确认”按钮，光标所在电路符号的元件注释便被登录。注意，元件注释不得超过50字符。

（7）线圈注释

① 功能：在进行电路编辑时输入线圈注释。

② 操作方法：在执行“编辑”→“线圈注释”菜单操作时，“线圈注释”输入对话框被显示；当线圈注释被登录时即被显示，在输入栏中输入线圈注释并按“Enter”键或“确认”按钮，光标所在处线圈的注释即被登录，以备线圈命令或其他功能指令应用。

（8）触点

① 功能：输入电路符号中的触点符号。

② 操作方法：在执行“工具”→“触点”→“-｜｜-”菜单操作时，选中一个触点符号，显示元件输入对话框，执行“工具”→“触点”→“-｜/｜-”菜单操作选中B触点，执行“工具”→“触点”→“-｜P｜-”菜单操作选择脉冲触点符号；或执行“工具”→“触点”→“-｜F｜-”菜单操作选择下降沿触发触点符号，在元件输入栏中输入元件，按“Enter”键或“确认”按钮后，光标所在处便有一个元件被登录。若单击“参照”按钮，则显示“元件说明”对话框，可完成更多的设置。

（9）线圈

① 功能：在电路符号中输入/输出线圈。

② 操作方法：在执行“工具”→“线圈”菜单操作时，显示“元件输入”对话框。在输入栏中输入元件，按“Enter”键或“确认”按钮，于是光标所在处的输出线圈符号被登录。单击“参照”按钮，则显示“元件说明”对话框，可进行进一步的特殊设置。

（10）功能

① 功能：输入功能线圈命令等。

② 操作方法：在执行“工具”→“功能”菜单操作时，显示“命令输入”对话框。在输入栏中输入元件，按“Enter”键或“确认”按钮，光标所在处的应用

命令被登录；再单击“参照”按钮，“命令说明”对话框被打开，可进行进一步的特殊设置。

(11) 连线

① 功能：输入垂直及水平线，删除垂直线。

② 操作方法：垂直线由菜单操作“工具”→“连线”→“｜”登录；水平线由菜单操作“工具”→“连线”→“-”登录；翻转线由菜单操作“工具”→“连线”→“-/-”登录；垂直线删除由菜单操作“工具”→“连线”→“｜删除”删除。

(12) 元件名查找

① 功能：在字符串单元中查找元件名。

② 操作方法：通过“查找”→“元件名查找”菜单操作，显示“元件名查找”对话框，输入待要查找的元件名，单击“运行”按钮或按“Enter”键，执行元件名查找操作，光标移动到包含元件名的字符串所在的位置，此时显示已被改变。

(13) 触点/线圈查找

① 功能：确认并查找一个任意的触点或线圈。

② 操作方法：在执行“查找”→“触点/线圈查找”菜单操作时，“触点/线圈查找”对话框显示。键入待查找的触点或线圈；单击“运行”按钮或按“Enter”键，执行指令，光标移动到已寻到的触点或线圈处，同时改变显示。

(14) 到指定步数查找

① 功能：确认并查找一个任意程序步。

② 操作方法：在执行“查找”→“到指定步数”菜单操作时，屏幕上显示“程序步查找”对话框。输入待查的程序步，单击“运行”按钮或按“Enter”键执行指令，光标移动到待查的步处，同时改变显示。

(15) 改变元件号

① 功能：改变特定软元件地址。

② 操作方法：执行“查找”→“改变元件号”菜单操作，屏幕显示“改变元件”的对话框，设置好将被改变的元件及范围，单击“运行”按钮或按“Enter”键，执行指令。

例如，用X20～X25替换X10～X15，操作为在“被代换元件”输入栏中输入X10～X15，并在“代换起始点”处输入X10。在此功能下，用户可设定顺序替换或成批替换，还可设定是否同时移动注释以及功能指令元件。不过被指定的元件仅限于同类元件。

(16) 改变位元件

① 功能：将A触点与B触点互换。

② 操作方法：执行“查找”→“改变位元件”菜单操作，改变A、B触点的

对话框出现。指定待换元件范围，单击“运行”按钮或按“Enter”键，即执行改变A、B触点（触点互换）。可选择顺序改变或成批改变。但被指定互换的元件仅限于同类元件。

（17）梯形图视图

① 功能：打开电路图视图或激活已打开的电路图视图。

② 操作方法：执行“视图”→“梯形图视图”菜单，窗口显示被改变。

（18）指令表视图

① 功能：打开指令表视图或激活已被打开的指令表视图。

② 操作方法：执行“视图”→“指令表视图”菜单，窗口显示被改变。

（19）运行时程序改变

① 功能：将运行中的与计算机相连的PLC的程序做部分改变。

② 操作方法：在线路编辑中，执行“PLC”→“运行时改变程序”菜单操作，或按“Shift＋F4”键操作时出现“确认”对话框，单击“确认”按钮或“Enter”键，执行指令。

必须注意：该功能改变了PLC操作，应对其改变内容认真加以确认；计算机的RS-232C端口及PLC之间必须用指定的缆线及转换器连接；PLC程序内存必为RAM；可被改变的程序仅为一个电路块，且限于127步；被改变的电路块中应无高速计数器的功能指令或标签。

（20）梯形图监控

① 功能：在显示屏上监视PLC的操作状态，从电路编辑状态转换到监视状态，同时在显示的电路图中显示PLC操作状态（ON/OFF）。

② 操作方法：激活梯形图视图，通过进行菜单操作进入“监控/测试”→“开始监控”。需要注意，在梯形图监控中，电路图中只有ON/OFF状态被监控；当监控当前值以及设置寄存器、定时器、计数器数据时，应登录监控功能。

5.2 GX Developer编程软件

5.2.1 软件概述

GX Developer是三菱通用性较强的编程软件，它能够完成Q系列、QnA系列、A系列（包括运动控制CPU）、FX系列PLC梯形图、指令表、SFC等的编辑。该编程软件能够将编辑的程序转换成GPPQ、GPPA格式的文档，当选择FX系列时，还能将程序存储为FXGP（DOS）、FXGP（WIN）格式的文档，以实现与FX-GP/WIN-C软件的文件互换。该编程软件能够将Excel、Word等软件编辑的说明性文字、数据，通过复制、粘贴等简单操作导入程序中，使软件的使用、程序的编辑更加便捷。

GX编程软件简单易学，具有丰富的工具箱、直观形象的视窗界面。此外，GX编程软件可直接设定CC-Link及其他三菱网络的参数，能方便地实现监控、故障诊断、程序的传送及程序的复制、删除和打印等功能。

此外，GX Developer编程软件还具有以下特点。

(1) 操作简便

① 标号编程。用标号编程制作程序的话，就不需要认识软元件的号码而能够根据标示制作成标准程序。用标号编程做成的程序能够依据汇编从而作为实际的程序来使用。

② 功能块。功能块是以提高顺序程序的开发效率为目的而开发的一种功能。把开发顺序程序时反复使用的顺序程序回路块零件化，使得顺序程序的开发变得容易。此外，零件化后，能够防止将其运用到别的顺序程序使得顺序输入错误。

③ 宏。只要在任意的回路模式上加上名字（宏定义名）登录（宏登录）到文档，然后输入简单的命令，就能够读出登录过的回路模式，变更软元件就能够灵活利用了。

(2) 能够用各种方法和可编程控制器CPU连接

① 经由串行通信口与可编程控制器CPU连接；

② 经由USB接口与可编程控制器CPU连接；

③ 经由MELSEC NET/10（H）与可编程控制器CPU连接；

④ 经由MELSEC NET（II）与可编程控制器CPU连接；

⑤ 经由CC-Link与可编程控制器CPU连接；

⑥ 经由Ethernet与可编程控制器CPU连接；

⑦ 经由计算机接口与可编程控制器CPU连接。

(3) 丰富的调试功能

① 由于运用了梯形图逻辑测试功能，能够更加简单地进行调试作业。通过该软件可进行模拟在线调试，不需要与可编程控制器连接。

② 在帮助菜单中有CPU出错信息、特殊继电器/特殊寄存器的说明等内容，所以对于在线调试过程中发生错误，或者是程序编辑中想知道特殊继电器/特殊寄存器的内容的情况下，通过帮助菜单可非常简便地查询到相关信息。

③ 程序编辑过程中发生错误时，软件会提示错误信息或错误原因，所以能大幅度缩短程序编辑的时间。

(4) 软件适用范围不同 FX-GP/WIN-C编程软件为FX系列可编程控制器的专用编程软件，而GX Developer编程软件适用于Q系列、QnA系列、A系列（包括运动控制 SCPU)、FX 系列所有类型的可编程控制器。需要注意的是使用 FX-GP/WIN-C 编程软件编辑的程序能够在 GX Developer 中运行，但是使用 GX Developer 编程软件编辑的程序并不一定能在 FX-GP/WIN-C 编程软件中打开。

(5) 操作运行不同

① 步进梯形图命令（STL、RET）的表示方法不同。

② GX Developer 编程软件编辑中新增加了监视功能。监视功能包括回路监视、软元件同时监视、软元件登录监视机能。

③ GX Developer 编程软件编辑中新增加了诊断功能，如可编程控制器 CPU 诊断、网络诊断、CC-Link 诊断等。

④ FX-GP/WIN-C 编程软件中没有 END 命令，程序依然可以正常运行，而 GX Developer 在程序中强制插入 END 命令，否则不能运行。

5.2.2 操作界面

图 5-58 所示为 GX Developer 编程软件的操作界面，该操作界面大致由下拉菜单、工具条、编程区、工程数据列表、状态条等部分组成。这里需要特别注意的是在 FX-GP/WIN-C 编程软件里称编辑的程序为文件，而在 GX Developer 编程软件中称之为工程。

与 FX-GP/WIN-C 编程软件的操作界面相比，该软件取消了功能图、功能键，并将这两部分内容合并，作为梯形图标记工具条；新增加了工程参数列表、数据切换工具条、注释工具条等。这样友好的直观的操作界面使操作更加简便。图 5-58 中引出线所示的名称、内容说明如表 5-1 所示。

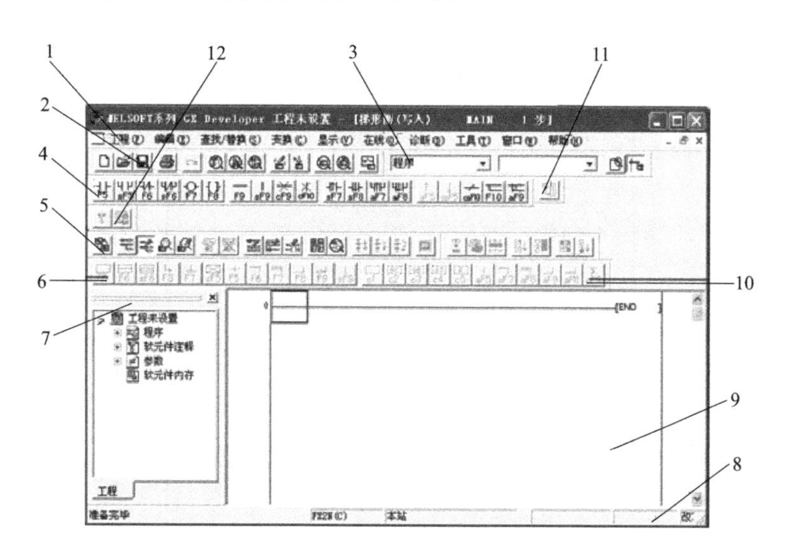

图 5-58　GX Developer 编程软件操作界面图

表 5-1 GX Developer 编程软件操作界面

序号	名称	内 容
1	下拉菜单	包含工程、编辑、查找/替换、交换、显示、在线、诊断、工具、窗口、帮助，共10个菜单
2	标准工具条	由工程菜单、编辑菜单、查找/替换菜单、在线菜单、工具菜单中常用的功能组成
3	数据切换工具条	可在程序菜单、参数、注释、编程元件内存这四个项目中切换
4	梯形图标记工具条	包含梯形图编辑所需要使用的常开触点、常闭触点、应用指令等内容
5	程序工具条	可进行梯形图模式、指令表模式的转换；进行读出模式、写入模式、监视模式、监视写入模式的转换
6	SFC工具条	可对SFC程序进行块变换、块信息设置、排序、块监视操作
7	工程参数列表	显示程序、编程元件注释、参数、编程元件内存等内容，可实现这些项目的数据的设定
8	状态栏	提示当前的操作：显示PLC类型以及当前操作状态等
9	操作编辑区	完成程序的编辑、修改、监控等的区域
10	SFC符号工具条	包含SFC程序编辑所需要使用的步、块启动步、选择合并、平行等功能键
11	编程元件内存工具条	进行编程元件的内存的设置
12	注释工具条	可进行注释范围设置或对公共/各程序的注释进行设置

5.2.3 文件管理

(1) 创建新工程 创建一个新工程的操作方法是：在菜单栏中单击“工程”→“新建工程”命令，或者按“Ctrl + N”组合键操作，或者单击常用工具栏中的工具，弹出“创建新工程”对话框，如图5-59所示。在弹出的“创建新工

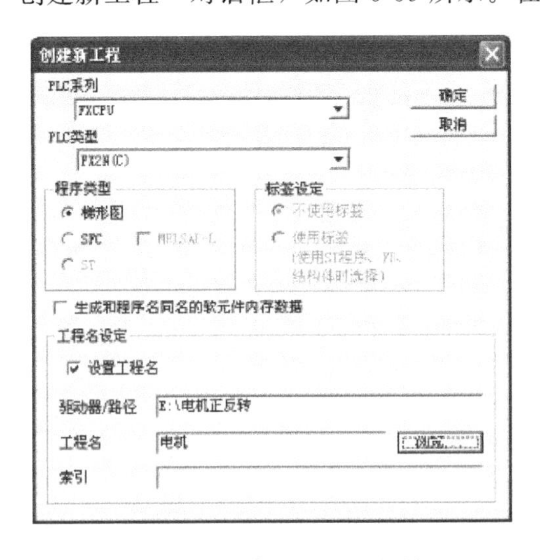

图 5-59 “创建新工程”对话框

程”对话框PLC系列、PLC类型设置栏中，选择工程用的PLC系列、类型，如PLC系列选择“FXCPU”，PLC类型选择“FX_{2N}（C）”。然后单击“确定”按钮，或者按回车键即可。单击“取消”按钮则不创建新工程。

“创建新工程”对话框下部的“设置工程名”区域用于设置工程名称。设置工程名称的操作方法是：选中“设置工程名”复选框，然后在规定的位置，设置驱动器/路径（存放工程文件的子文件夹），设置工程名，设置项目标题。

（2）打开工程　打开工程的操作方法是：在菜单栏中单击“工程”→“打开工程”命令或按“Ctrl + O”组合键，或者单击常用工具栏的按钮，弹出“打开工程”对话框，如图5-60所示。

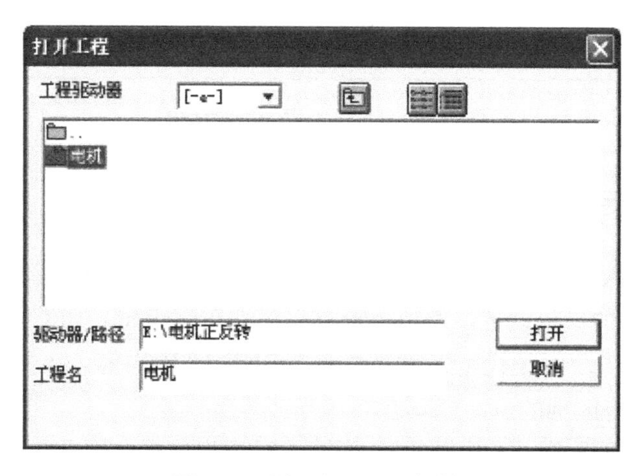

图5-60　“打开工程”对话框

在“打开工程”对话框中，选择工程项目所在的驱动器、工程存放的文件夹、工程名称，选中工程名称后，单击“打开”按钮即可。

（3）工程的保存、关闭和删除

① 保存当前工程　在菜单栏中单击“工程”→“保存”命令或者按“Ctrl+S”组合键，或者单击常用工具栏中的按钮即可。如果第一次保存，屏幕显示“另存工程为”对话框，如图5-61所示。选择工程存放的驱动器、文件夹、填写工程名称、标题，再单击“保存”按钮即可保存当前工程。

② 关闭当前工程　在菜单中单击“工程”→“关闭工程”命令，在“退出确认”对话框中单击“是”按钮，退出工程；单击“否”按钮，返回编辑窗口。

③ 删除工程　在菜单中单击“工程”→“删除工程”命令，弹出“删除工程”对话框。单击欲删除文件的文件名，按回车键，或者单击“删除”按钮；或者双击欲删除的文件名，弹出“删除确认”对话框。单击“是”按钮，确认删除工程。单击“否”按钮，返回上一对话框。单击“取消”按钮，不继续删除操作。

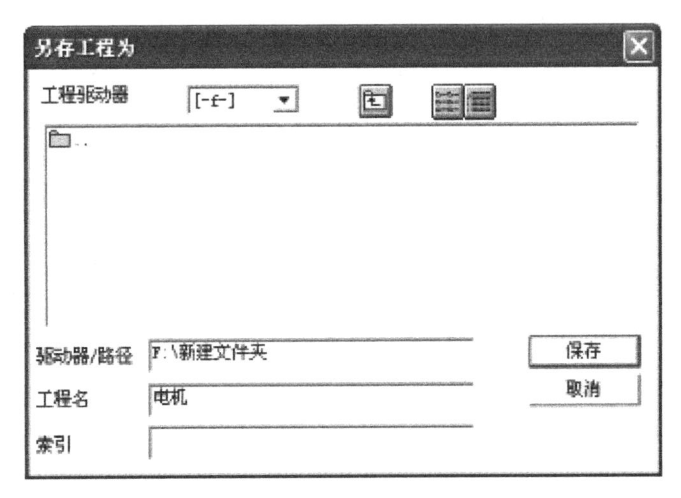

图5-61 “另存工程为”对话框

5.2.4 参数设定

(1) PLC参数设定 通常选定PLC后，在开始程序编辑前都需要根据所选择的PLC进行必要的参数设定，否则会影响程序的正常编辑。PLC的参数设定包含PLC名称设定、PLC系统设定、PLC文件设定等12项内容，不同型号的PLC需要设定的内容是有区别的。

(2) 远程密码设定 Q系列PLC能够进行远程连接，因此，为了防止因非正常的远程连接而造成恶意的程序的破坏、参数的修改等事故的发生，Q系列PLC可以设定密码，以避免类似事故的发生。通过左键双击工程数据列表中远程口令选项（见图5-62），打开远程口令设定窗口即可设定口令以及口令有效的模块。口令为4个字符，有效字符为“A～Z”“a～z”“0～9”“@”“!”“#”“$”“%”“&”“/”“*”“,”“.”“;”“〈”“〉”“?”“{”“}”“|”“[”“]”“:”“=”“””“-”“～”。这里需要注意的是，当变更连接对象时或变更PLC类型时（PLC系列变更），远程密码将失效。

5.2.5 梯形图编辑

梯形图在编辑时的基本操作步骤和操作的含义与FX-GP/WIN-C编程软件类似，但在操作界面和软件的整体功能方面有了很大的提高。在使用GX Developer编程软件进行梯形图基本功能操作时，可以参考FX-GP/WIN-C编程软件的操作步骤进行编辑。

(1) 梯形图的创建 功能：该操作主要是执行梯形图的创建和输入操作，可以通过工具按钮创建梯形图，操作方法参见三菱公司相关技术资料。

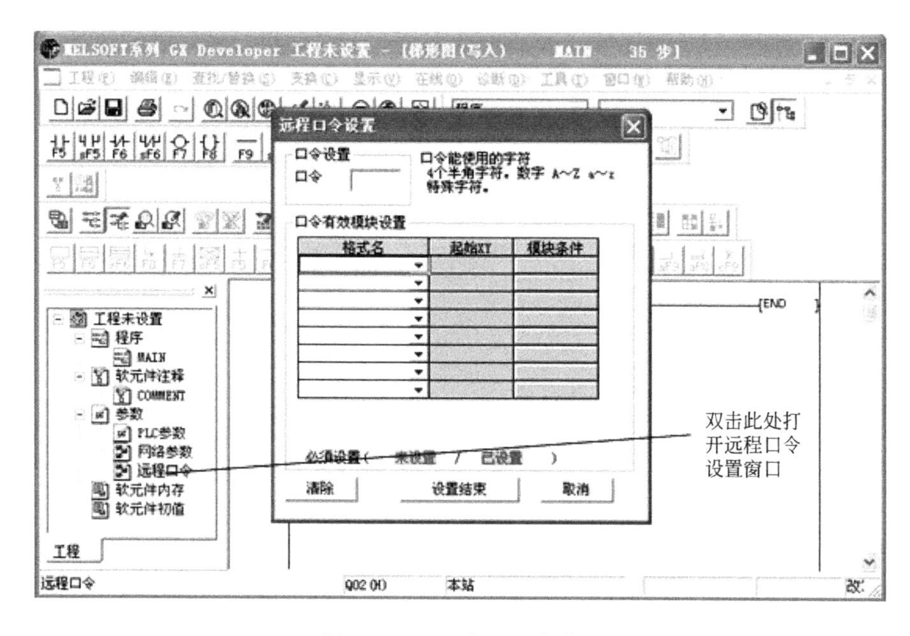

图 5-62　远程密码设定窗口

（2）规则线操作

① 规则线插入

a. 功能：该指令用于插入规则线。

b. 操作步骤：单击“划线写入”或按“F10”，如图 5-63 所示。将光标移至梯形图中需要插入规则线的位置。按住鼠标左键并移动到规则线终止位置。

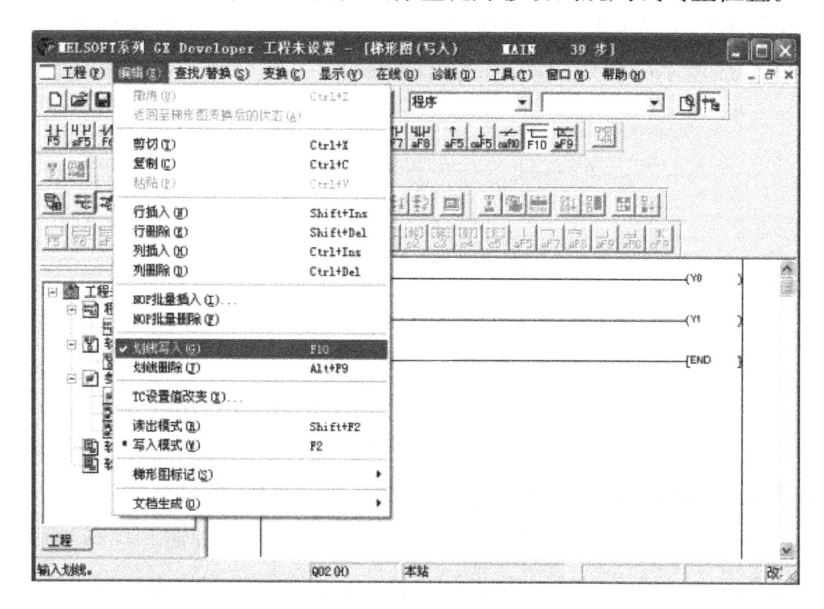

图 5-63　规则线插入操作说明

② 规则线删除

a. 功能：该指令用于删除规则线。

b. 操作步骤：“划线写入”或按“F9”，如图 5-64 所示。将光标移至梯形图中需要删除规则线的位置。按住鼠标左键并移动到规则线终止位置。

图 5-64 规则线删除操作说明

(3) 梯形图程序的编制 下面通过一个具体的实例，用 GX 编程软件在计算机上编制如图 5-65 所示的梯形图程序的操作步骤。

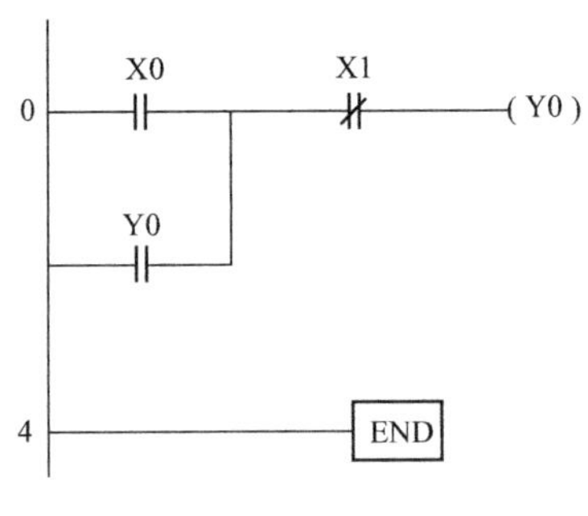

图 5-65 梯形图

在用计算机编制梯形图程序之前，首先单击图 5-66 程序编制画面中的按钮或按“F2”键，使其为写模式，然后单击图 5-66 中按钮，选择梯形图显示，即程序在编辑区中以梯形图的形式显示。下一步是选择当前编辑区域，选中的当前编辑区域为蓝色方框。

梯形图的绘制有两种方法。一种是用键盘操作，即通过键盘输入完整的指令，如图5-66中输入L→D→空格→X→0→按“Enter”键，则X0的常开触点就在编辑区域中显示出来，然后再输入ANI X1、OUT Y0、OR Y0，即绘制出如图5-67所示的图形。梯形图程序编制完后，在写入PLC之前，必须进行变换，单击图5-67中“变换”菜单下的“变换”命令，或直接按“F4”键完成变换，此时编辑区不再是灰色状态，可以存盘或传送。

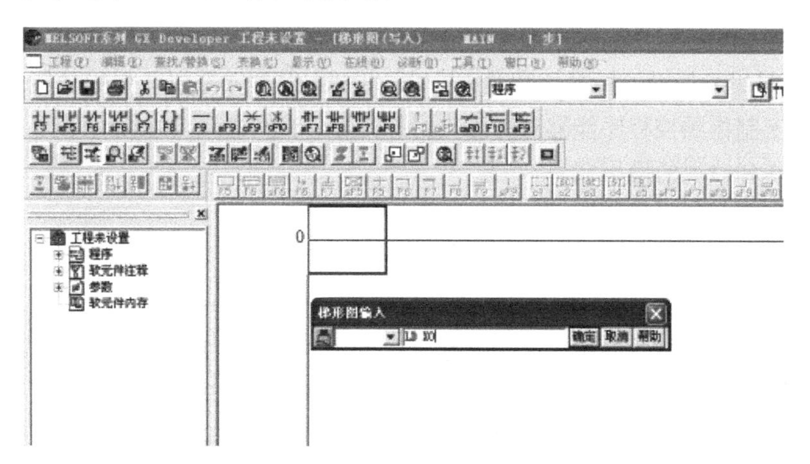

图5-66　程序编制画面

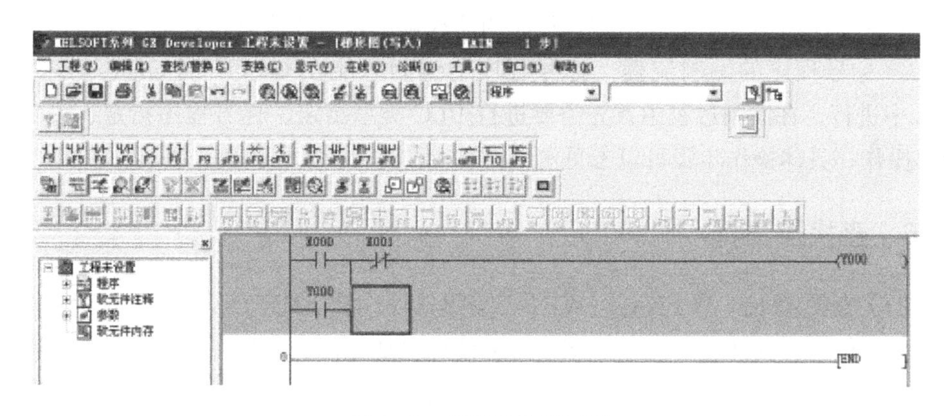

图5-67　程序变换前画面

另一种方法是用鼠标和键盘操作，即用鼠标选择工具栏中的图形符号，再键入其软元件和软元件号，输入完毕按“Enter”键即可。如图5-68所示的有定时器、计数器线圈及功能指令的梯形图。如用键盘操作，则在图5-67中输入L→D→空格→X→0→按“Enter”；输入OUT→空格→T0→空格→K100→按“Enter”；输入OUT→空格→C0→空格→K6→按“Enter”，然后输入MOV→空格→K20→空格→D10→按“Enter”。如用鼠标和键盘操作，则选择所对应的图形符号，再键入软元件及软元件编号，再按“Enter”键，依次完成所有指令的输入。

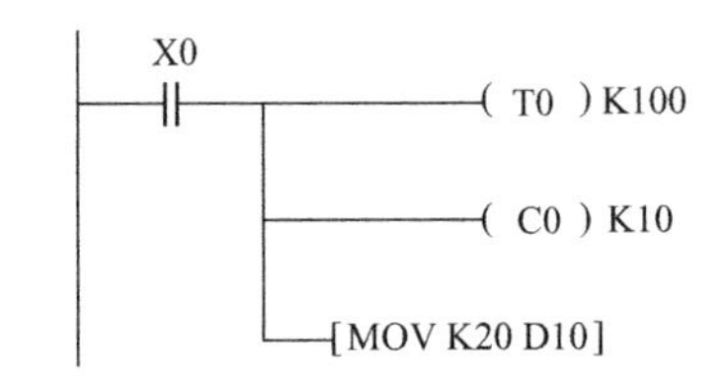

图 5-68 用鼠标和键盘操作的画面

（4）标号程序

① 标号编程简介 标号编程是 GX Developer 编程软件中新添的功能。通过标号编程用宏制作顺控程序能够对程序实行标准化，此外能够与实际的程序同样地进行回路制作和监视的操作。

标号编程与普通的编程方法相比主要有以下几个优点：

a. 可根据机器的构成方便地改变其编程元件的配置，从而能够简单地被其他程序使用。

b. 即使不明白机器的构成，通过标号也能够编程，当决定了机器的构成以后，通过合理配置标号和实际的编程元件就能够简单地生成程序。

c. 只要指定标号分配方法就可以不用在意编程元件/编程元件号码，只用编译操作来自动地分配编程元件。

d. 因为使用标号名就能够实行程序的监控调试，所以能够高效率地实行监视。

② 标号程序的编制流程 标号程序的编制只能在 QCPU 或 QnACPU 系列 PLC 中进行，在编制过程中首先需要进行 PLC 类型指定、标号程序指定、设定变量等操作，具体操作步骤可以参见图 5-69。

5.2.6 查找及注释

（1）查找/替代 与 FX-GP/WIN-C 编程软件一样，GX Developer 编程软件也为用户提供了查找功能，相比之下后者的使用更加方便。选择查找功能时可以通过以下两种方式来实现（见图 5-70）：通过点选“查找/替代”下拉菜单选择查找指令；在编辑区单击鼠标右键弹出的快捷工具栏中选择查找指令。

此外，该软件还新增了替代功能根据替代功能，这为程序的编辑、修改提供了极大的便利。因为查找功能与 FX-GP/WIN-C 编程软件的查找功能基本一致，所以，这里着重介绍一下替换功能的使用。

查找/替换菜单中的替换功能根据替换对象不同，可分为编程元件替换、指令替换、常开常闭触点互换、字符串替换等。下面介绍常用的几个替换功能。

① 编程元件替换

a. 功能：通过该指令的操作可以用一个或连续几个元件把旧元件替换掉，在

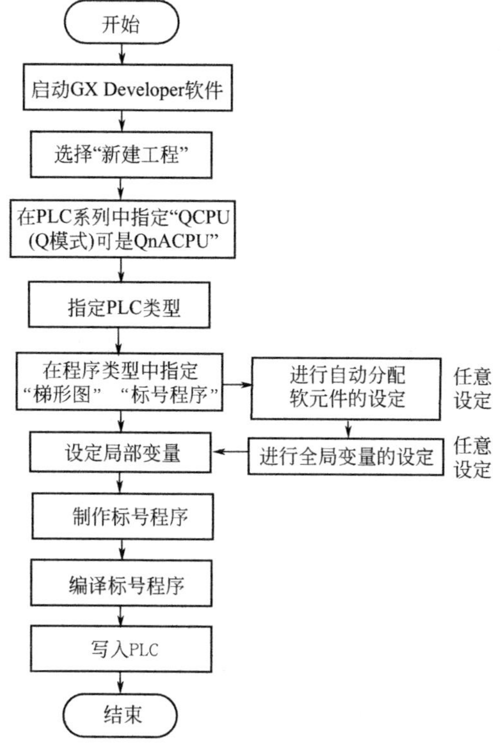

图 5-69　标号程序编制流程

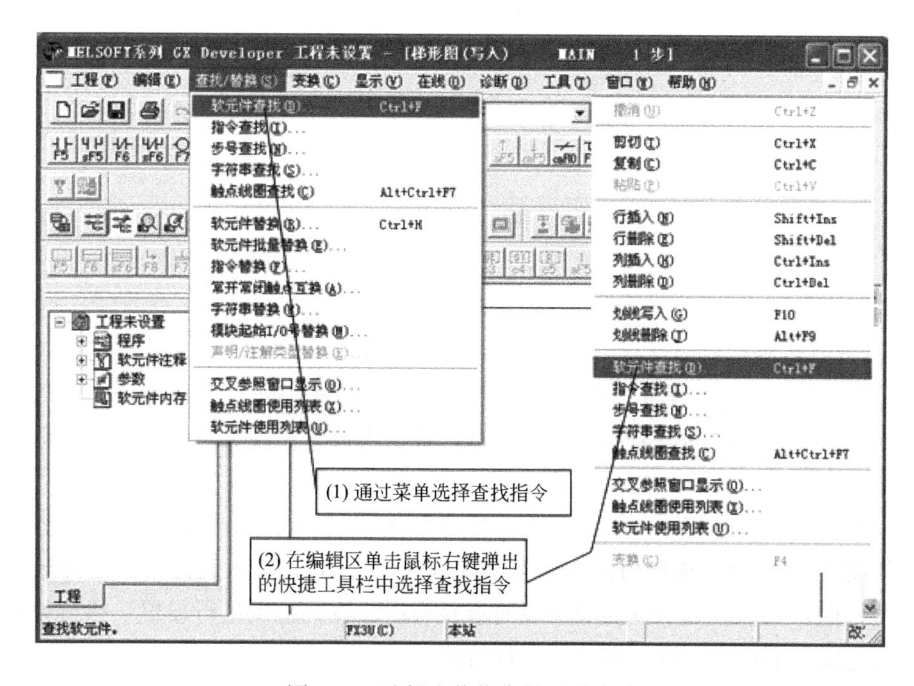

图 5-70　选择查找指令的两种方式

实际操作过程中，可根据用户的需要或操作习惯对替换点数、查找方向等进行设定，方便使用者操作。

b. 操作步骤：选择“查找/替换”菜单中编程元件替换功能，并显示编程元件替换窗口，如图5-71所示。在旧元件一栏中输入将被替换的元件名。在新元件一栏中输入新的元件名。根据需要可以对查找方向、替换点数、数据类型等进行设置。执行替换操作，可完成全部替换、逐个替换、选择替换。

[举例说明] 当在旧元件一栏中输入“X002”，在新元件一栏中输入“M10”且“替换点数”设定为“3”时，执行该操作的结果是：“X002”替换为“M10”；“X003”替换为“M11”；“X004”替换为“M12”。此外，设定替换点数时可选择输入的数据为十进制或十六进制的。

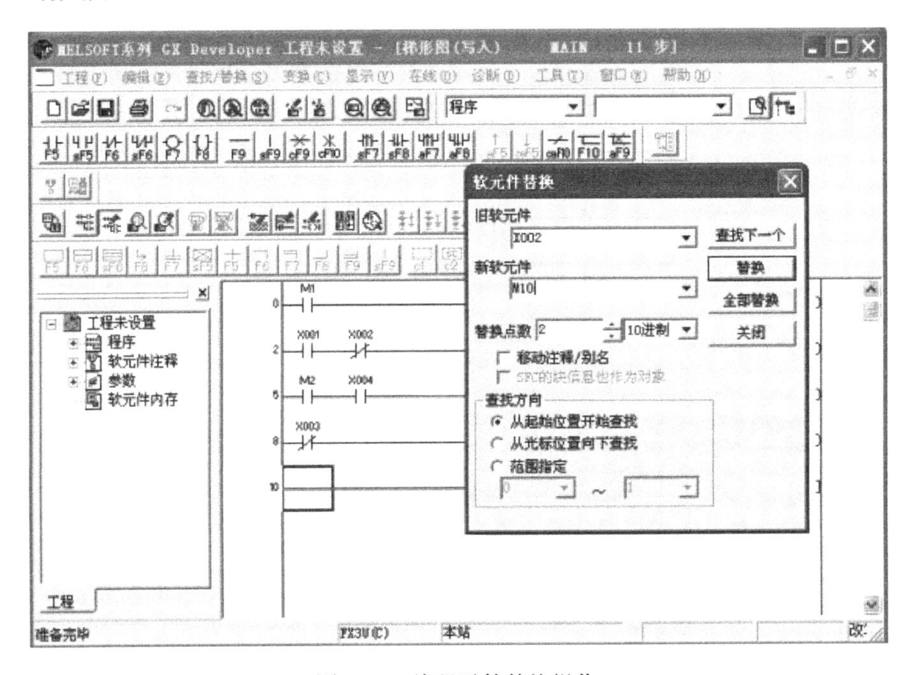

图5-71 编程元件替换操作

② 指令替换

a. 功能：通过该指令的操作可以将一个新的指令把旧指令替换掉，在实际操作过程中，可根据用户的需要或操作习惯进行替换类型、查找方向的设定，方便使用者操作。

b. 操作步骤：选择“查找/替换”菜单中指令替换功能，并显示指令替换窗口，如图5-72所示。选择旧指令的类型（常开、常闭），输入元件名。选择新指令的类型，输入元件名。根据需要可以对查找方向、查找范围进行设置。执行替换操作，可完成全部替换、逐个替换、选择替换。

③ 常开常闭触点互换

a. 功能：通过该指令的操作可以将一个或连续若干个编程元件的常开、常闭触点进行互换，该操作为编程的修改、编程程序提供了极大的方便，避免因遗漏导致个别编程元件未能修改而产生的错误。

b. 操作步骤：选择“查找/替换”菜单中常开常闭触点互换功能，并显示互换窗口，如图 5-73 所示。

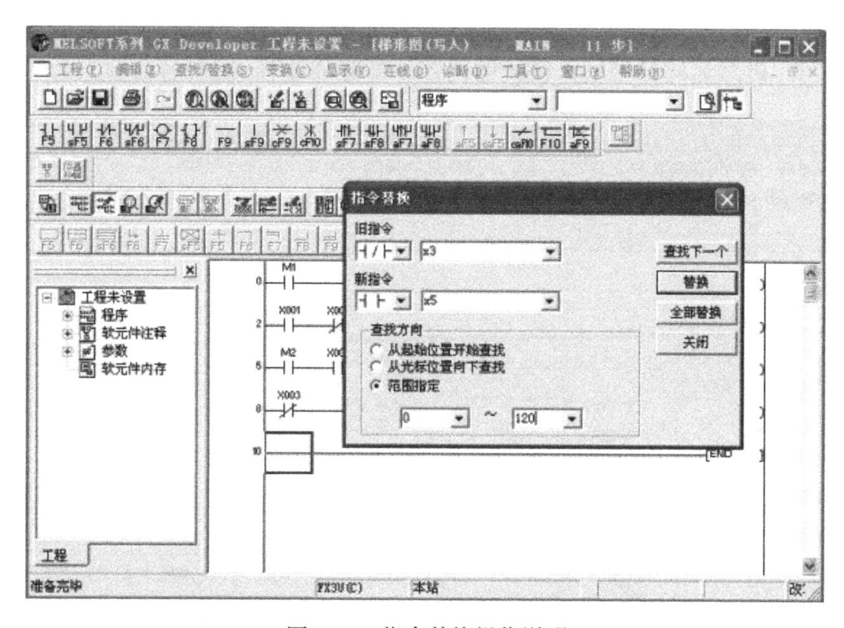

图 5-72　指令替换操作说明

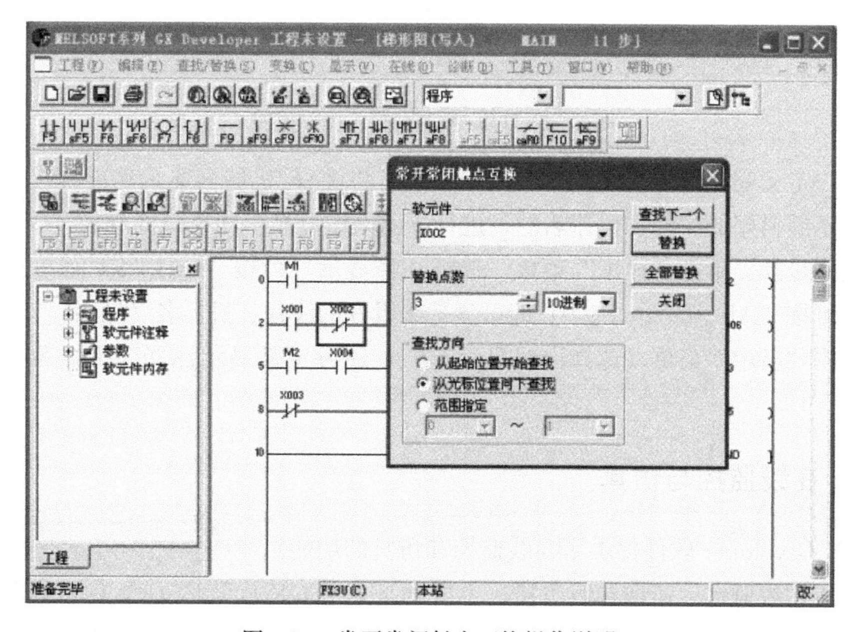

图 5-73　常开常闭触点互换操作说明

（2）注释/机器名 在梯形图中引入注释/机器名后，使用户可以更加直观地了解各编程元件在程序中所起的作用。下面介绍怎样编辑元件的注释以及机器名。

操作步骤：单击“显示”菜单，选择工程数据列表，并打开工程数据列表。也可按“Alt+O”键打开、关闭工程数据列表（见图5-74）。在工程数据列表中单击“软件元件注释”选项，显示“COMMENT”（注释）选项，双击该选项。

在软元件名一栏中输入要编辑的元件名，单击“显示”键，画面就显示编辑对象。在注释/机器名栏目中输入欲说明内容，即完成注释/机器名的输入。

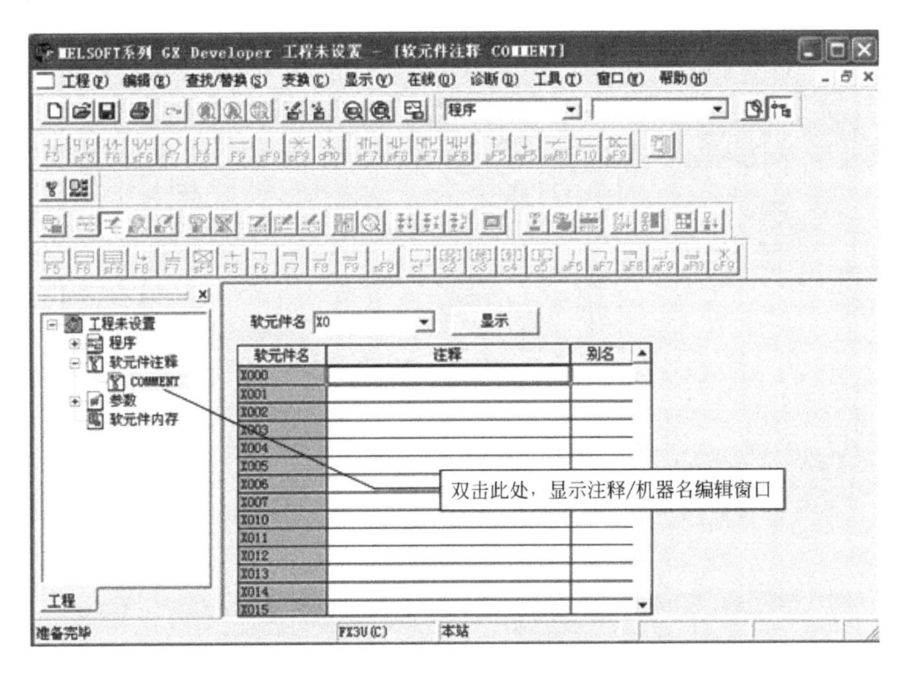

图5-74 注释/机器名输入操作说明

用户定义完软件注释和机器名，如果没有将注释/机器名显示功能开启，软件是不显示编辑好的注释和机器名的，进行下面操作可显示注释和机器名。

操作步骤：单击“显示”菜单，选择注释显示（可按“Ctrl+F5”）、机器名显示（可按“Alt+Ctrl+F6”）即可显示编辑好的注释、机器名（见图5-75）。

单击“显示”菜单，选择注释显示形式，还可定义显示注释、机器名字体的大小。

5.2.7 在线监控与仿真

GX Developer软件提供了在线监控和仿真的功能。

（1）在线监控 所谓在线监控，主要就是通过GX Developer软件对当前各个编程元件的运行状态和当前性质进行监控，GX Developer软件的在线监控功能与

FX-GP/WIN-C编程软件的功能和操作方式基本相同，但操作界面有所差异。

① 梯形图监控　梯形图监控，依次单击“在线”→“监视”→“监视开始（全画面）”，弹出梯形图监视窗口，如图5-76所示。

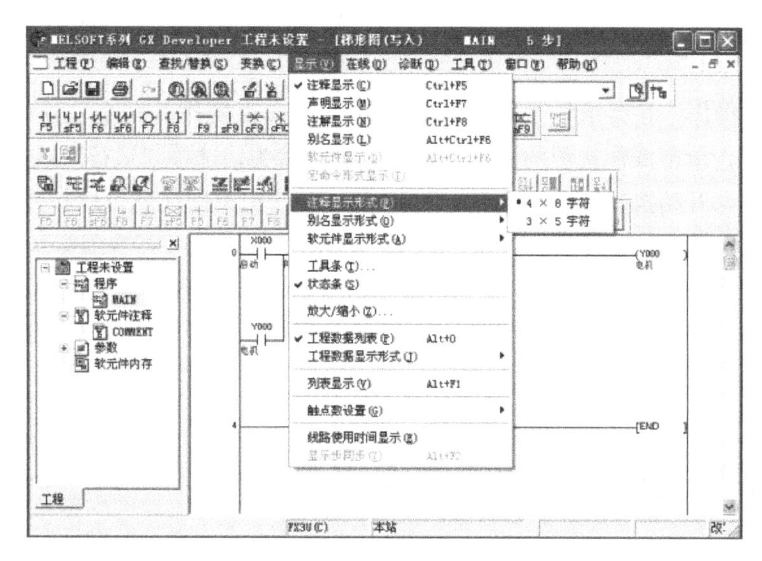

图5-75　注释/机器名显示操作说明

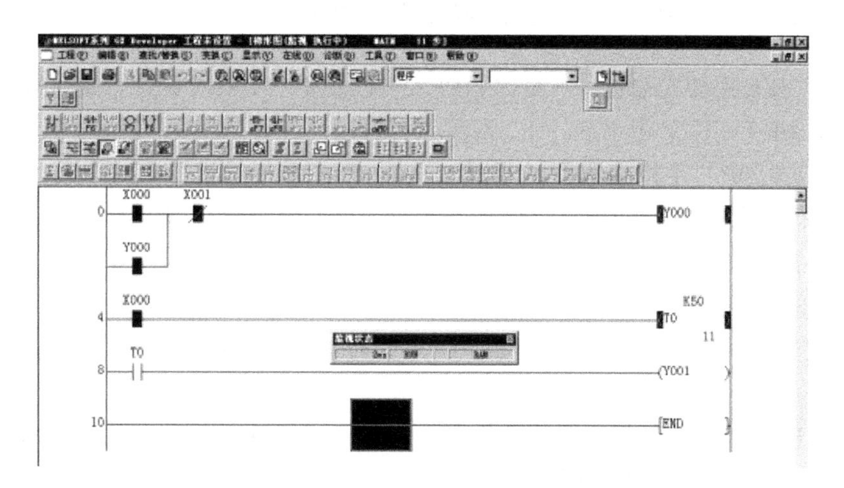

图5-76　梯形图监控窗口

开始进行程序监视后，窗口中触点为蓝色表示触点闭合；线圈括号为蓝色，表示线圈得电；定时器、计数器设定值显示在其上部，当前值显示在下部。停止监视，可以依次单击“在线”→“监视”→“监视停止（全画面）”即可。

② 元件测控

a. 强制元件ON / OFF　依次单击“在线”→“调试”→“软元件测试”，弹出“软元件测试”对话框。在位设备的设备输入框中输入位元件的符号和地址号，然后单击强制 ON 或强制 OFF 命令按钮，分别强制该元件 ON 或 OFF。

b. 改变当前监视　依次单击“在线”→“监视”→“当前值监视切换（十进制）”菜单命令，字元件当前值以十进制显示数值。单击“在线”→“监视”→“当前值监视切换（十六进制）”菜单命令，字元件当前值以十六进制显示数值。

c. 远程操作　在菜单栏中单击“在线”→“远程操作”命令，弹出“远程操作”对话框，单击操作选项的下拉文本框右边▼箭头，选择“运行”或“停止”选项，再单击“开始执行”命令按钮，根据提示进行相关操作就可以控制 PLC 的运行与停止。

（2）仿真　在 GX Developer 7-C 软件中增添了 PLC 程序的离线调试功能，即仿真功能。通过该软件可以实现在没有 PLC 的情况下照样运行 PLC 程序，并实现程序的在线监控和时序图的仿真功能。

5.3 FX-20P-E型手持编程器

5.3.1 FX-20P-E 手持编程器的组成与面板布置

FX-20P-E 手持式编程器（简称 HPP）可以用于 FX 系列 PLC，也可以通过转换器 FX-20P-E-FKIT 用于 F1、F2 系列 PLC。

（1）FX-20P-E 手持编程器的组成　FX-20P-E 手持编程器由液晶显示屏（16 字符×4 行，带后照明）、ROM 写入器接口、存储器卡盒接口，及功能键、指令键、元件符号键、数字键等 5×7 键盘组成。

FX-20P-E 手持编程器配有专用电缆 FX-20P-CAB 与 PLC 主机相连。系统存储卡盒用于存放系统软件。其他如 ROM 写入器模块、PLC 存储器卡盒等为选用件。

（2）FX-20P-E 手持编程器的面板布置　FX-20P-E 手持编程器的操作面板如图 5-77 所示。键盘上各键的作用说明如下：

① 功能键：［RD/WR］，读出/写入；［INS/DEL］，插入/删除；［MNT/TEST］，监视/测试。各功能键交替起作用：按一次时选择第一个功能；再按一次，选择第二个功能。

② 其他键［OTHER］。在任何状态下按此键，显示方式菜单。安装 ROM 写入模块时，在脱机方式菜单上进行项目选择。

③ 清除键［CLEAR］。如在按［GO］键之前（确认前）按此键，则清除键入的数据。此键也可以用于清除显示屏上的出错信息或恢复原有的画面。

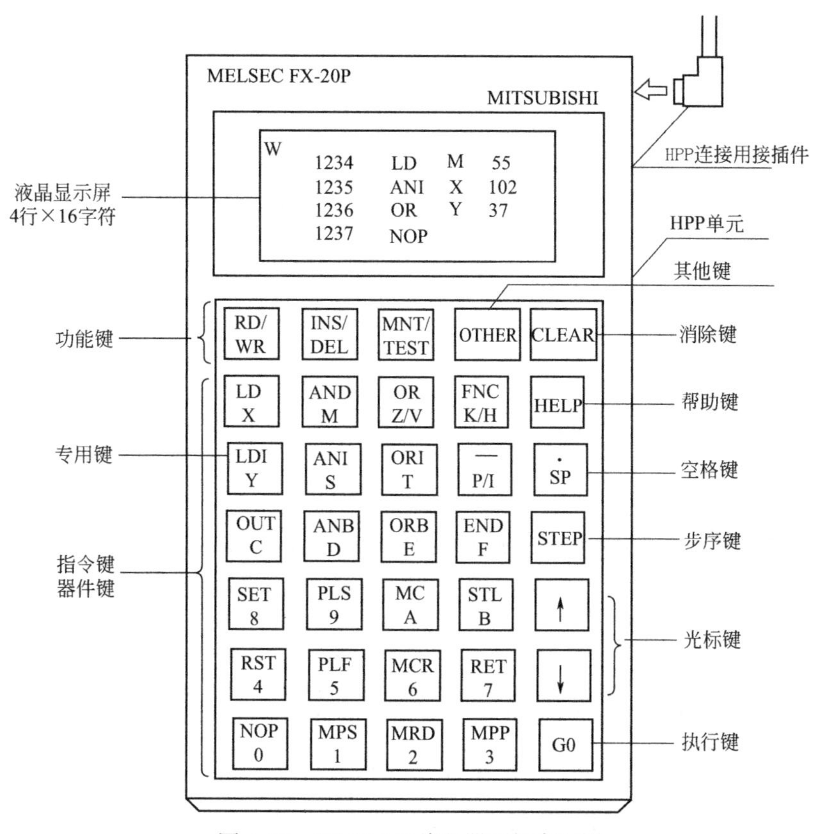

图 5-77　FX-20P-E 编程器面板布置图

④ 帮助键［HELP］。显示应用指令一览表。在监视时，进行十进制数和十六进制数的转换。

⑤ 空格键［SP］。在输入时，用此键指定元件号和常数。

⑥ 步长键［STEP］。用此键设定步序号。

⑦ 光标键［↑］、［↓］。用此键移动光标和提示符，指定当前元件的前一个或后一个元件，作行滚动。

⑧ 执行键［GO］。此键用于指令的确认、执行，显示后面的画面（滚动）和再搜索。

⑨ 指令、元件符号和数字键。上部为指令，下部为元件符号或数字。上、下部的功能是根据当前所执行的操作自动进行切换。下部的元件符号［Z/V］、［K/H］和［P/I］交替起作用。

指令键共 26 个，操作起来方便、直观。

(3) FX-20P-E 手持编程器的液晶显示屏　FX-20P-E 手持编程器的液晶显示屏能同时显示 4 行，每行 16 个字符，在操作时，显示屏上显示的画面如图 5-78 所示。

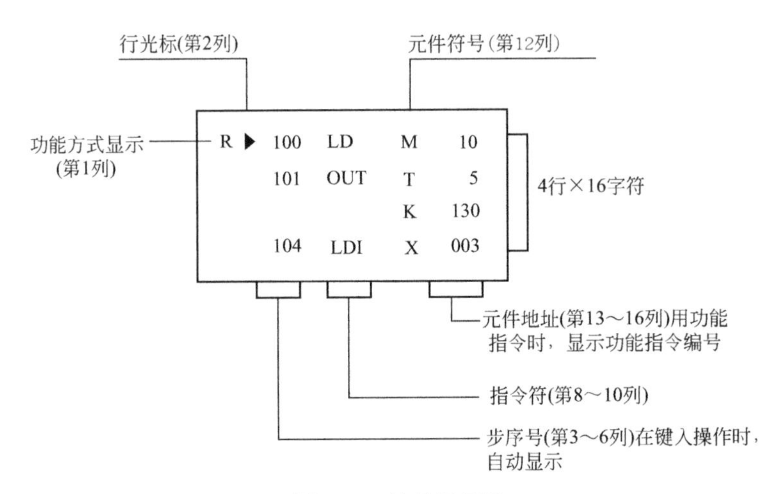

图 5-78 液晶显示屏

液晶显示屏左上角的黑三角提示符是功能方式说明，介绍如下：R（Read）：读出；W（Write）：写入；I（Insert）：插入；D（Delete）：删除；M（Monitor）：监视；T（Test）：测试。

5.3.2 FX-20P-E 手持编程器工作方式选择

FX-20P-E 手持编程器具有在线（ONLINE，或称联机）编程和离线（OFF-LINE，或称脱机）编程两种方式。在线编程时编程器与 PLC 直接相连，编程器直接对 PLC 用户程序存储器进行读写操作。若 PLC 内装有 EEPROM 卡盒，程序写入该卡盒，若没有 EEPROM 卡盒，程序写入 PLC 内的 RAM 中。在离线编程时，编制的程序首先写入编程器内的 RAM 中，以后再成批传入 PLC 的存储器。FX-20P-E 手持编程器上电后，其液晶显示屏上显示的内容如图 5-79 所示。

```
PROGRAM    MODE
■ONLINE    (PC)
 OFFLINE   (HPP)
```

图 5-79 工作方式选择

其中闪烁的符号“■”指明编程器目前所处的工作方式。用“↑”或“↓”键将“■”移动到选中的方式上，然后按“GO”键，就进入所选定的编程方式。

在联机方式下，用户可用编程器直接对 PLC 的用户程序存储器进行读/写操作，在执行写操作时，若 PLC 内没有安装 EEPROM 存储器卡盒，程序写入 PLC 的 RAM 存储器内；反之则写入 EEPROM 中，此时，EEPROM 存储器的写保护开关必须处于“OFF”位置。只有用 FX-20P-RWM 型 ROM 写入器才能将用户程序写入EPROM。按“OTHER”键，进入工作方式选择的操作。此时，液晶显示屏显示的内容如图5-80所示。

ONLINE　MODE　FX
■1. OFFLINE　MODE
2. PROGRAM　CHECK
3. DATA　TRANSFER

图5-80　液晶显示屏

闪烁的符号“■”表示编程器所选择的工作方式，按“↑”或“↓”键，将“■”上移或下移到所需的位置，再按“GO”键，就进入选定的工作方式。在联机编程方式下，可供选择的工作方式共有七种，分别是：

① OFFLINE MODE（脱机方式）：进入脱机编程方式。

② PROGRAM CHECK：程序检查，若无错误，显示“NO ERROR”；若有错误，显示出错误指令的步序号及出错代码。

③ DATA TRANSFER：数据传送，若PLC内安装有存储器卡盒，在PLC的RAM和外装的存储器之间进行程序和参数的传送。反之则显示“NO MEM CASSETTE”（没有存储器卡盒），不进行传送。

④ PARAMETER：对PLC的用户程序存储器容量进行设置，还可以对各种具有断电保持功能的编程元件的范围以及文件寄存器的数量进行设置。

⑤ XYM.. NO. CONV.：修改X、Y、M的元件号。

⑥ BUZZER LEVEL：蜂鸣器的音量调节。

⑦ LATCH CLEAR：复位有断电保持功能的编程元件。

对文件寄存器的复位与它使用的存储器类别有关，只能对RAM和写保护开关处于OFF位置的EEPROM中的文件寄存器复位。在写入程序之前，一般需要将存储器中的原有内容全部清除，具体操作按图5-80进行。

5.3.3　指令的读出

（1）根据步序号读出　基本操作如图5-81所示，先按“RD/WR”键，使编程器处于R（读）工作方式，如果需读出步序号为100的指令，按图5-81顺序操作，该步指令就显示在屏幕上。

若还需要显示该指令之前或之后的其他命令，可以按“↑”“↓”或“GO”键。按“↑”“↓”键可显示上一条或下一条指令；按“GO”键可以显示下面四条指令。

（2）根据指令读出　基本操作如图5-82所示，先按“RD/WR”键，使编程器处于R（读）工作方式，然后根据图5-82所示的操作步骤依次按相应的键，该指令就显示在屏幕上。

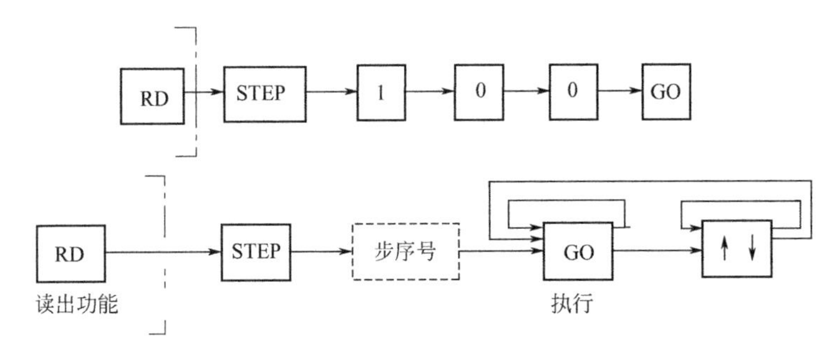

图 5-81 根据步序号读出的基本操作

例如：指定指令 LD X0，从 PLC 中读出该指令。

按“RD/WR”键，使编程器处于 R（读）工作方式，然后按图 5-82 步骤操作。

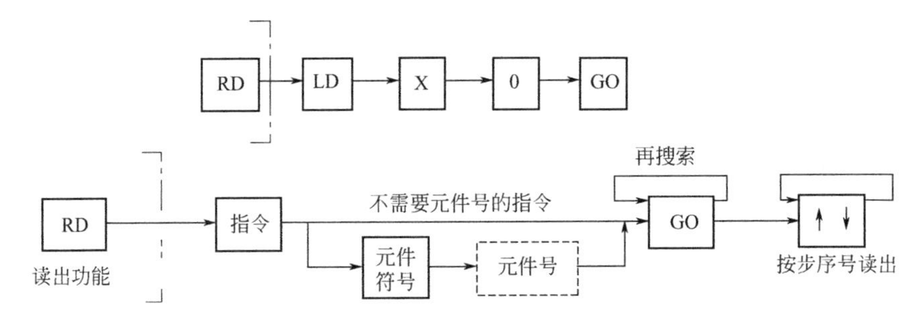

图 5-82 根据指令读出的基本操作

按“GO”键后屏幕上显示出指定的指令和步序号。再按“GO”键，屏幕上显示下一条相同指令及步序号。如果用户程序中没有该指令，在屏幕的最后一行显示“NOT FOUND”。按“↑”或“↓”键可读出上一条或下一条指令。按“CLEAR”键，屏幕上显示原来的内容。

(3) 根据元件读出 先按“RD/WR”键，使编程器处于 R（读）工作方式，在 R（读）工作方式下读出含有 X0 指令的基本操作如图 5-83 所示。

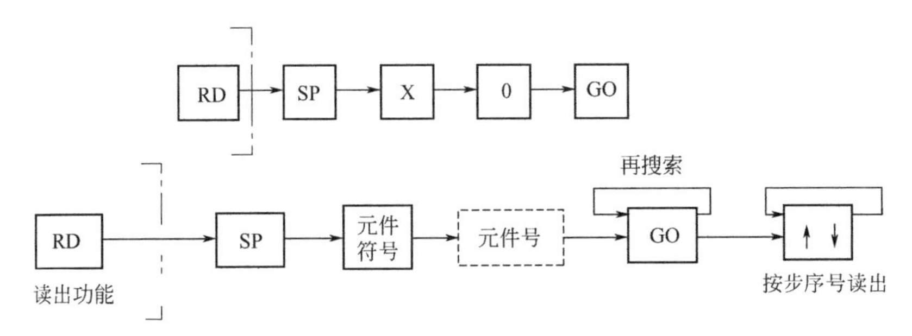

图 5-83 根据元件读出的基本操作

(4) 根据指针读出 在 R（读）工作方式下读出 10 号指针的基本操作如

图 5-84 所示。

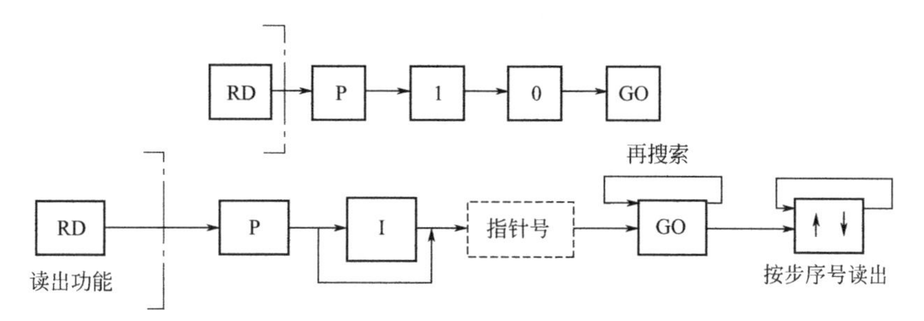

图 5-84　根据指针读出的基本操作

屏幕上将显示指针 P10 及其步序号。读出中断程序用的指针时，应连续按两次“P/I”键。

5.3.4　指令的写入

按“RD/WR”键，使编程器处于写（W）工作方式，然后根据该指令所在的步序号，按“STEP”键后键入相应的步序号，接着按键“GO”，使“▶”移动到指定的步序号，此时，可以开始写入指令。如果需要修改刚写入的指令，在未按“GO”键之前，按下“CLEAR”键，刚键入的操作码或操作数被清除。按了“GO”键之后，可按“↑”键，回到刚写入的指令，再作修改。

(1) 基本指令的写入　写入 LD X0 时，先使编程器处于写（W）工作方式，将光标“▶”移动到指定的步序号位置，然后按图 5-85 按键操作。

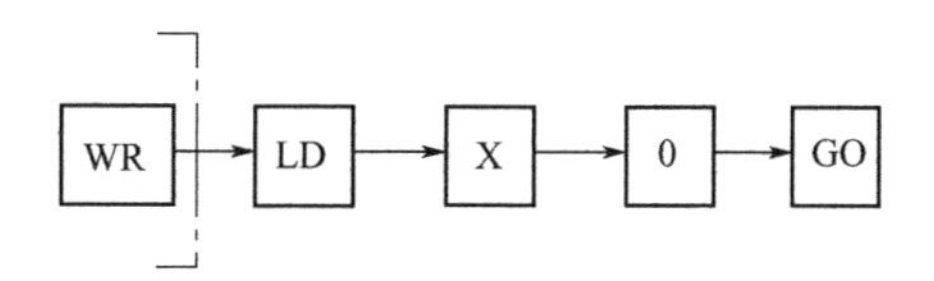

图 5-85　基本指令写入操作

写入 LDP、ANP、ORP 指令时，在按指令键后还要按“P/I”键。写入 LDF、ANF、ORF 指令时，在按指令键后还要按“F”键。写入 INV 指令时，按“NOP”“P/I”和“GO”键。

(2) 应用指令的写入　基本操作如图 5-86 所示，按“RD/WR”键，使编程器处于写（W）工作方式，将光标“▶”移动到指定的步序号位置，然后按“FNC”键，接着按该应用指令的指令代码对应的数字键，然后按“SP”键，再按相应的操作数。如果操作数不止一个，每次键入操作数之前，先按一下“SP”键，键入所有的操作数后，再按“GO”键，该指令就被写入 PLC 的存储器内。如果操作数为双字，按“FNC”键后，再按“D”键；如果是脉冲执行方式，在键入编程代码的数字键后，接着再按“P”键。

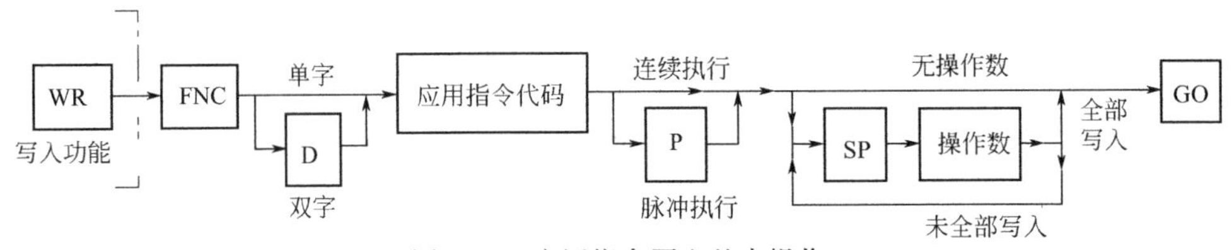

图 5-86　应用指令写入基本操作

例如：写入数据传送指令 MOV D0 D4，MOV 指令的应用指令编号为 12，写入操作步骤如图 5-87 所示。

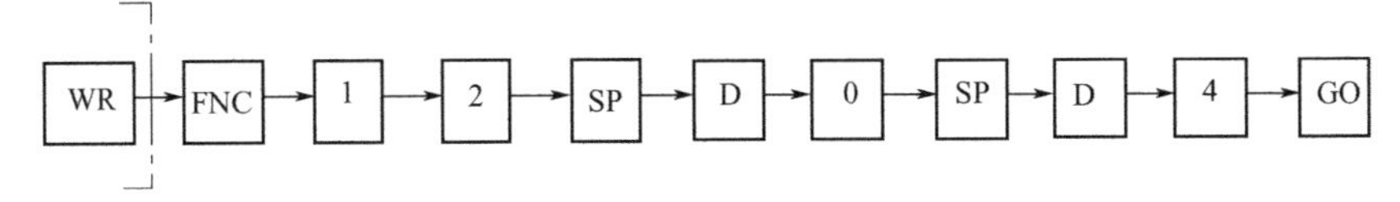

图 5-87　应用指令写入操作实例

例如：写入数据传送指令（D）MOV（P）D0 D4，操作步骤如图 5-88 所示。

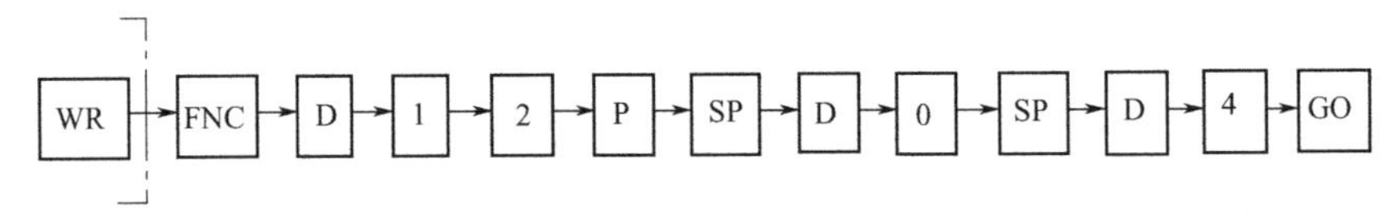

图 5-88　应用指令写入操作实例

（3）指针的写入　写入指针的基本操作如图 5-89 所示。如写入中断用的指针，应连续按两次“P/I”键。

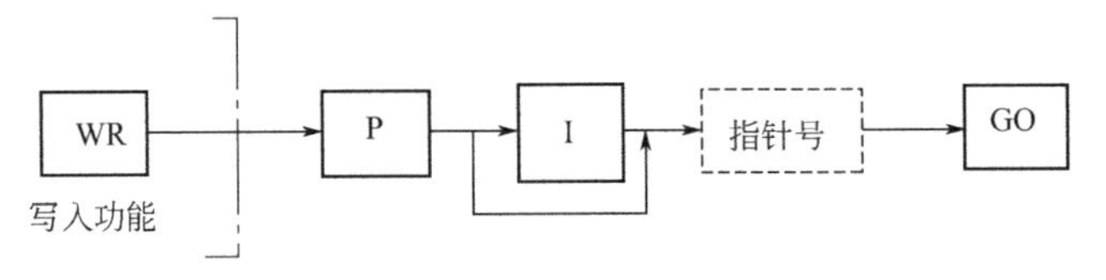

图 5-89　指针写入操作

5.3.5　指令的修改

在指定的步序上改写指令。例如：在 100 步上写入指令 OUT T50 K123。根据步序号读出原指令后，按“RD/WR”键，使编程器处于写（W）工作方式，然后按图 5-90 操作步骤按键。

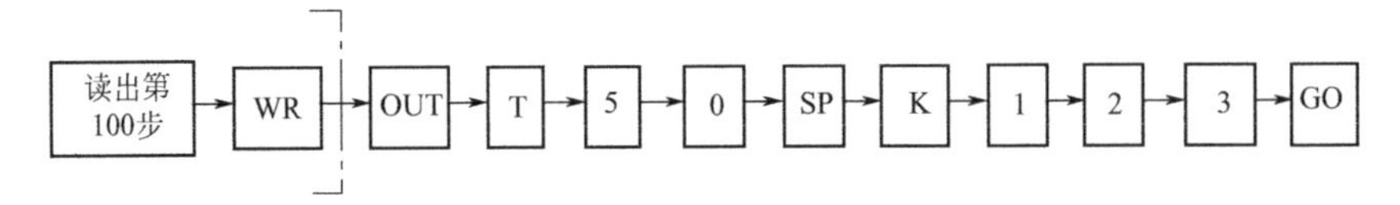

图 5-90　指令修改操作实例

如果要修改应用指令中的操作数，读出该指令后，将光标“▶”移到欲修改的操作数所在的行，然后修改该行的参数。

5.3.6　指令的插入

如果需要在某条指令之前插入一条指令，按照前述指令读出的方法，先将某条指令显示在屏幕上，令光标“▶”指向该指令。然后按“INS/DEL”键，使编程器处于I（插入）工作方式，再按照指令写入的方法，将该指令写入，按“GO”键后写入的指令插在原指令之前，后面的指令依次向后推移。

例如：在200步之前插入指令AND M5，在插入（I）工作方式下首先读出200步的指令，然后按图5-91操作步骤按键。

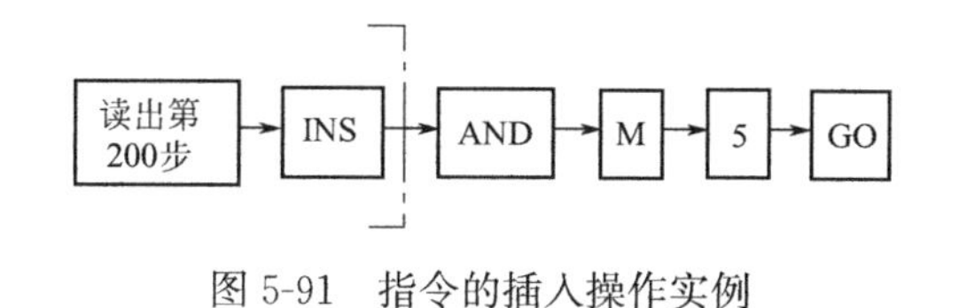

图5-91　指令的插入操作实例

5.3.7　指令的删除

（1）逐条指令删除　如果需要将某条指令或某个指针删除，按照指令读出的方法，先将该指令或指针显示在屏幕上，令光标“▶”指向该指令。然后按“INS/DEL”键，使编程器处于D（删除）工作方式，再按“GO”键，该指令或指针即被删除。

（2）指定范围指令删除　按“INS/DEL”键，使编程器处于D（删除）工作方式，然后按图5-92操作步骤按键，该范围的指令即被删除。

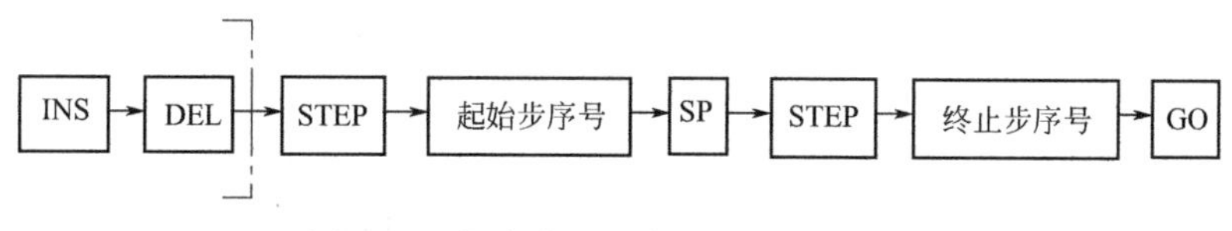

图5-92　指定范围指令的删除基本操作

（3）NOP指令的成批删除　按“INS/DEL”键，使编程器处于D（删除）工作方式，依次按“NOP”和“GO”键，执行完毕后，用户程序中间的NOP指令被全部删除。

5.3.8　对PLC编程元件与基本指令通/断状态的监视

监视功能是通过编程器的显示屏监视和确认在联机工作方式下PLC的动作和控制状态，它包括元件的监视、通/断检查和动作状态的监视等内容。

基本操作如图 5-93 所示，由于 FX_{2N}、FX_{2NC} 有 16 个变址寄存器 Z0～Z7 和 V0～V7，因此如果采用 FX_{2N}、FX_{2NC} 系列 PLC 应给出变址寄存器的元件号。以监视辅助继电器 M153 的状态为例，先按“MNT/TEST”键，使编程器处于 M（监视）工作方式，然后按 5-93 所示步骤按键。

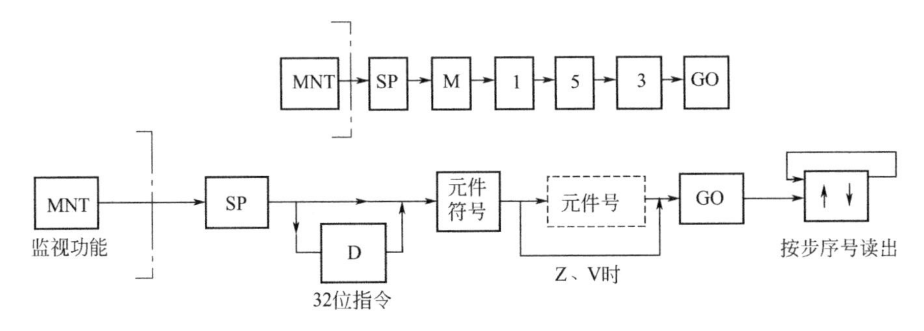

图 5-93 元件监视的基本操作

5.3.9 对编程元件的测试

测试功能是由编程器对 PLC 位元件的触点和线圈进行强制 ON/OFF 以及常数的修改。它包括强制 ON/OFF，修改 T、C、D、V、Z 的当前值，文件寄存器的写入等内容。

（1）位编程元件强制 ON/OFF 进行元件的强制 ON/OFF 的监控，先进行元件的监视，然后进行测试功能。基本操作如图 5-94 所示。

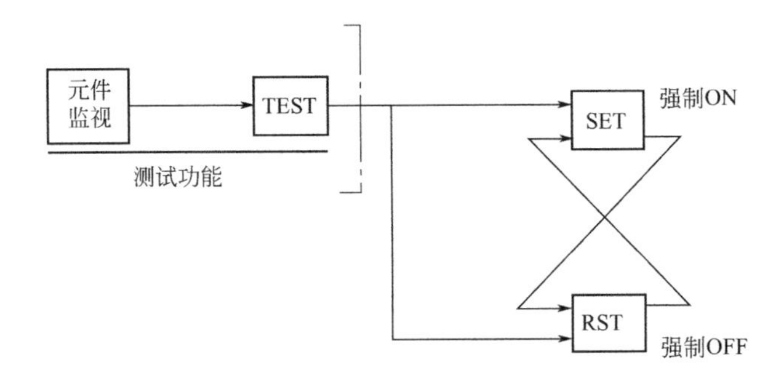

图 5-94 强制 ON/OFF 的基本操作

例如，对 Y100 进行 ON/OFF 强制操作的键操作如图 5-95 所示。

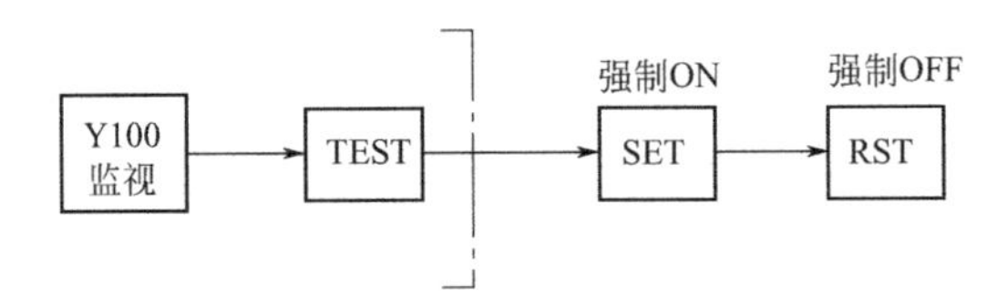

图 5-95 Y100 强制 ON/OFF 键操作

首先利用监视功能对 Y100 元件进行监视。按“TEST”（测试）键，若此时被监控元件 Y100 为 OFF 状态则按“SET”键，强制 Y100 元件处于 ON 状态；若此时 Y100 元件为 ON 状态，则按“RST”键，强制 Y100 元件处于 OFF 状态。强制 ON/OFF 操作只在一个运算周期内有效。

(2) 修改 T、C、D、Z、V 的当前值　在 M（监视）工作方式下，按照监视字编程元件的操作步骤，显示出需要修改的字编程元件，再按“MNT/TEST”键，使编程器处于 T（测试）工作方式，修改 T、C、D、Z、V 的当前值的基本操作如图 5-96 所示。

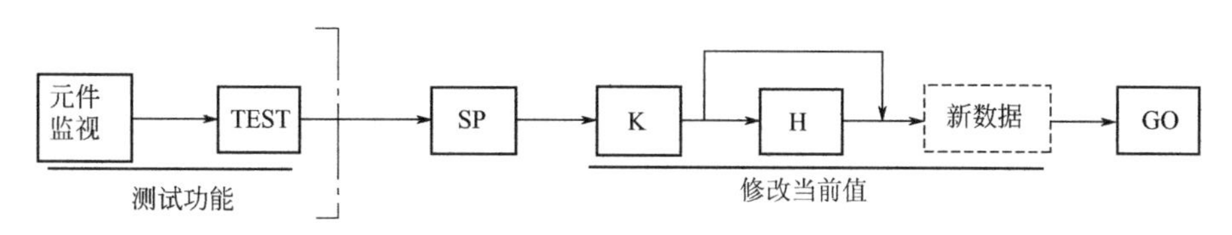

图 5-96　修改字元件数据的基本操作

5.3.10　脱机（OFFLINE）编程方式

(1) 脱机编程　脱机方式编制的程序存放在手持编程器内部的 RAM 中，联机方式编制的程序存放在 PLC 内的 RAM 中，编程器内部 RAM 中的程序不变。编程器内部 RAM 中写入的程序可成批地传送到 PLC 内部 RAM，也可成批传送到装在 PLC 上的存储器卡盒。往 ROM 写入器的传送在脱机方式下进行。

手持编程器内 RAM 的程序用超级电容器作断电保护，充电 1h，可保持 3 天以上。因此，可将在实验室里脱机生成的装在编程器 RAM 内的程序传送给安装在现场的 PLC。

(2) 进入脱机编程方式的方法　有两种方法可以进入脱机编程方式：

① FX-20P-E 型手持编程器上电后，按“↓”键，将闪烁的符号“■”移动到 OFFLINE 位置上，然后按“GO”键，就进入脱机编程方式。

② FX-20P-E 型手持编程器处于联机编程方式时，按功能键“OTHER”，进入工作方式选择，此时，闪烁的符号“■”处于 OFFLINE MODE 位置上，接着按“GO”键，就进入脱机编程方式。

(3) 工作方式　FX-20P-E 型手持编程器处于脱机编程方式时，所编制的用户程序存入编程器内的 RAM 中，与 PLC 内部的用户程序存储器以及 PLC 的运行方式都没有关系。除了联机编程方式中的 M 和 T 两种工作方式不能使用外，其余的工作方式（R、W、I、D）及操作步骤均适用于脱机编程。按“OTHER”键后，即进入工作方式选择操作。

第 6 章

FX_{2N}系列产品的典型应用实例

6.1 自动传送带控制系统设计

6.1.1 控制系统控制要求分析

图 6-1 为传送带控制示意图。

(1) 控制要求

① 按下启动按钮 SB1，电动机 M1、M2 运转，驱动传送带 1、2 移动。按下停止按钮 SB2，电动机停止转动，传送带停止。

② 工件到达转运点 A，SQ1 使传送带 1 停止，气缸 A 自动动作，将工件送上传送带 2。气缸采用自动复位型，当 SQ2 检测到气缸 A 到达限定位置时，气缸 A 自动复位。

③ 工件到达转运点 B，SQ3 使传送带 2 停止，气缸 B 自动动作，将工件送上搬运车。当 SQ4 检测到气缸 B 到达限定位置时，气缸 B 自动复位。

(2) 控制要求分析 电动机 M1 和电动机 M2 的启动与停止分别用 PLC 的软组件 M10 和 M11 的通与断来控制。当按下启动按钮 SB1 时，M10 与 M11 导通，将 SB1 的常开触点与 M10 和 M11 的输出线圈串起来，因为是按钮启动，所以再将 M1 与 M2 自锁，使其保持导通；当按下停止按钮 SB2 时，M10 和 M11 都断开，将 SB2 的常闭触点串入其中，从而实现电动机 M1 与电动机 M2 的停止转动。

当工件到达 A 点时，传送带 1 停止，气缸 A 动作，将限位开关 SQ1 的常闭触点串入线圈 M10 的前面，限位开关 SQ1 的常开触点驱动气缸 A 动作，并将其自锁；当到达限位开关 SQ2 时，气缸 A 复位，因此在气缸 A 线圈前串入限位开关 SQ2 的常闭触点，从而实现气缸 A 的动作与复位。

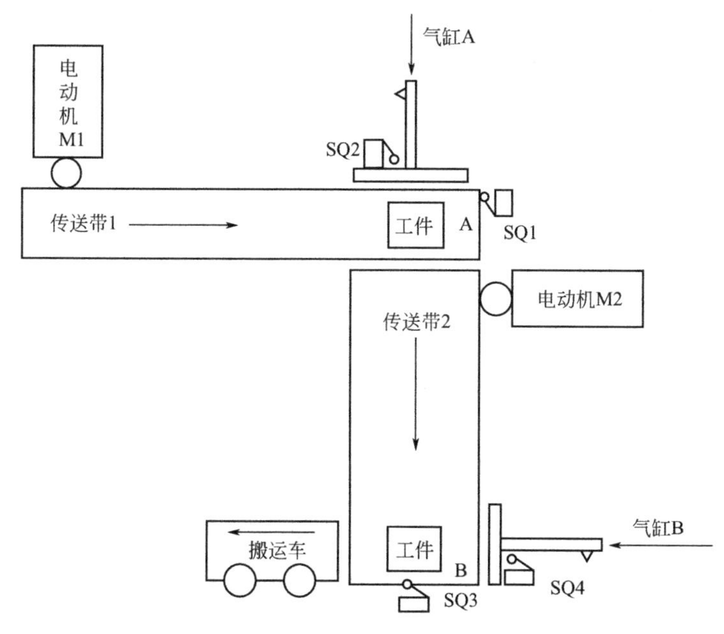

图 6-1 传送带控制示意图

当工件到达 B 点时，传送带 2 停止，气缸 B 动作，将限位开关 SQ3 的常闭触点串入线圈 M11 的前面，限位开关 SQ3 的常开触点驱动气缸 B 动作，并将其自锁；当到达限位开关 SQ4 时，气缸 B 复位，因此在气缸 B 线圈前串入限位开关 SQ4 的常闭触点，从而实现气缸 B 的动作与复位。

应用 M10 常开触点驱动电动机 M1 和传送带 1 的指示灯 HL1，使用 M11 的常开触点驱动电动机 M2 和传送带 2 的指示灯 HL2。

6.1.2 控制系统硬件和软件设计

（1）I/O 分配 表 6-1 为自动传送带 PLC 控制控制 I/O 分配表。

表 6-1 自动传送带 PLC 控制系统 I/O 分配表

输入软元	输入设备	输出软元	输出设备
X000	启动按钮 SB1	Y000	电动机 M1
X001	传送带 1 限位开关 SQ1	Y001	气缸 A
X002	气缸 A 限位开关 SQ2	Y002	电动机 M2
X003	传送带 2 限位开关 SQ3	Y003	气缸 B
X004	气缸 B 限位开关 SQ4	Y004	传送带 1 工作指示灯
X005	停止按钮 SB2	Y005	传送带 2 工作指示灯

（2）I/O 接线图 I/O 接线图如图 6-2 所示。图中 KM1、KM2 分别为电动机

M1 和电动机 M2 的控制接触器。KM3 和 KM4 分别为气缸 A 和气压缸 B 动作与复位的接触器。HL1、HL2 分别为传送带 1 和传送带 2 的工作指示灯。

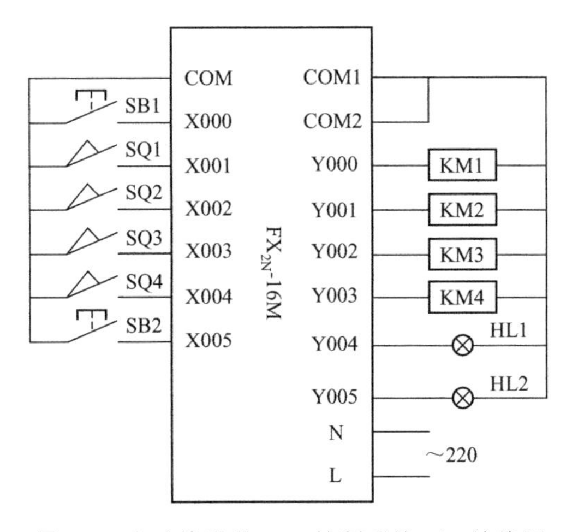

图 6-2 自动传送带 PLC 控制系统 I/O 接线图

（3）程序梯形图 如图 6-3 所示。

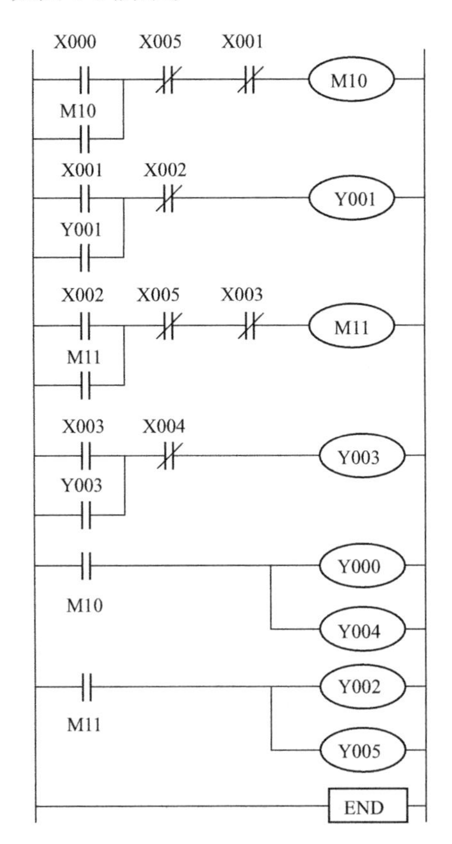

图 6-3 PLC 控制的传送带的梯形图

6.2 智力抢答器控制系统设计

6.2.1 控制系统控制要求分析

(1) 控制要求 设计系统将以 PLC 为核心设计了顺序功能图，程序指令表以及控制程序梯形图的分配方案，在保留原始抢答器的基本功能的同时又增加了一系列实用的功能并简化了抢答器的电路结构，使得只要改变输入 PLC 的控制程序，便可改变竞赛抢答器的抢答方案，从而使得竞赛不断完善其公平、公正性。控制要求如下：

① 竞赛开始时，主持人按下启动/停止开关 SA，指示灯 HL1 亮；

② 当主持人按下开始抢答按钮 SB0 后，如果在 10s 内无人抢答，赛场音响 HA 发出持续 1.5s 的声音，指示灯 HL2 亮，表示抢答器自动撤销此次抢答信号；

③ 当主持人按下开始抢答按钮 SB0 后，如果在 10s 内有人抢答（按下抢答按钮 SB3、SB4、SB5），则最先按下抢答按钮的信号有效，相应的抢答桌上的抢答灯（HL3，HL4，HL5）亮，赛场的音响发出短促音（0.2s ON，0.2s OFF，0.2s ON）；

④ 当主持人确认抢答有效后，按下答题计时按钮（SB6），抢答桌上的抢答灯灭，计时开始，计时时间到时（1min），赛场的音响发出持续 3s 的长音，抢答桌上抢答灯再次亮；

⑤ 如果抢答者在规定时间内正确回答问题，主持人或助手按下加分按钮，为抢答者加分，同时抢答桌上的指示灯快速闪烁 3s（闪烁频率为 0.3s ON，0.3s OFF）；

⑥ 如果抢答者不能在规定时间内正确回答问题，主持人或助手按下减分按钮，为抢答者减分。

其示意图如图 6-4 所示。

(2) 控制分析 智力抢答器，顾名思义就是用于比赛时跟对手比反应时间、思维运转快慢的新型电器。它与传统抢答器不同，它在 PLC 的控制下可以弥补传统抢答器的很多不足。PLC 是由工业微型计算机、输入/输出设备、保护及抗干扰隔离电路等构成的微机控制装置，具有顺序、周期性工作的特征，从应用角度看 PLC 具有如下特点：可靠性高、体积小、通用性好、使用方便。

智能竞赛抢答器通过 PLC 进行按控制要求编程，其主要的输入就是通过裁判员和参赛选手的按钮，然后将信号传递给信息分析中心（PLC），PLC 将根据信号作出相应的响应。本系统有 5 个输入信号（5 个按钮）。有 4 个输出信号（4 个指示灯和音响)。由上可知 PLC 共有 5 个输入点、4 个输出点。

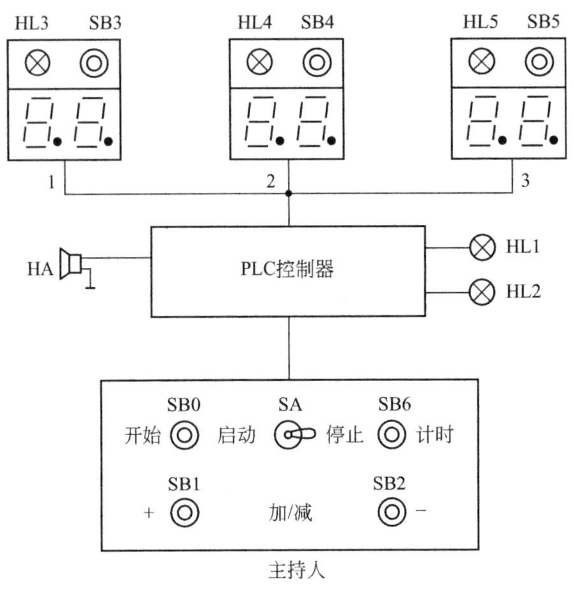

图 6-4 控制要求示意图

当主持人按下开始按钮时，三个参赛选手处于抢答状态，若在一定时间内无人答题，那么系统将自动复原，重出一道新题。假如一号选手抢上题进行回答，在规定答题时间后，系统复原，重新出题。其程序流程图如图 6-5 所示。

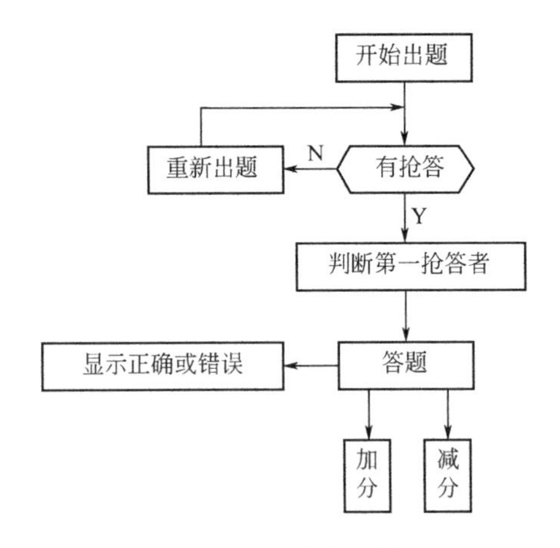

图 6-5 程序流程图

6.2.2 控制系统的硬件设计

(1) 电源的选择 电源模块的选择仅对于模块式结构的 PLC 而言，整体式的 PLC 不用考虑电源的选择。对电源模块的选择主要考虑电源输出额定电流和电源输入电压。

(2) PLC 选型和配置

① PLC 的机型和容量　本设计中 PLC 的型号我们选择的是本文介绍的日本三菱公司 FX_{2N} 系列的 FX_{2N}-80MR 系列的产品。

硬件系统分别选择 1 个额定电压为 2V 的电铃音响，5 个额定电压为 24V 的灯泡。3 个七段数码显示管（七段数码显示管用 7 位的信号驱动，在实际应用中可以用三菱 PLC 指令 SEGD，只需要用一个数据寄存器 D）。I/O 接口分别为 8 个输入继电器 X、12 个输出继电器 Y 和 20%接口裕量，完全满足要求，所以选择三菱 FX_{2N}-80MR 系列。

另外，三菱 FX_{2N} 系列高速大容量的特点也是我们选择它作为 PLC 的型号的原因之一。a. 高速大容量：超高速程序处理；大容量存储器，内附 8K 步 RAM（RUN 过程中可更改程序），最大可达 16K。b. 可选择性：可使用 RAM（8K）、EPROM（8K）或带实时时针的存储器卡盒。c. 多种功能：包括 27 种基本指令、2 种步进指令和 128 种应用指令。

② PLC 的 I/O 点的分配　I/O 点的输入点有 8 个，输出点有 12 个。

a. PLC 的 I/O 口端口地址分配表如表 6-2 所示。

表 6-2　I/O 端口地址的分配

输入				输出			
	现场信号	端口地址	说明		现场信号	端口地址	说明
1	SA	X000	启动/停止按钮信号	1	HA	Y000	赛场音响发出声音
2	SB0	X007	开始抢答按钮信号	2	HL1	Y001	启动指示灯亮
3	SB1	X001	加分按钮信号	3	HL2	Y002	无人抢答指示灯亮
4	SB2	X002	减分按钮信号	4	HL3	Y003	3 号抢答桌上的抢答灯亮
5	SB3	X003	3 号桌抢答按钮信号	5	HL4	Y004	4 号抢答桌上的抢答灯亮
6	SB4	X004	4 号桌抢答按钮信号	6	HL5	Y005	5 号抢答桌上的抢答灯亮
7	SB5	X005	5 号桌抢答按钮信号	7		Y013	为 3 号抢答者加分
8	SB6	X006	答题计时按钮信号	8		Y014	为 4 号抢答者加分
				9		Y015	为 5 号抢答者加分
				10		Y023	为 3 号抢答者减分
				11		Y024	为 4 号抢答者减分
				12		Y025	为 5 号抢答者减分

b. 时间继电器 T 及计数器 C 的使用说明（如表 6-3 所示）。

表 6-3　时间继电器 T 及计数器 C 的使用

时间继电器			计数器		
时间继电器地址	时间	说明	计数器地址	次数	说明
T0	10s	延时接通/断开	C0	2	使 T2、T3 控制的脉冲信号循环 2 次（0.6s）后停止
T1	1.5s	延时断开			
T2	0.2s	控制脉冲信号周期	C1	5	使 T6、T7 控制的脉冲信号循环 5 次（3s）后停止
T3	0.2s	控制脉冲信号周期			
T4	1min	延时接通音响和抢答灯			
T5	3s	延时断开音响			
T6	0.3s	控制脉冲信号周期			
T7	0.3s	控制脉冲信号周期			

c. 中间辅助继电器 M 的使用说明（如表 6-4 所示）。

表 6-4　中间辅助继电器 M 的使用说明

中间继电器地址	替代的输入/输出信号	
	现场信号	端口地址
M1	SB0	X007
M2	HA	Y000
M3		
M4		
M5	HL3	Y003
M10		
M6	HL4	Y004
M11		
M7	HL5	Y005
M12		
M13	SB6	X006
M14		T0

③ PLC的I/O端子与输入/输出设备的连接图　I/O外接线图如图6-6所示。

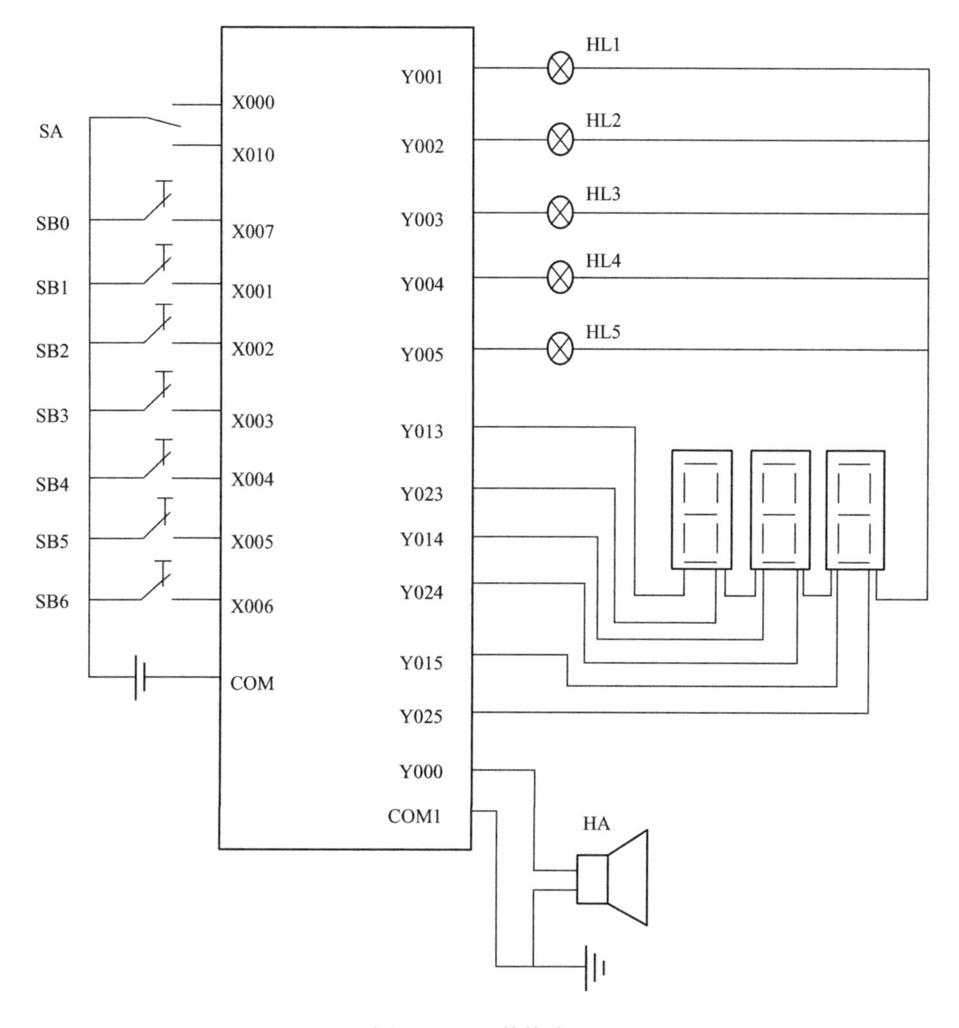

图6-6　I/O外接线图

6.2.3 PLC控制系统软件设计

(1) 控制程序流程分析　根据任务分析，可画出流程图如图6-7所示。

(2) 脉冲信号示意图　控制赛场音响发出短促音（0.2s ON，0.2s OFF，0.2s ON）和抢答桌上的指示灯快速闪烁3s（频率为0.3s ON，0.3s OFF）的脉冲信号如图6-8和图6-9所示。

(3) 控制程序梯形图　经过模拟调试后，最终确认的部分梯形图如图6-10所示。

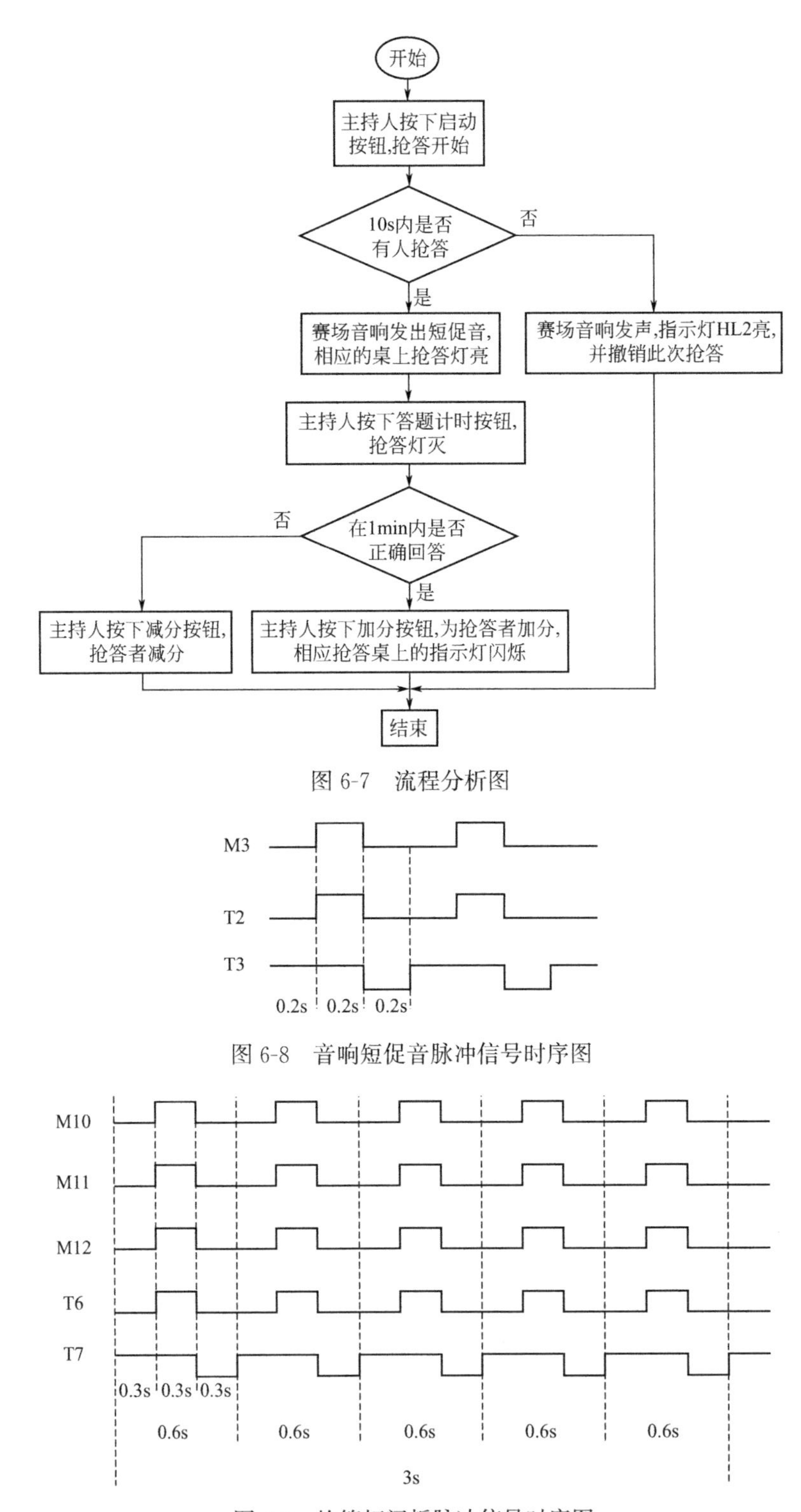

图 6-7 流程分析图

图 6-8 音响短促音脉冲信号时序图

图 6-9 抢答灯闪烁脉冲信号时序图

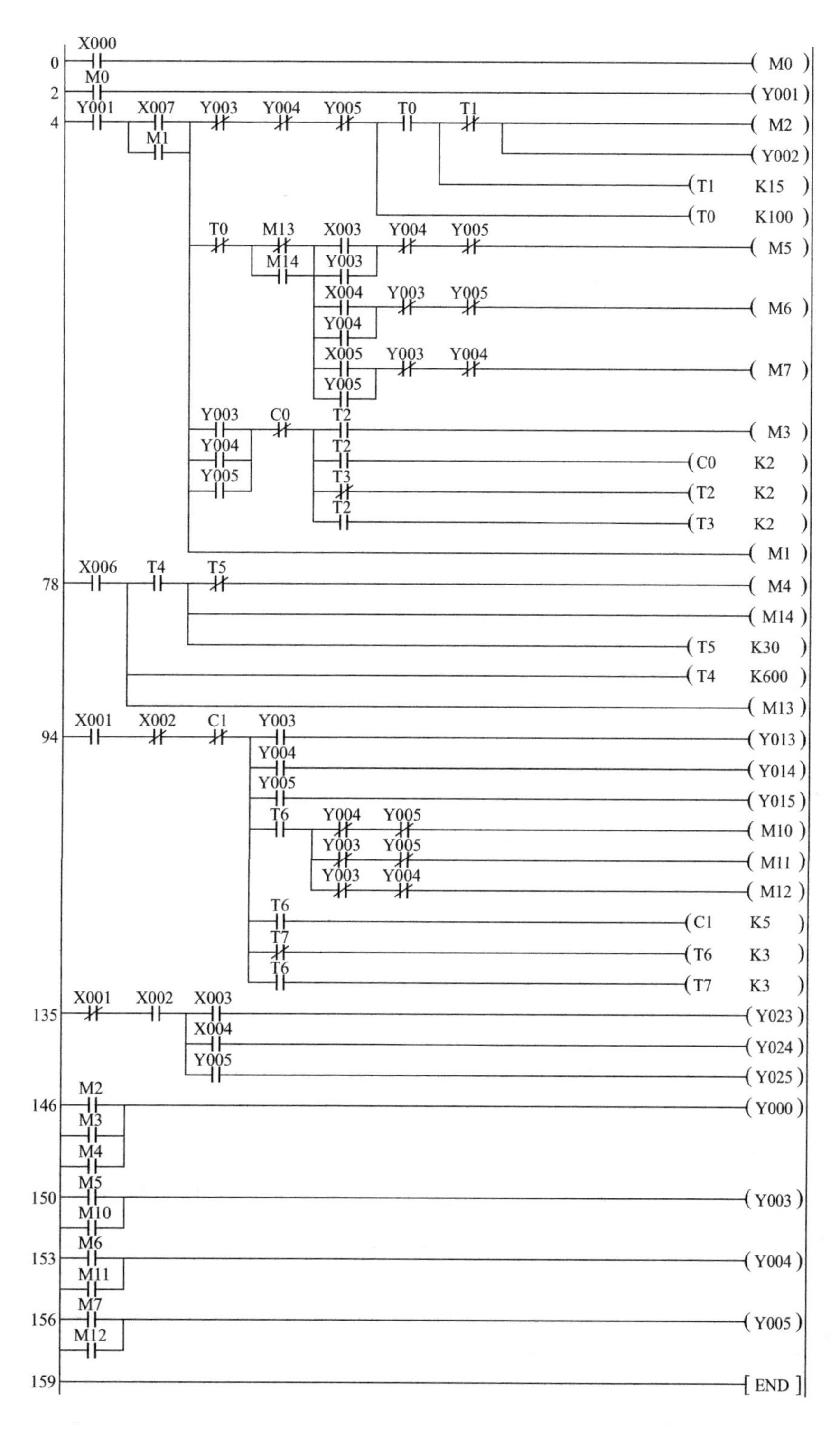
0 X000 M0
2 M0 Y001
4 Y001 X007 M1 Y003 Y004 Y005 T0 T1 M2 Y002
T1 K15
T0 K100
T0 M13 M14 X003 Y003 Y004 Y005 M5
X004 Y004 Y003 Y005 M6
X005 Y005 Y003 Y004 M7
Y003 Y004 Y005 C0 T2 M3
T2 C0 K2
T3 T2 K2
T2 T3 K2
M1
78 X006 T4 T5 M4
M14
T5 K30
T4 K600
M13
94 X001 X002 C1 Y003 Y013
Y004 Y014
Y005 Y015
T6 Y004 Y005 M10
Y003 Y005 M11
Y003 Y004 M12
T6 C1 K5
T7 T6 K3
T6 T7 K3
135 X001 X002 X003 Y023
X004 Y024
Y005 Y025
146 M2 M3 M4 Y000
150 M5 M10 Y003
153 M6 M11 Y004
156 M7 M12 Y005
159 END

图 6-10　梯形图

6.3 自动开关门系统设计

6.3.1 控制系统控制要求分析

（1）自动开关门控制系统的组成 自动门控制装置由门外光电检测开关K1、门内光电检测开关K2、开门限位开关K3、关门限位开关K4、开门执行机构KM1（使直流电动机正转）、关门执行机构KM2（使直流电动机反转）等部件组成。

（2）控制要求

① 有人从外向内或从内向外通过光电检测开关K1或K2时，开门执行机构KM1动作，电动机正转，到达开门限位开关K3位置时，电动机自动停止运行。

② 自动开关门在开门限制位置停留8s后，自动进入关门过程，关门执行机构KM2动作，电动机反转，到达关门限位开关K4位置时，电动机自动停止运行。

③ 关门过程中，若有人从内向外或从外向内通过光电检测开关K2或K1，必须立即停止关门，且自动进入开门过程。

④ 若在自动开关门打开后的8s等待时间内，有人从内向外或从外向内通过光电检测开关K2或K1，务必重新等待8s以后方可再自动进入关门程序，以确保人员安全进出。

⑤ 考虑自动开关门在出现故障或维修时应用自动控制困难，故增加手动开门和手动关门开关。

6.3.2 控制系统硬件和软件设计

（1）I/O分配 如表6-5所示。

表6-5 自动开关门PLC控制系统I/O分配表

输入		输出	
X1	门外光电检测开关K1	Y0	电动机正转接触器KM1
X2	门内光电检测开关K2	Y1	电动机反转接触器KM2
X3	开门限位开关K3	Y2	紧急停车制动电磁抱闸
X4	关门限位开关K4		
X5	过载保护热继电器FR		
X6	紧急停车开关		
X7	启动/停止选择开关		
X10	手动开门按钮SB1		
X11	手动关门按钮SB2		

（2）**工作流程**　如图 6-11 所示。

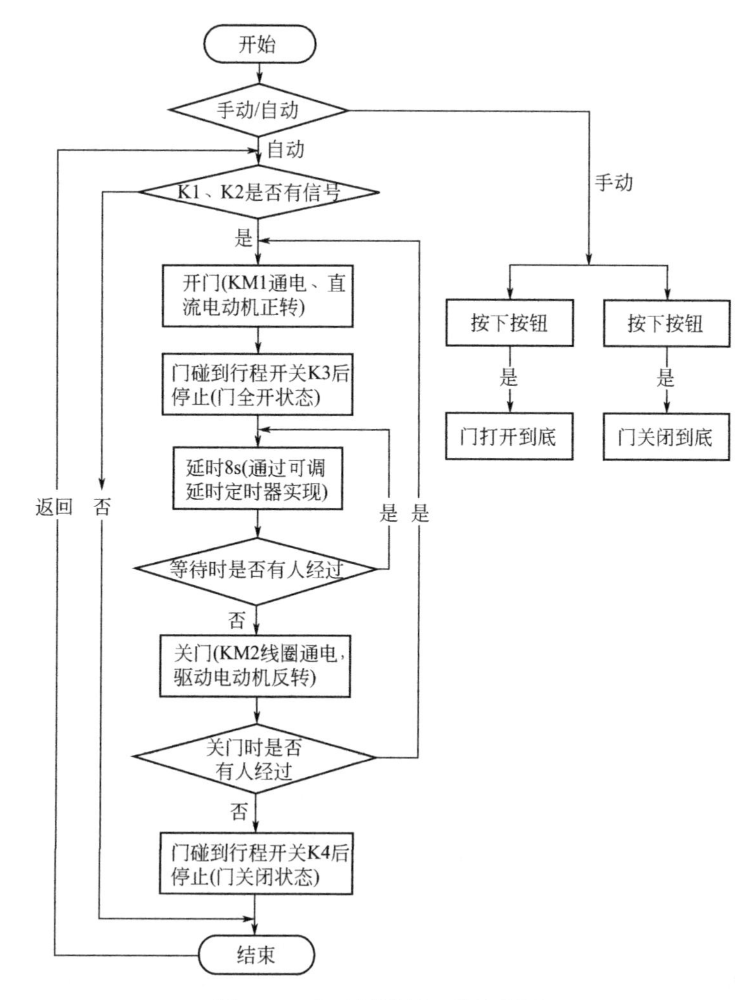

图 6-11　自动开关门工作流程图

（3）**梯形图**　如图 6-12～图 6-14 所示。

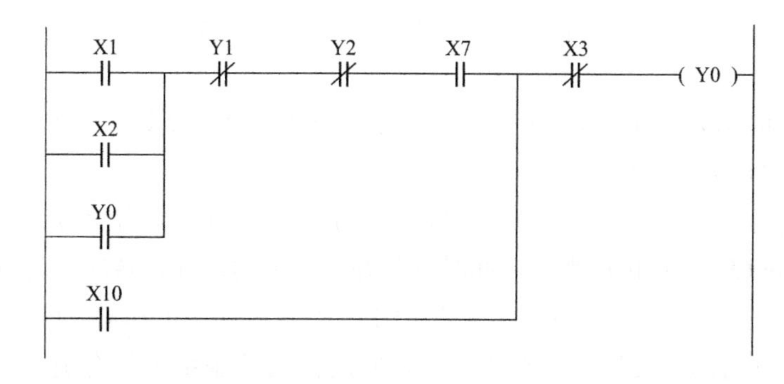

图 6-12　自动开关门开门控制的梯形图

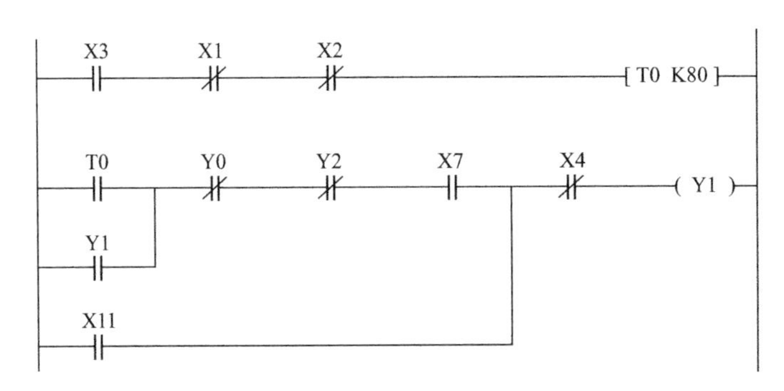

图 6-13 自动开关门关门控制的梯形图

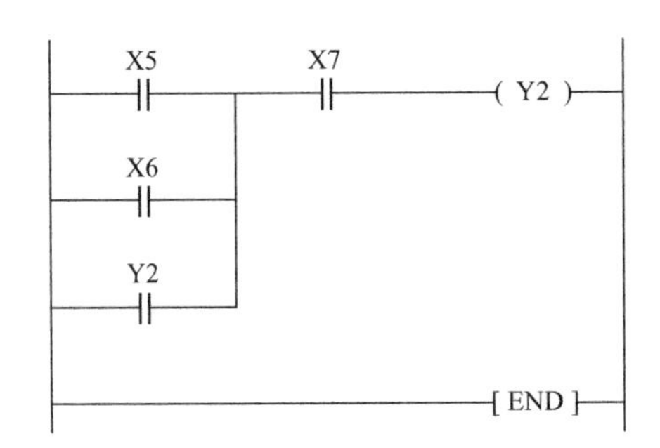

图 6-14 自动开关门制动控制的梯形图

（4）程序分析

① 首先合上启动选择开关使 X7 闭合，外检测开关或内检测开关有信号时 X1 或 X2 闭合。因开门限位开关 X3 是常闭的，所以 Y0 线圈通电，由原理分析可知光电检测开关的触发方式是脉冲触发故需自锁。当 Y0 线圈通电时 Y0 触点闭合，此时电动机正转带动自动开关门移动，执行开门动作。

② 自动开关门完全打开时，开门限位开关 X3 打开，Y0 线圈断电，电动机停止运行。

③ 自动开关门停止时，由于开门限位开关的常闭触点变成断开，故使常开触点闭合，延时 8s。若此时外检测开关或内检测开关 X1 或 X2 有信号，则使 T0 重新延时。

④ 8s 延时结束后 T0 线圈通电，关门限位开关关闭，所以 Y1 通电并自锁，电动机反转，执行关门动作。

⑤ 在关门过程中，若外检测开关或内检测开关 X1 或 X2 有信号又使 Y0 通电，由于在关门过程中 Y0 触点常闭，此时打开并中断关门过程，转向开门过程。

⑥ 为保证安全，在开或关门控制过程中，设置过载保护和紧急停车。

⑦ 考虑到自动开关门若出现故障时，使用自动控制系统不合适，故设置手动开门和手动关门。

6.4 水塔水位控制系统方案设计

6.4.1 控制系统控制要求分析

设水塔、水池初始状态都为空着的，液位指示灯全灭。当执行程序时，扫描到水池为液位低于水池下限液位时，进水阀打开，开始往水池里进水，如果进水超过3s，而水池液位没有超过水池下限位，说明系统出现故障，系统就会自动报警并切断电源。若3s之后水池液位按预定的超过水池下限位，说明系统在正常工作，水池下限位的指示灯亮，此时，水池的液位已经超过了下限位了，系统检测到此信号时，由于水塔液位低于水塔水位下限，水泵开始工作，向水塔供水，当水池的液位超过水池上限液位时，水池上限指示灯亮，进水阀就关闭，但是水塔现在还没有装满，可此时水塔液位已经超过水塔下限水位，则水塔下限指示灯亮，水泵继续工作，抽水向水塔供水，水塔抽满时，水塔液位超过水塔上限，水塔上限指示灯亮，但刚刚给水塔供水的时候，水泵已经把水池的水抽走了，此时水塔液位已经低于水池上限，水池上限指示灯灭。此次给水塔供水完成。

当水塔水位低于下限水位时，同时水池水位也低于下限水位时，水泵不能启动。

当水塔水位低于下限位时，出水阀不能打开。

6.4.2 水塔水位自动控制系统硬件设计

（1）水塔水位控制系统设计要求 水塔水位控制装置如图6-15所示。

水塔水位的工作方式：当水池液位低于下限液位开关S4，S4此时为OFF，进水阀打开，开始往水池里注水，当3s以后，若水池液位没有超过水池下限液位开关，则系统发出报警，若系统正常，此时水池下限液位开关S4为ON，表示水位高于下限水位。当水位液面高于上限水位，则S3为ON，进水阀关闭。

当水塔水位低于水塔下限水位时，则水塔下限水位开关S2为OFF，水泵开始工作，向水塔供水，当S2为ON时，表示水塔水位高于水塔下限水位。当水塔液面高于水塔上限水位时，则水塔上限水位开关S1为ON，水泵停止。

当水塔水位低于下限水位，同时水池水位也低于下限水位时，水泵不能启动。

（2）水塔水位控制系统主电路 如图6-16所示。

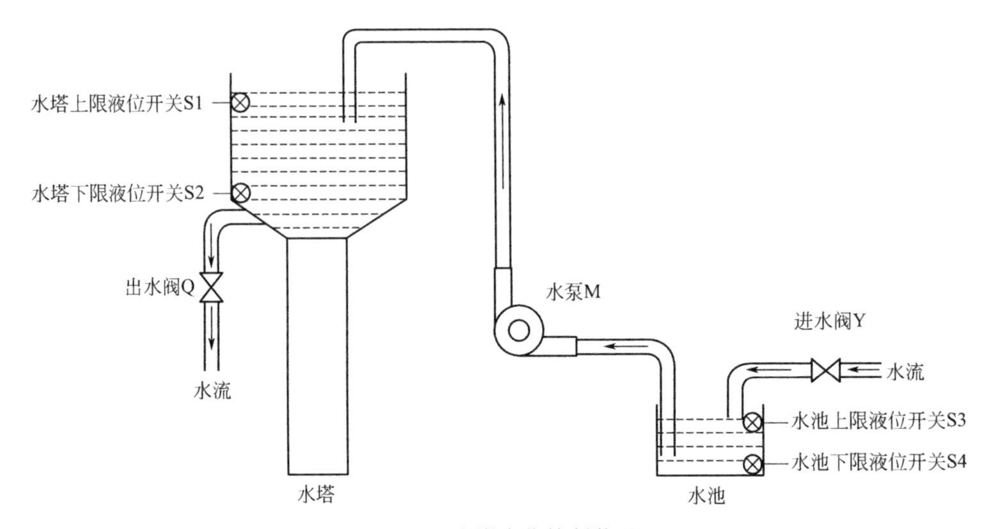

图 6-15 水塔水位控制装置

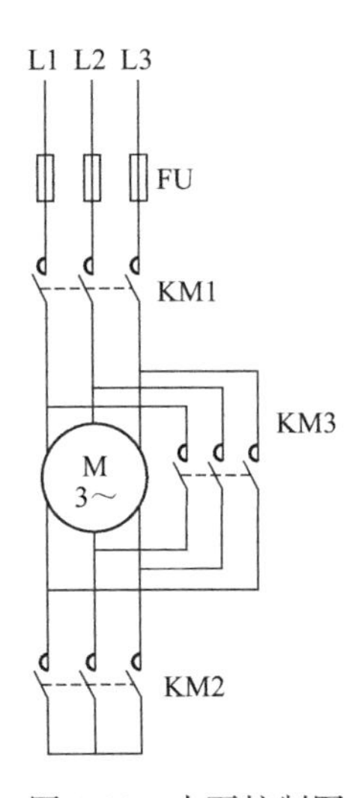

图 6-16 水泵控制图

水泵启动工作：当收到 PLC 的启动水泵指令后，线圈 KM1、KM2 中有电流流过，KM1 和 KM2 的主触点闭合，电动机低速启动（星启），当电动机启动经过一段时间后，PLC 控制 KM3 线圈得电，使 KM3 主触点闭合；同时控制 KM2 线圈失电，使 KM2 主触点断开。使电动机高速转动（角转）。

水泵停止工作：当收到 PLC 的停止水泵指令后，线圈 KM1、KM2、KM3 中无电流流过，KM、KM2、KM3 的主触点断开，电动机停止工作。

FU：熔断器，当通过熔断器的电流超过一定数值并经过一定的时间后，电流在熔体上产生的热量使熔体某处熔化而切断电路，从而保护电路和设备。熔体的额定电流 $I_{fN} \geqslant (1.5 \sim 2.5) I_N$，$I_N$ 为电动机额定电流。

（3）**PLC I/O 接口分配**　输入、输出部分如表 6-6 所示。

表 6-6　输入、输出部分

	名称	PLC 接口	注释
输入部分	SB1	X000	启动
	SB2	X005	停止
	SB3	X006	出水阀开关
	SQ1	X001	水塔上限位
	SQ2	X002	水塔下限位
	SQ3	X003	水池上限位
	SQ4	X004	水池下限位
输出部分	名称	PLC 接口	注释
	KM1	Y001	水泵 M
	KM2	Y015	星启(低速)
	KM3	Y016	角转(高速)
	KM4	Y002	进水阀 Y
	KM5	Y003	出水阀 Q
	YL1	Y004	水泵故障指示灯
	YL2	Y005	进水阀故障指示灯
	YL3	Y006	正常工作指示灯
	FM	Y007	蜂鸣器
	S1	Y011	水塔上限位灯
	S2	Y012	水塔下限位灯
	S3	Y013	水池上限位灯
	S4	Y014	水池下限位灯
	HL1	Y001	水泵 M 工作指示灯
	HL2	Y002	进水阀指示灯
	HL3	Y003	出水阀指示灯

（4）**PLC控制电路原理图** 如图6-17所示。

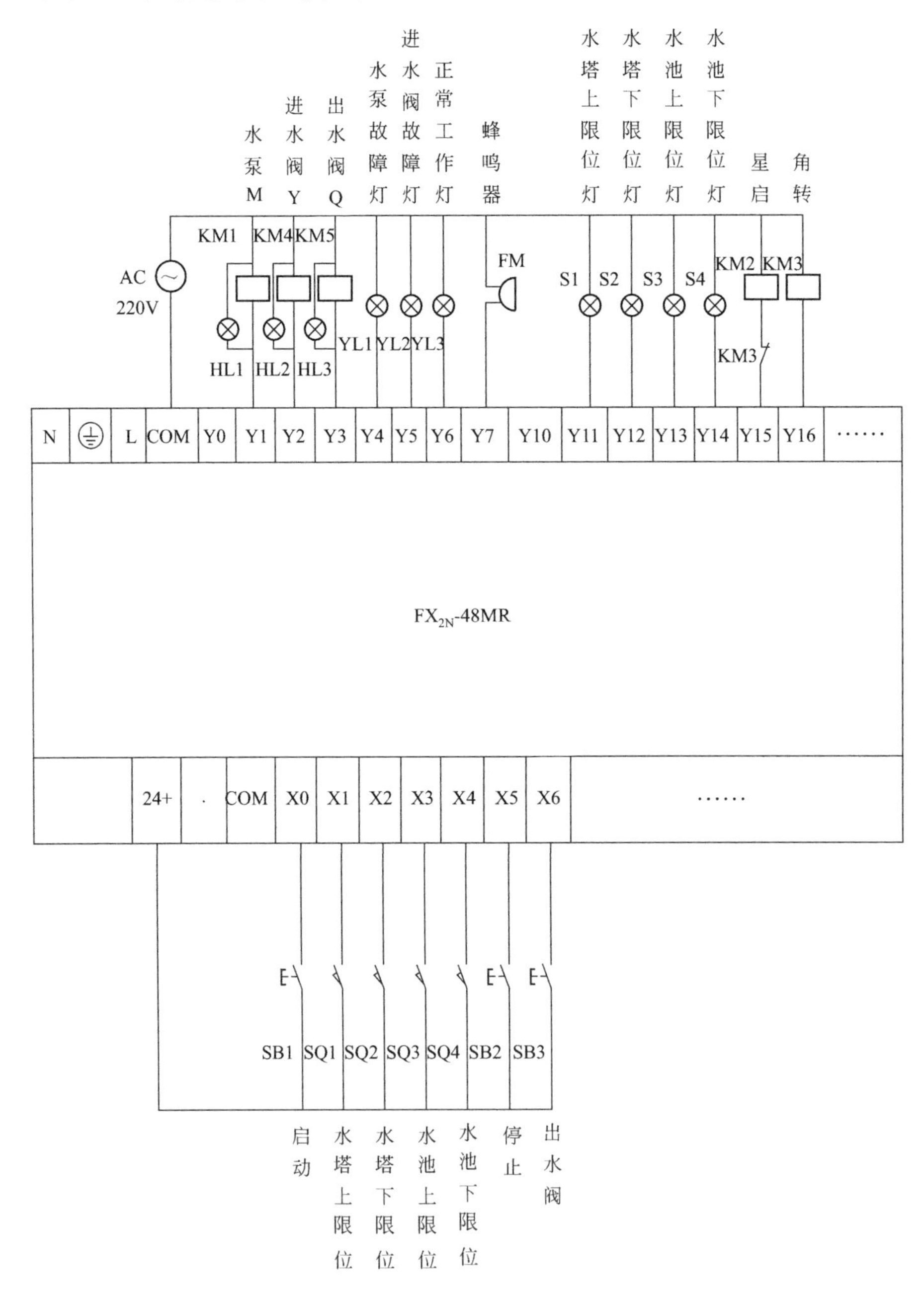

图6-17 水塔水位自动控制系统PLC控制电路原理图

6.4.3 水塔水位自动控制系统PLC软件设计

（1）**程序流程图** 水塔水位自动控制系统的PLC控制流程图如图6-18所示。

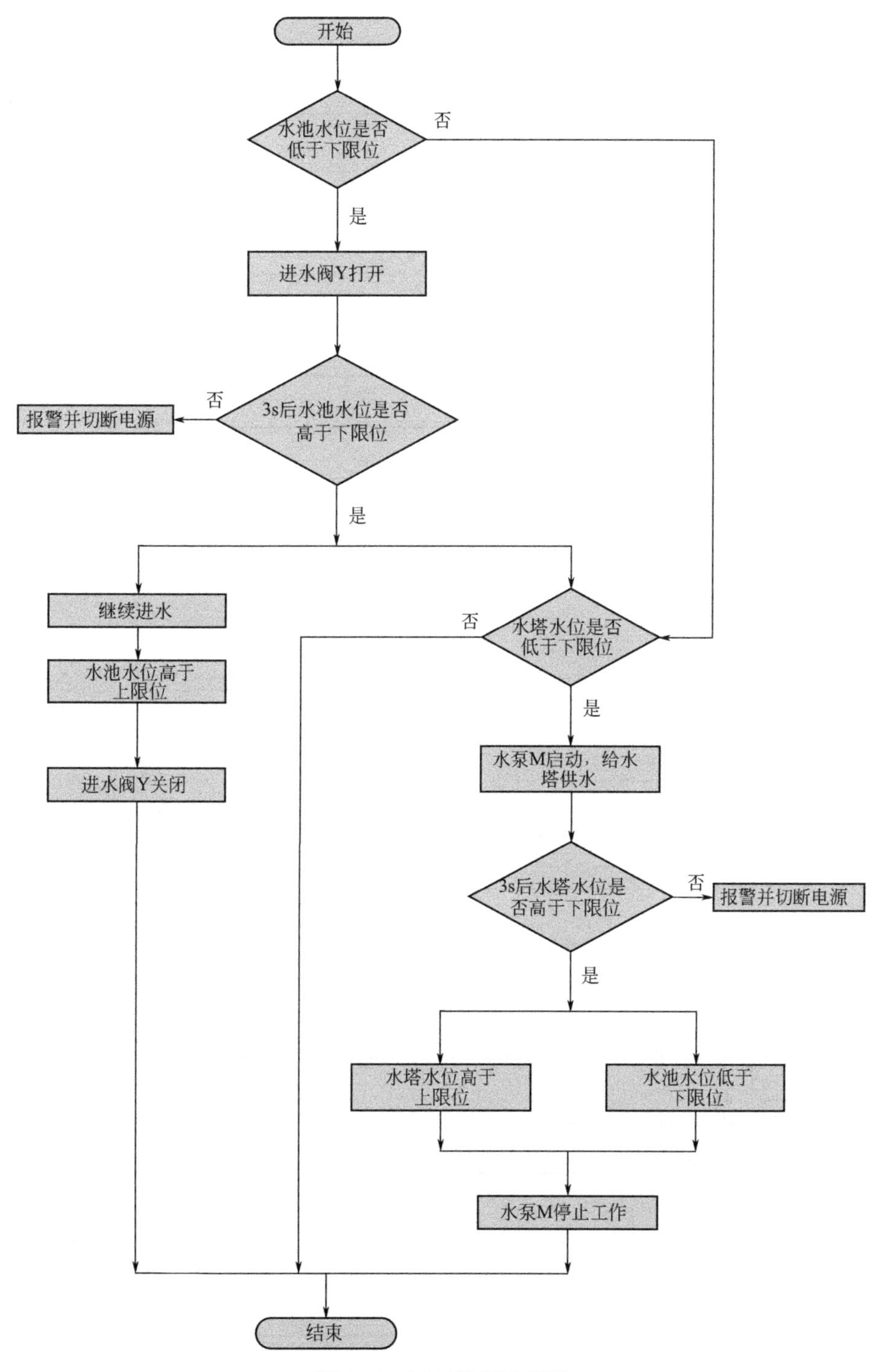

图 6-18 PLC 控制流程图

（2）梯形图程序 根据控制要求，设计的梯形图程序如图 6-19 所示。

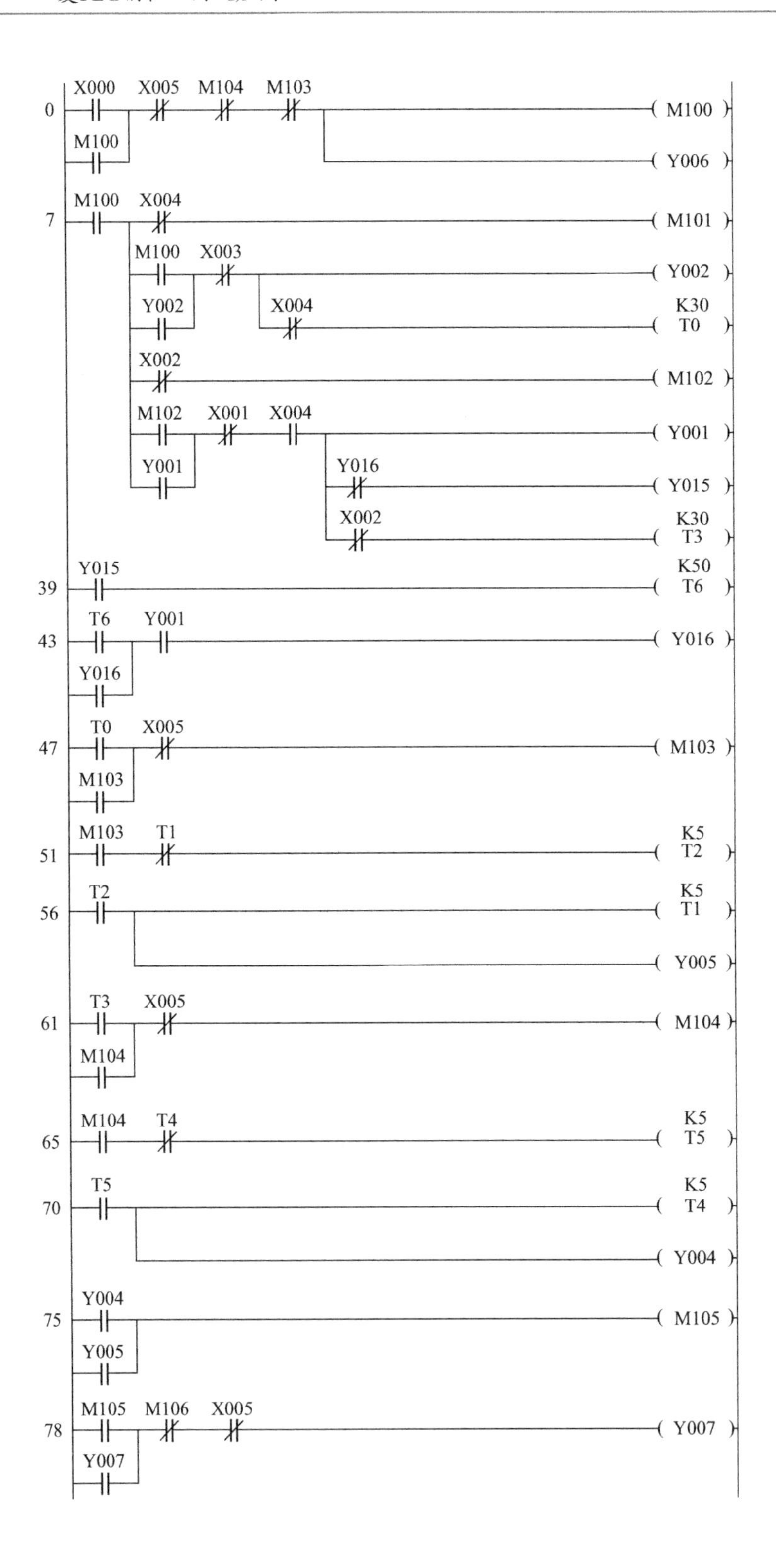
0
X000
X005
M104
M103
M100
M100
Y006
7
M100
X004
M101
M100
X003
Y002
Y002
X004
K30
T0
X002
M102
M102
X001
X004
Y001
Y001
Y016
Y015
X002
K30
T3
39
Y015
K50
T6
43
T6
Y001
Y016
Y016
47
T0
X005
M103
M103
51
M103
T1
K5
T2
56
T2
K5
T1
Y005
61
T3
X005
M104
M104
65
M104
T4
K5
T5
70
T5
K5
T4
Y004
75
Y004
M105
Y005
78
M105
M106
X005
Y007
Y007

```
83   Y007                                   K30
     ─┤├──────────────────────────────────( T7 )
87   T7      X005
     ─┤├──┬──┤/├──────────────────────────( M106 )
     M106 │
     ─┤├──┘
91   X001
     ─┤├──────────────────────────────────( Y011 )
93   X002
     ─┤├──────────────────────────────────( Y012 )
95   X003
     ─┤├──────────────────────────────────( Y013 )
97   X004
     ─┤├──────────────────────────────────( Y014 )
99   X006    X002
     ─┤├─────┤├───────────────────────────( Y003 )
102  ─────────────────────────────────────[ END ]
```

图 6-19　梯形图程序

6.5 彩灯闪烁控制系统设计

6.5.1　控制系统控制要求分析

（1）控制要求　设计一个 9 灯循环的 PLC 控制系统，要求如下：

① 实现单周期和自动控制工作方式，用转换开关切换。

单周期工作方式：彩灯工作一个周期后自动停止，若运行过程中按停止按钮，所有灯全部熄灭。

自动控制方式：彩灯自动循环工作。若运行过程中按停止按钮，彩灯运行状态不变，需要等到本周期结束后，再全部熄灭。

② 彩灯有两种闪烁频率（1Hz 和 0.5Hz），可用转换开关切换控制。

③ 彩灯工作一个周期中需要有单灯循环点亮、3 灯循环点亮、全灭的过程。

（2）控制要求分析及控制面板设计　根据系统设计要求，彩灯控制系统采用并行序列，在闪烁电路下执行彩灯的循环点亮。而点亮方式又分为单灯循环点亮和 3 灯循环点亮，使彩灯按照不同的频率闪烁。

系统操作面板如图 6-20 所示，X4 和 X5 分别控制彩灯运行的状态，即单周期状态与自动状态。彩灯开启用 X0 按钮控制，X1 按钮控制彩灯停止运行。两个闪烁控制开关（X2 和 X3）分别对应 1Hz 和 0.5Hz，用于控制彩灯循环工作。

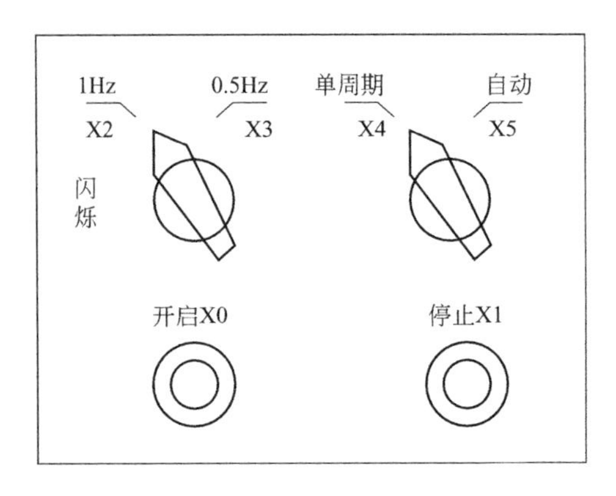

图 6-20　彩灯循环 PLC 控制系统的操作面板示意图

6.5.2 控制系统硬件和软件设计

（1）I/O 分配　本控制系统中，共有 6 个输入开关，9 个 LED 输出，设计 I/O 分配表如表 6-7 所示。

表 6-7　彩灯 PLC 控制系统 I/O 分配表

输　　入		输　　出	
启动按钮	X0	LED1	Y0
停止按钮	X1	LED2	Y1
闪烁 1.0Hz 开关	X2	LED3	Y2
闪烁 0.5Hz 开关	X3	LED4	Y3
单周期开关	X4	LED5	Y4
自动开关	X5	LED6	Y5
		LED7	Y6
		LED8	Y7
		LED9	Y10

（2）I/O 接线图　设计彩灯 PLC 循环控制系统的外部 I/O 接线图如图 6-21 所示。

X0 是点动按钮，X2、X3 是一个单刀双掷开关，X4 和 X5 是另一个单刀双掷开关，手柄指向开关则相应的设置就接通。X0 用于彩灯控制系统的启动，X2 和 X3 分别控制彩灯闪烁频率 1.0Hz 和 0.5Hz，X4 控制彩灯单周期运行，X5 控制彩灯自动运行。输入接点采用汇点式，共接一个 COM 端子，电源由 PLC 内部电源提供。输出继电器 Y0～Y10 分别控制 9 个 LED 彩灯（HL1～HL9）。Y0～Y3 共用一个 COM 端子，Y4～Y10 共用另一个 COM 端子，而输出共用一个电源，所以将两个 COM 端子连在一起，实现电源的共用。

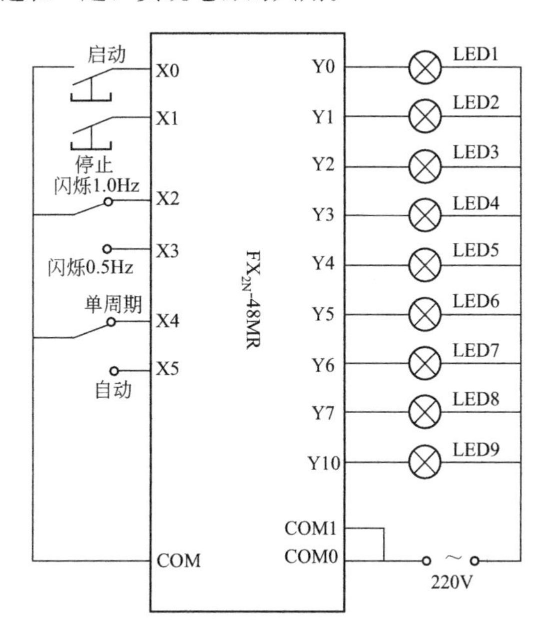

图 6-21　I/O 接线图

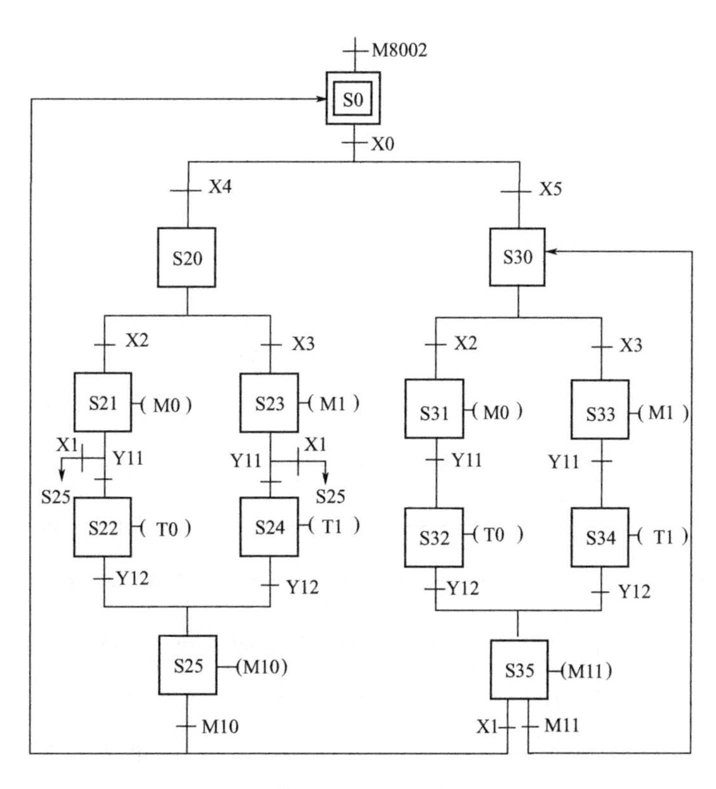

图 6-22　SFC 图

(3)顺序功能流程图(SFC) 彩灯PLC循环控制系统的顺序功能流程图(SFC)如图6-22所示。

(4)梯形图 如图6-23所示。

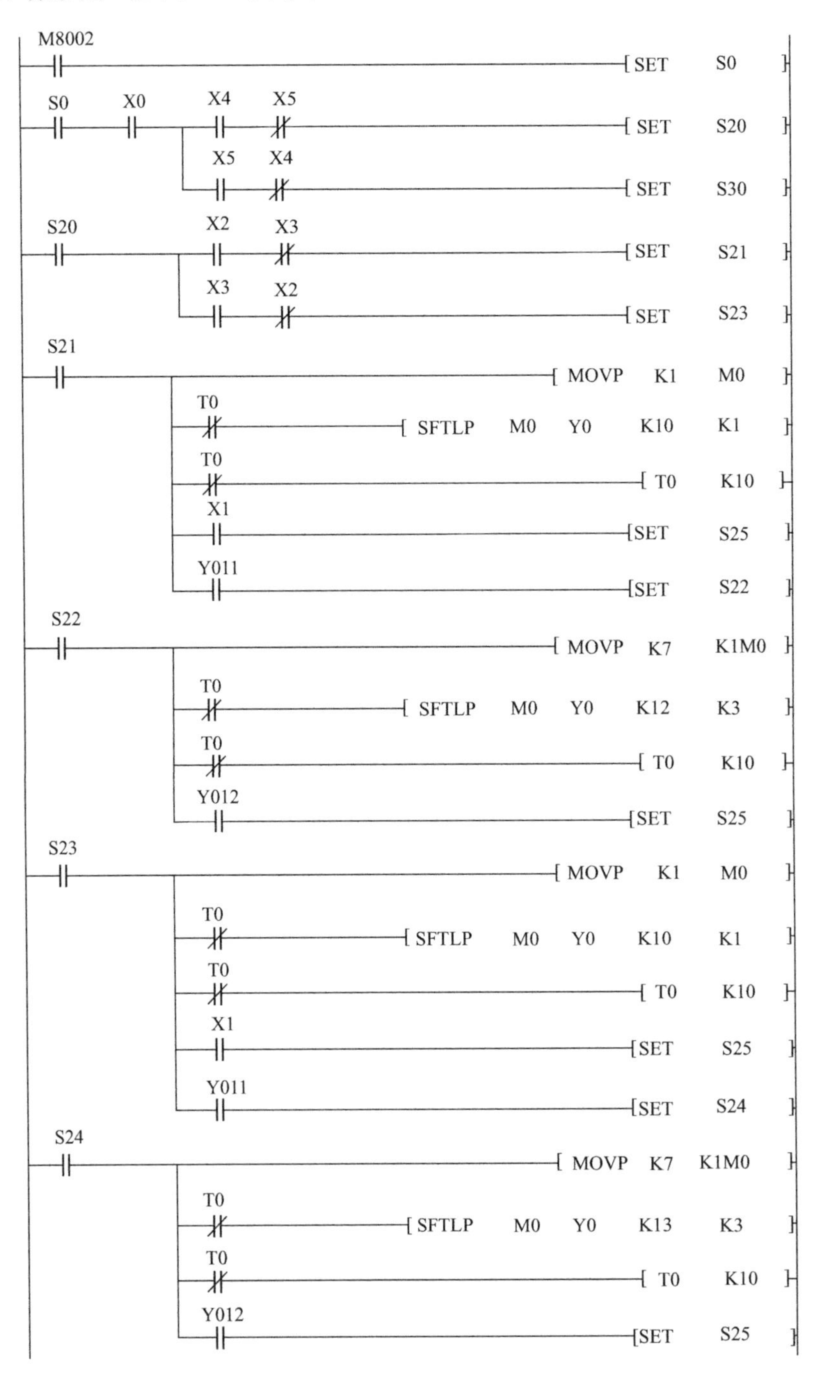

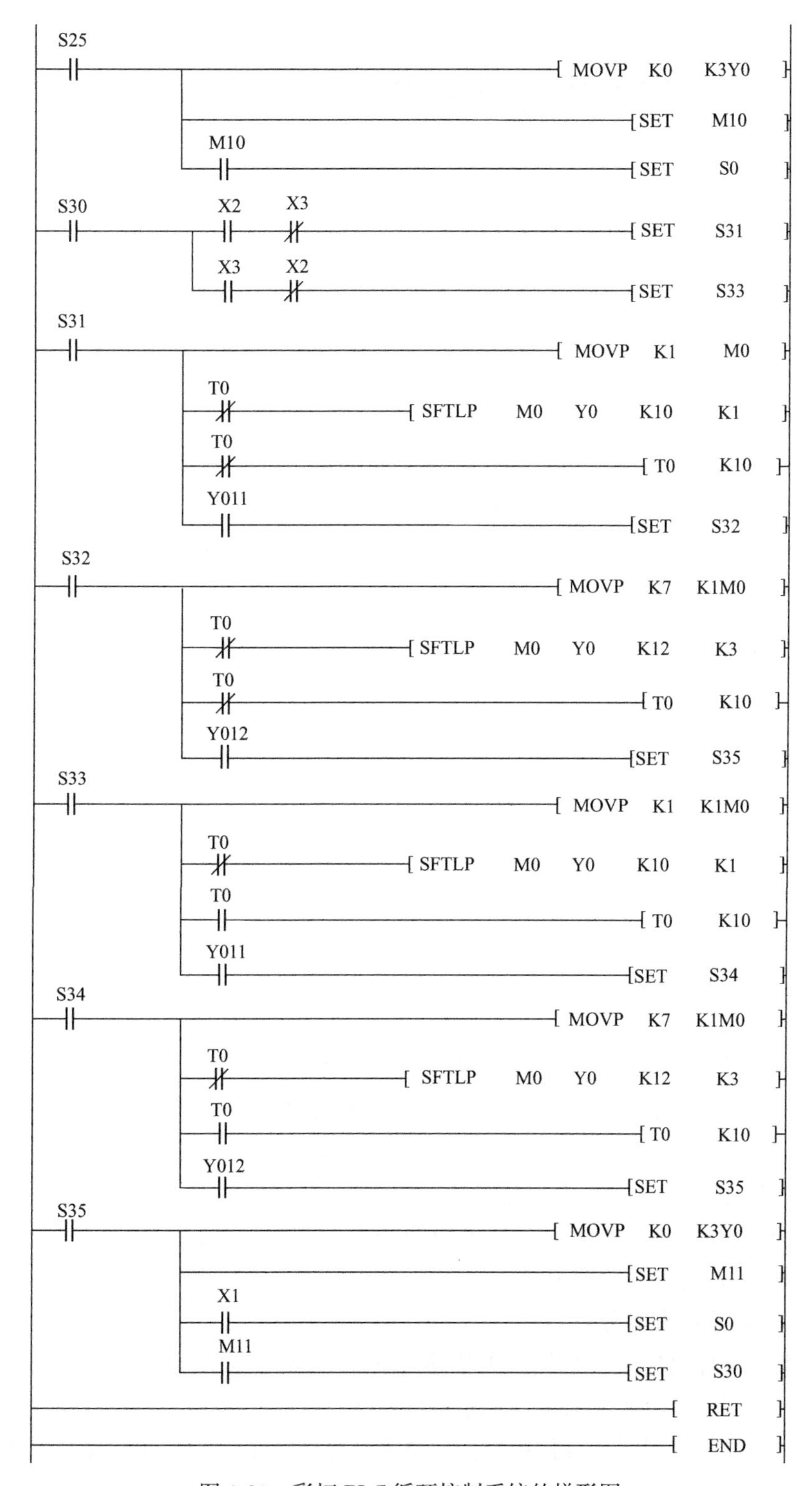

图 6-23 彩灯 PLC 循环控制系统的梯形图

6.6 交通指示灯控制系统设计

6.6.1 控制系统控制要求分析

（1）控制要求 信号灯受启动及停止按钮的控制，当按下启动按钮时，信号灯系统开始工作，并周而复始地循环工作，当按下停止按钮时，系统将停止在初始状态，所有信号灯都熄灭。

① 控制要求：

南北主干道：绿灯亮 20s，绿灯闪 3s，黄灯亮 2s，红灯亮 25s。

南北人行道：红灯亮 30s，绿灯亮 17s，绿灯闪 3s。

东西主干道：红灯亮 25s，绿灯亮 20s，绿灯闪 3s，黄灯亮 2s。

东西人行道：绿灯亮 17s，绿灯闪 3s，红灯亮 30s。

② 正常循环控制方式：交通灯变化顺序表如下（单循环周期 50s）。

a. 南北向（列）和东西向（行）主干道均设有绿灯 20s，绿灯闪亮 3s，黄灯 2s 和红灯 25s。当南北主干道红灯点亮时，东西主干道应依次点亮绿灯，绿灯闪亮和黄灯；反之，当东西主干道红灯点亮时，南北主干道依次点亮绿灯，绿灯闪亮和黄灯。

b. 南北向和东西向人行道均设有通行绿灯和禁行红灯。南北人行道通行绿灯应在南北向主干道直行绿灯点亮 3s 后才允许点亮，然后接 3s 绿闪，其他时间为红灯；同样，东西人行道通行绿灯于东西向主干道直行绿灯点亮 3s 后才允许点亮，然后接 3s 绿闪，其他时间为红灯。

③ 急车强通控制方式：

a. 急车强通信号受急车强通开关控制。无急车时，按正常循环时序控制，有急车来时，将急车强通开关接通，不管原来信号状态如何，一律强制让急车来车方向的绿灯亮，直到急车通过为止，将急车强通开关断开，信号的状态立即转为急车放行方向的绿灯闪亮 3 次。随后按正常时序控制。

b. 急车强通信号只能响应一路方向的来车，若两个方向先后来急车，则先响应先来的一方，随后再响应另一方。

（2）控制系统方案分析

① 系统设计时序图 根据以上描述可简单绘制交通灯的时序波形图，如图 6-24、图 6-25 所示，南北方向绿灯和东西方向红灯先亮。

② 系统设计流程图 分析系统控制要求，可绘制系统的设计流程图如图 6-26、图 6-27 所示。

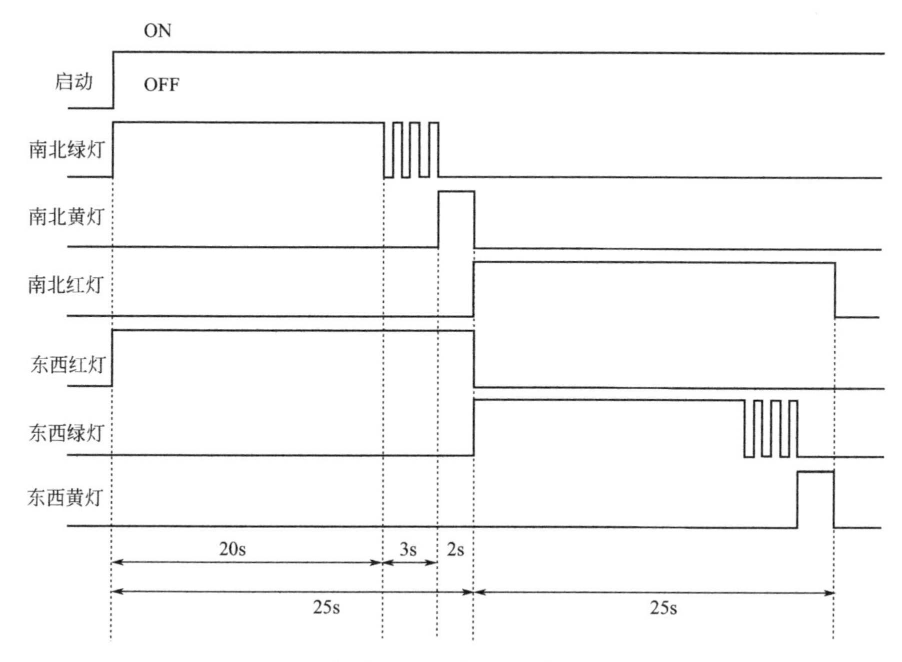

图 6-24　十字路口主干道交通灯模拟控制时序图

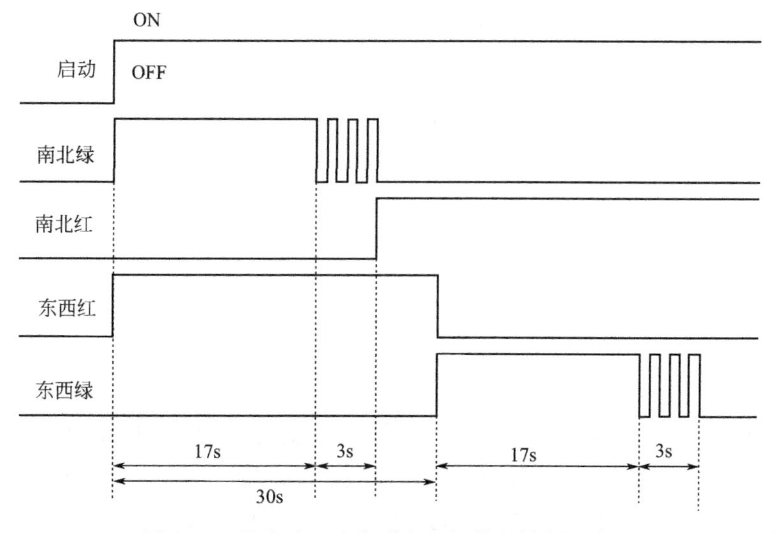

图 6-25　十字路口人行道交通灯模拟控制时序图

6.6.2　控制系统硬件设计

（1）交通信号灯 PLC 的 I/O 的分配表　硬件结构设计必须了解各个对象的控制要求，分析对象的控制要求，确定输入/输出（I/O）接口的数量，确定所控制参数的精度及类型。如对开关量、模拟量的控制，用户存储器的存储容量等。选择合适的 PLC 机型及外设，以完成 PLC 的硬件结构配置。

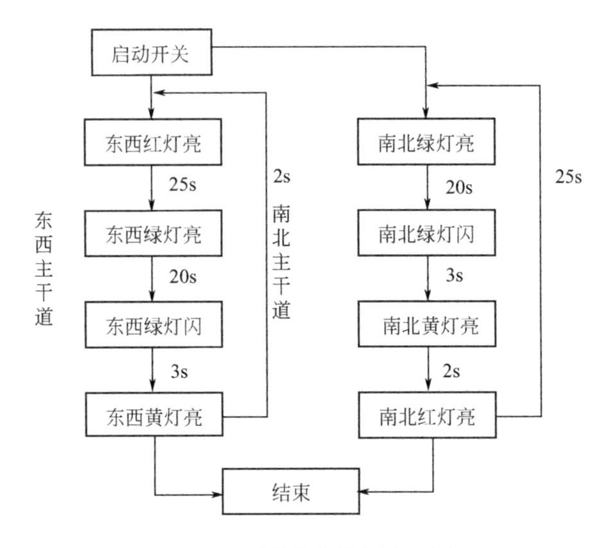

图 6-26　主干道模拟控制流程图

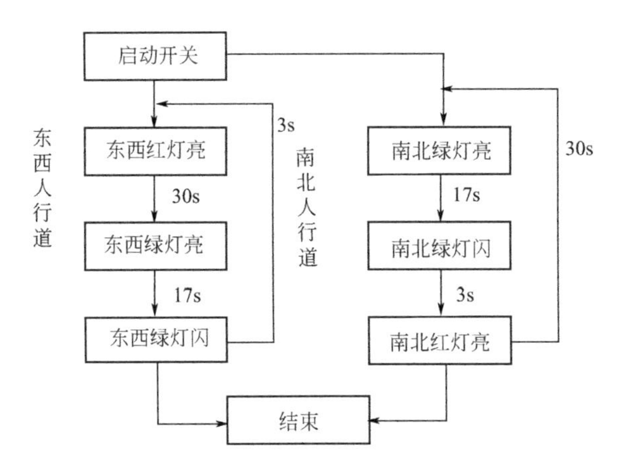

图 6-27　人行道模拟控制流程图

根据任务要求，可以算出 I/O 点数，根据 I/O 点数及功能要求，选择 FX_{2N}-48MR 型 PC 机。继电器输出，输入 24 点，输出 24 点，交流电源，24V 直流输入类型。FX_{2N} 是 FX 系列中功能最强、速度最高的微型 PLC，内置用户存储器 8K 步，可扩展到 16K 步，最大可扩展到 256 个 I/O 点，可有多种特殊功能扩展，实现多种特殊控制功能（PID、高速计数、A/D、D/A 等）。有功能很强的数学指令集。通过通信扩展板或特殊适配器可实现多种通信和数据连接。

本系统共使用了 6 个输入端子，10 个输出端子。根据上述选型及控制要求，编制 PLC 控制交通灯的 I/O 接口功能表，具体 I/O 的分配见表 6-8。

表 6-8　I/O 分配表

输入信号		输出信号	
正常循环按钮 SB0	X00	南北主干道绿灯	Y00
启动按钮 SB1	X01	南北主干道黄灯	Y01
停止按钮 SB2	X02	南北主干道红灯	Y02
急行停止按钮 SB4	X04	南北人行道红灯	Y03
南北急行开按钮 SB5	X05	南北人行道绿灯	Y04
东西急行开按钮 SB6	X06	东西主干道红灯	Y10
		东西主干道绿灯	Y11
		东西主干道黄灯	Y12
		东西人行道绿灯	Y13
		东西人行道红灯	Y14

（2）十字路口交通灯示意图　该模拟交通信号灯分为南北和东西两个方向，分别有绿、黄、红三种颜色，在 PLC 交通灯模拟模块中，主干道东西南北每面都有 3 个控制灯，分别为：

① 禁止通行灯（亮时为红色）。

② 准备禁止通行灯（亮时为黄色）。

③ 直通灯（亮时为绿色）。

另外行人道东西南北每面都有 2 个控制灯，分别为：

④ 禁止通行灯（亮时为红色）。

⑤ 直通灯（亮时为绿色）。

十字路口交通灯示意图如图 6-28 所示。

（3）交通信号灯 PLC 控制硬件接线图　FX_{2N} 通过存储的程序周期运转。正常时序和急车强通可由可编程控制器（PLC）来实现。选用 PLC 作为控制器件是因为可编程控制器核心是一台计算机，它是专为工业环境而设计制造的计算机。它具有高可靠性、丰富的输入/输出接口，并且具有较强的驱动能力；它采用一类可编程的存储器，用于其内部存储程序，执行逻辑运算、顺序控制、定时、计数与算术操作等面向用户的指令，并通过数字或模拟式输入/输出控制各种类型的机械或生产过程；它采用模块化结构，编程简单，维修方便。

根据上述选型及控制要求，绘制 PLC 控制交通灯的电路接线原理图，该模拟交通信号灯分为南北和东西两个方向，分别有绿、黄、红三种颜色，其中，COM 端为交通灯的公共端。PLC 的外部接线图如图 6-29 所示。

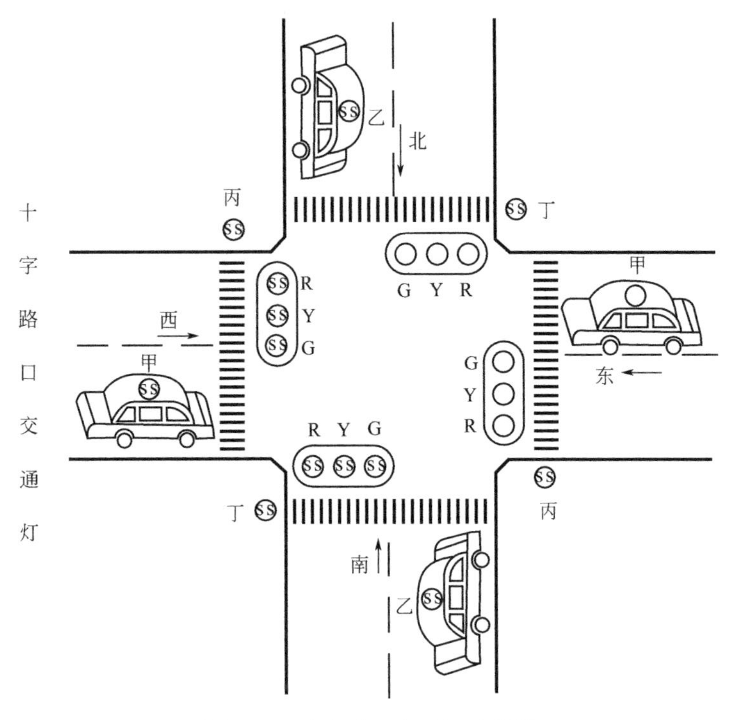

图 6-28　十字路口交通灯示意图

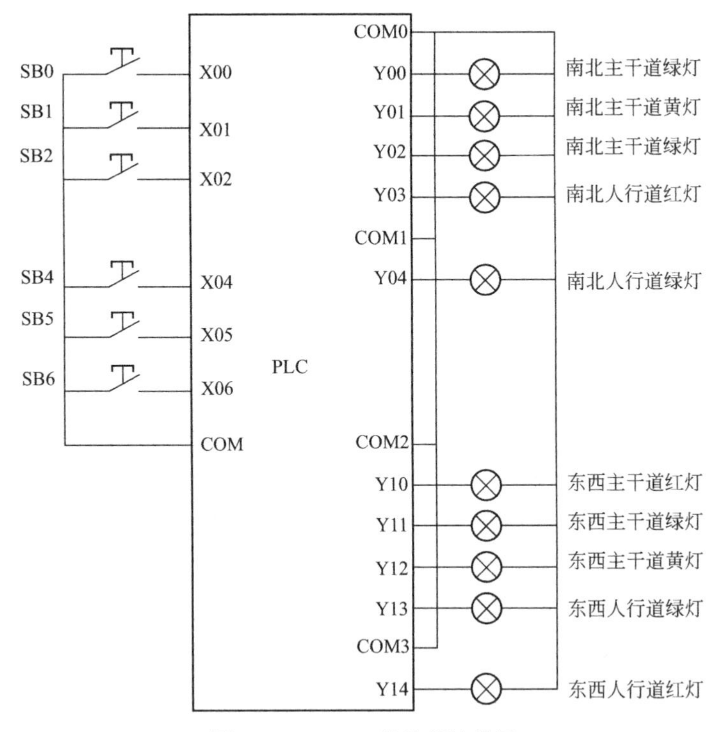

图 6-29　PLC 的外部接线图

6.6.3 控制系统软件设计

(1) 交通信号灯 PLC 状态转移图设计 因为实际的红绿灯控制中行人道的红绿灯和主干道的红绿灯是有着一定的对应关系的，所以在编程前一定要理清它们，这样有利于在编程时简化程序、减少 PLC 不必要的运算。交通灯的闪动是用周期为 1s 的时钟脉冲 M8013 的触点实现的。根据要求车道交通灯可以用并行序列来表示它们的工作情况。本篇研究的交通信号灯控制系统的 PLC 状态转移图如图 6-30 所示。

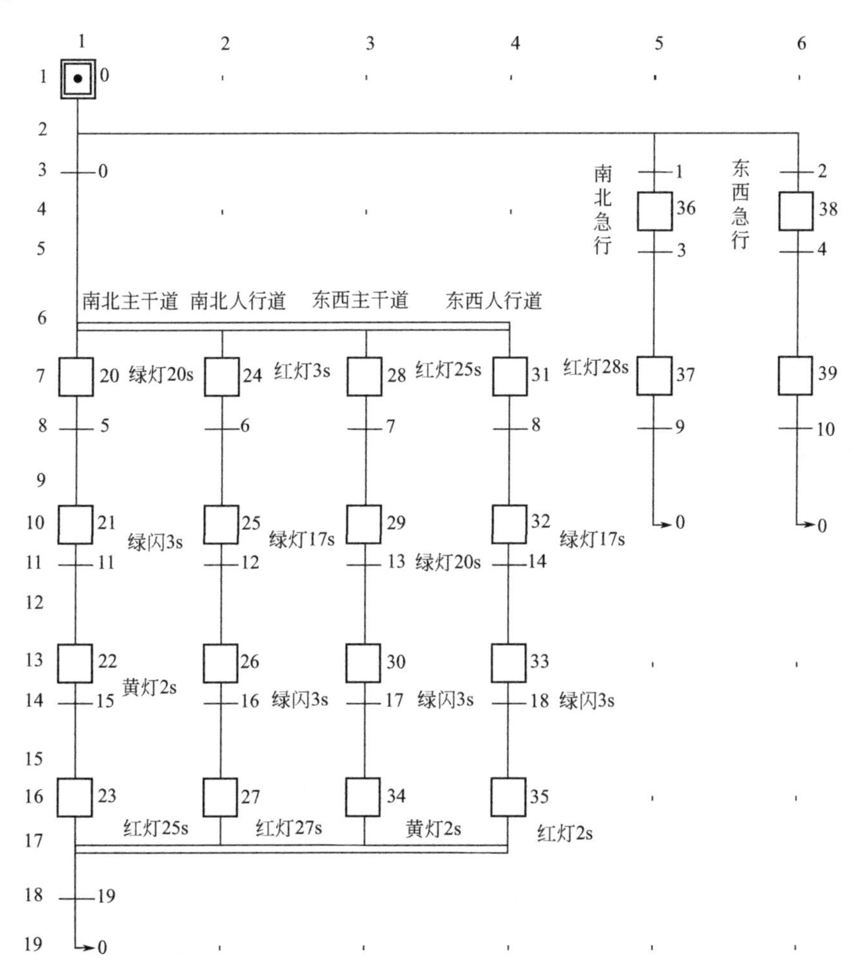

图 6-30　系统的状态转移图

(2) 交通信号灯 PLC 梯形图设计 本系统采用的是三菱公司生产的 FX_{2N} 系列 PLC，主要由三部分组成，主要包括微处理器 CPU、存储器、输入/输出模块，另外还有内部电源、通信接口等其他部分。部分程序如图 6-31 所示。

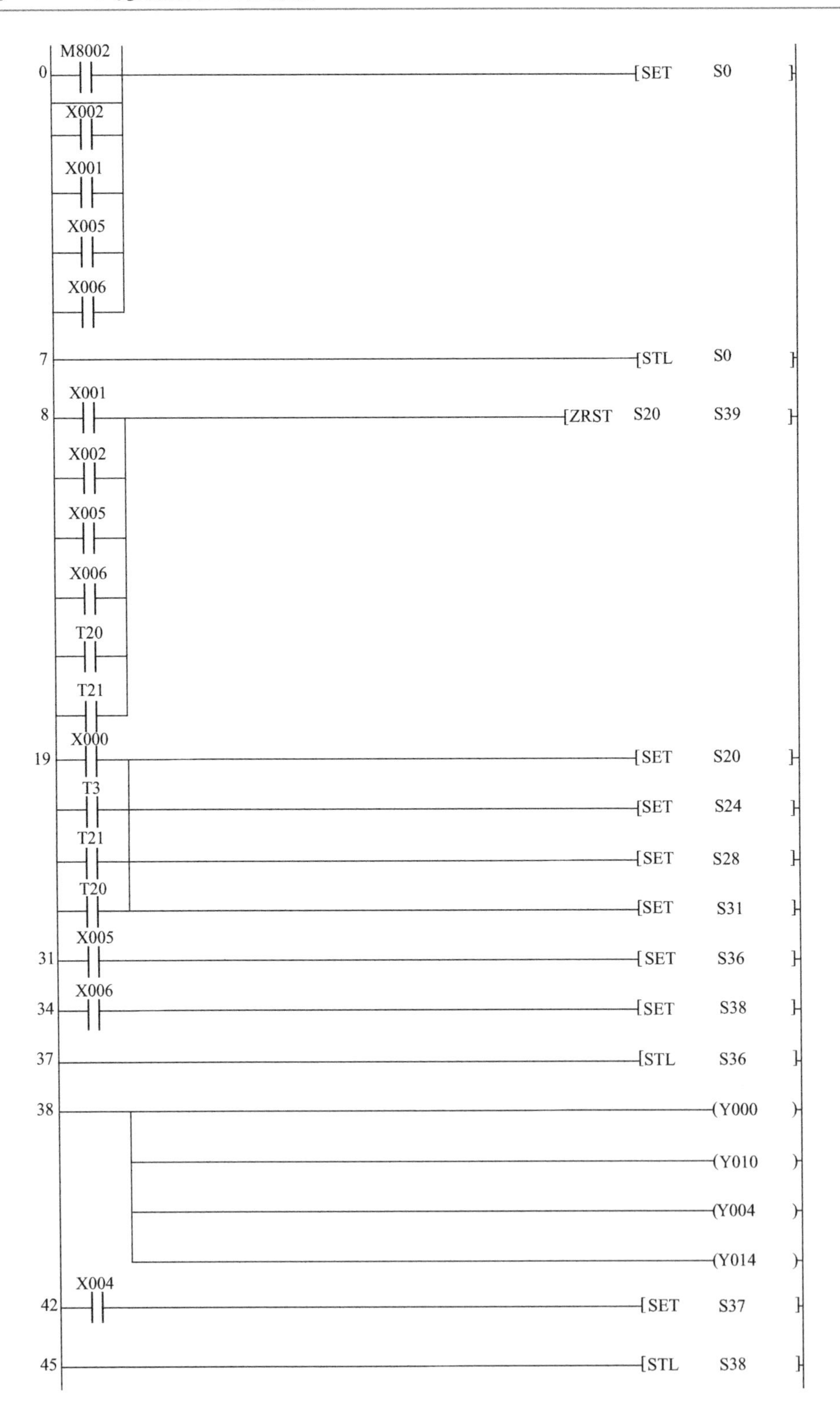
M8002
0
SET S0
X002
X001
X005
X006
7
STL S0
X001
8
ZRST S20 S39
X002
X005
X006
T20
T21
X000
19
SET S20
T3
SET S24
T21
SET S28
T20
SET S31
X005
31
SET S36
X006
34
SET S38
37
STL S36
38
Y000
Y010
Y004
Y014
X004
42
SET S37
45
STL S38

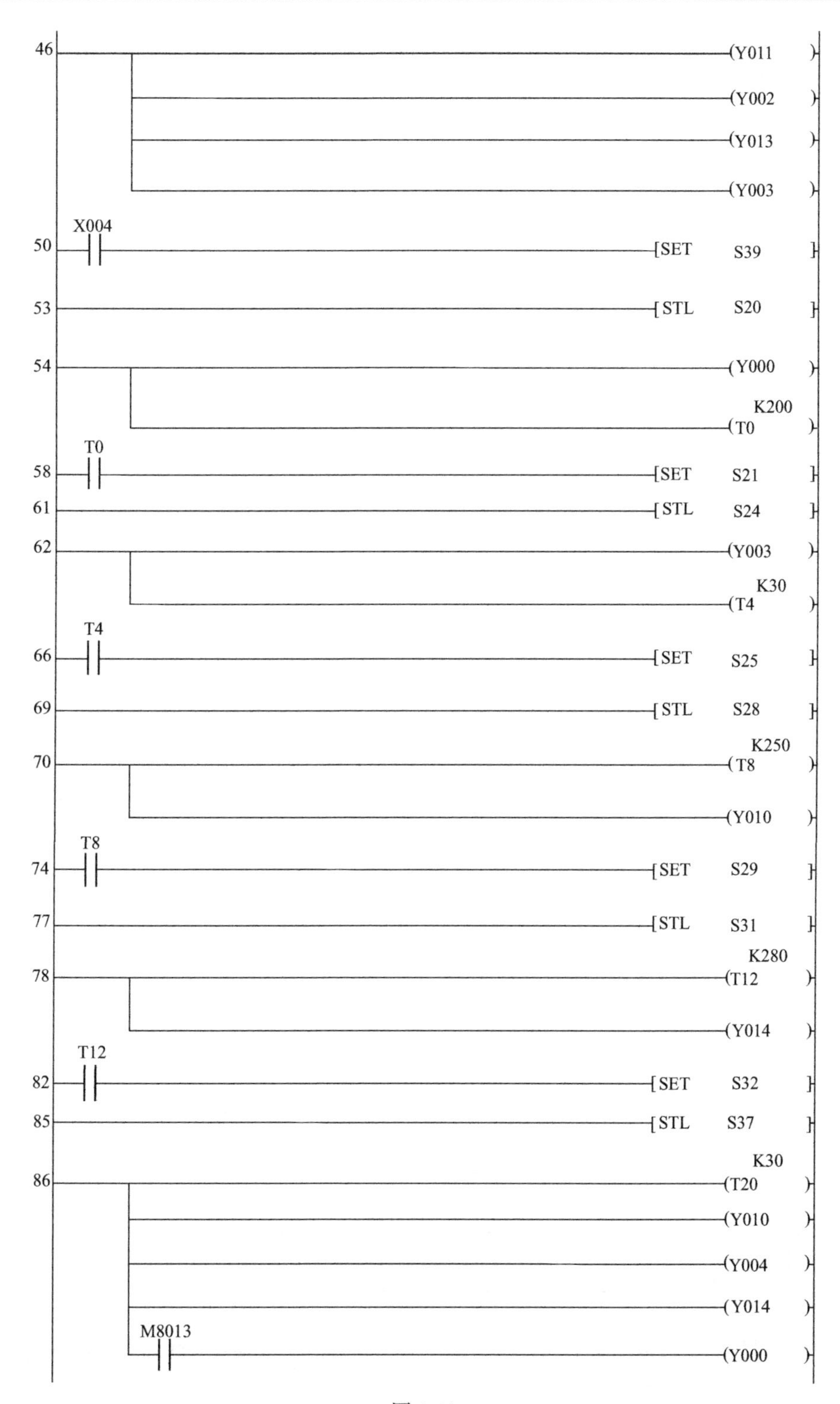
46
(Y011)
(Y002)
(Y013)
(Y003)
X004
50
[SET S39]
53
[STL S20]
54
(Y000)
K200
(T0)
T0
58
[SET S21]
61
[STL S24]
62
(Y003)
K30
(T4)
T4
66
[SET S25]
69
[STL S28]
K250
70
(T8)
(Y010)
T8
74
[SET S29]
77
[STL S31]
K280
78
(T12)
(Y014)
T12
82
[SET S32]
85
[STL S37]
K30
86
(T20)
(Y010)
(Y004)
(Y014)
M8013
(Y000)

图 6-31

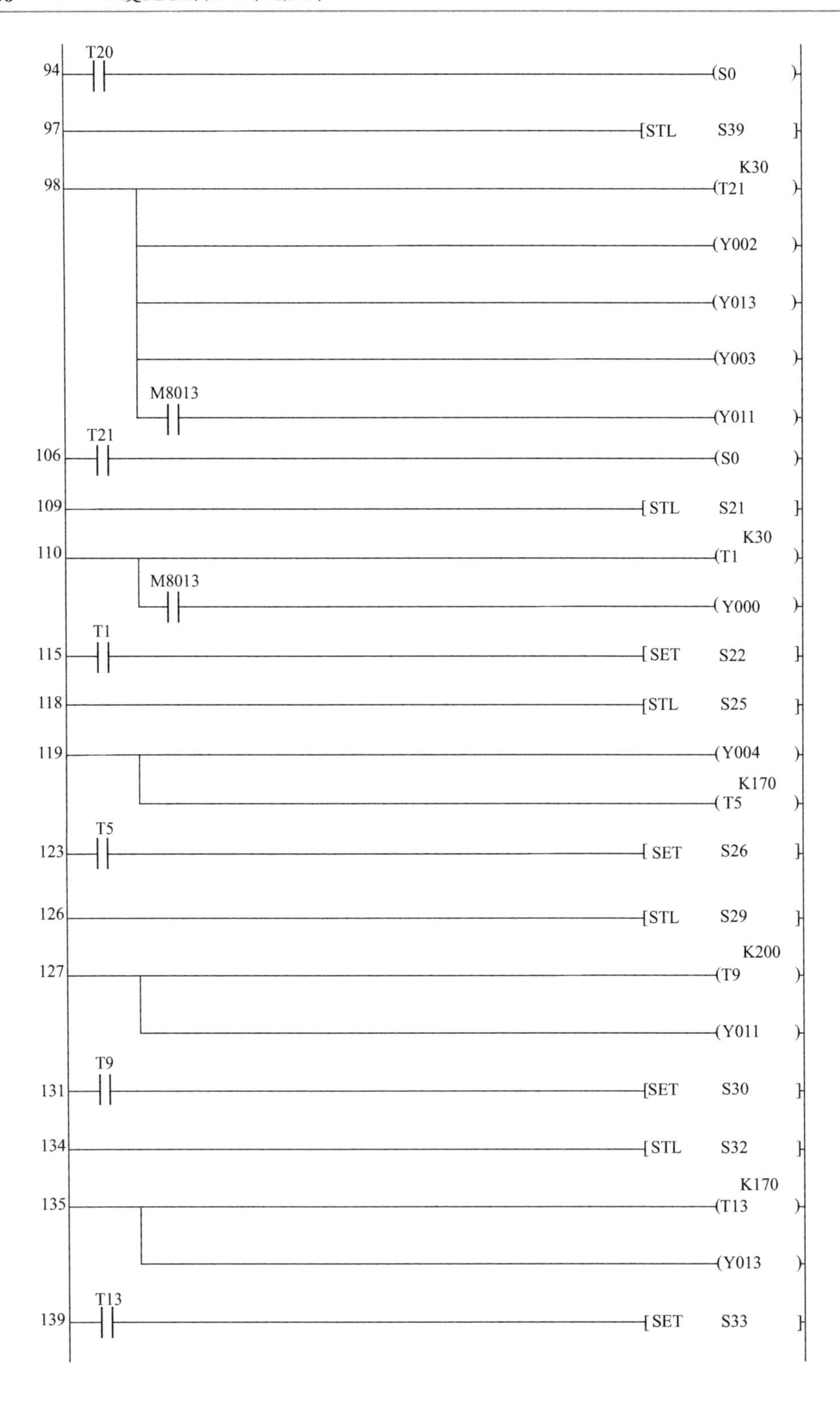
94
T20
S0
97
STL
S39
98
K30
T21
Y002
Y013
Y003
M8013
Y011
106
T21
S0
109
STL
S21
110
K30
T1
M8013
Y000
115
T1
SET
S22
118
STL
S25
119
Y004
K170
T5
123
T5
SET
S26
126
STL
S29
127
K200
T9
Y011
131
T9
SET
S30
134
STL
S32
135
K170
T13
Y013
139
T13
SET
S33

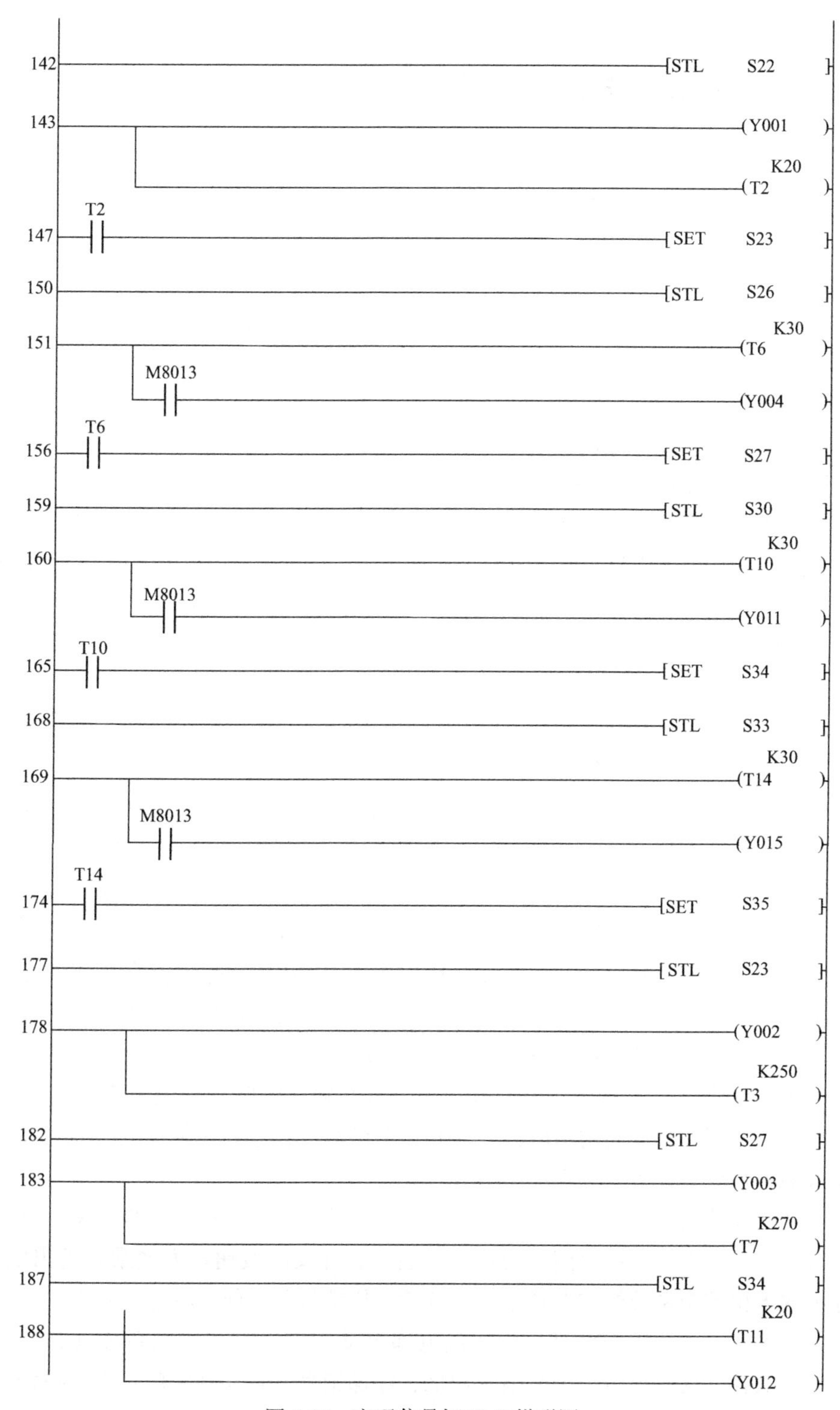

图 6-31　交通信号灯 PLC 梯形图

6.7 三层电梯控制系统设计

6.7.1 控制系统控制要求分析

（1）控制要求 电梯由安装在各楼层门口的上升和下降呼叫按钮进行呼叫操纵，其操纵内容为电梯运行方向。电梯轿厢内设有楼层内选按钮S1～S3，用以选择需停靠的楼层。L1为一层指示，L2为二层指示，L3为三层指示，SQ1～SQ3为到位行程开关。电梯上升途中只响应上升呼叫，下降途中只响应下降呼叫，任何反方向的呼叫均无效。例如，电梯停在由一层运行至三层的过程中，在二层轿厢外呼叫时，若按二层上升呼叫按钮，电梯响应呼叫；若按二层下降呼叫按钮，电梯运行至二层时将不响应呼叫运行至三层，然后再下降，响应二层下降呼叫按钮。

电梯位置由行程开关SQ1、SQ2、SQ3决定，电梯运行由手动依次拨动行程开关完成，其运行方向由上升（UP）、下降（DOWN）指示灯决定。例如：闭合开关SQ1，电梯位置指示灯L1亮，表示电梯停在1层，这时按下三层下呼按钮D3，上升指示灯UP亮，电梯处于上升状态。断开SQ1、闭合SQ2，L1灭、L2亮，表示电梯运行至二层，上升指示灯UP仍亮；断开SQ2、闭合SQ3，电梯运行至三层，上升指示灯UP灭，电梯结束上升状态，以此类推。

当电梯在三层时（开关SQ3闭合），电梯位置指示灯L3亮。按下轿厢内选开关S1，电梯进入下降状态。在电梯从三层运行至一层的过程中，若按下二层上呼U2与下呼按钮D2，由于电梯处于下降状态中，电梯将只响应二层下呼，不响应二层上呼。当电梯运行至二层时，电梯停在二层，当电梯运行至一层时，一层内选指示灯SL1灭，下降指示灯DOWN灭，上升指示灯UP亮，电梯转为上升状态，响应二层上呼，当电梯运行至二层时，上升指示灯UP灭。每当到达楼层若电梯门指示灯不闪烁则继续前进，否则执行电梯门开关动作。

（2）控制分析 电梯是一种具有特种容载装置、轿厢沿着恒定不变的铅垂导轨在不同水平面间歇运动的用电力驱动的起重机械，它适宜于装置在二层以上的高层建筑物内，专供上下运送人员或货物之用。

本文所设计的电梯模型共三层，电梯每层的楼厅均设有按钮召唤电梯；电梯内部设有按钮以便乘客选择要到达的楼层，还设有开关门按钮，方便乘客进出电梯。工作中的电梯控制系统的主要任务是对各种呼梯信号和当前电梯运行状态进行综合分析，再确定下一个工作状态。为实现电梯自动控制，要求控制系统具有自动定向、顺向截梯、反向保号、外呼指令记忆、停梯销号、自动开关门、自动报警、手动开关门等功能。

三层电梯控制系统的主要功能有：①楼层指示灯亮时表示停在相应的楼层；②每当停在各楼层时其楼层指示灯闪烁 5s 接着常亮；③有呼叫的楼层有响应，反之没有；④电梯上升途中只响应上升呼叫，下降途中只响应下降呼叫，任何反方向的呼叫均无效。

6.7.2　控制系统硬件设计

（1）PLC 型号选择　PLC 的种类非常繁多，不同种类之间的功能设置差异很大，这既给 PLC 机型的挑选提供了十分广阔的空间，同时也带来了一定的难度。机型选择的基本原则应是在功能满足要求的前提下，力争最好的性价比，并有一定的升级空间。

考虑到本次设计的电梯系统只有 3 层，且开关量居多，模拟量较少；对于开关量控制为主的系统而言，一般 PLC 的响应速度足以满足控制的要求，在小型 PLC 中整体式比模块式的价格便宜，体积也小，但是在设计活动中，经常碰到一些估计的指标，在设计活动中需要进行局部调整，另外模块式 PLC 排除故障所需时间短；由于考虑到本次设计的电梯系统只有 3 层，考虑到工厂造价，我们采用离线编程的方式，以减小软硬件的开销。统计输入、输出点数并选择 PLC 型号。

输入信号有 11 个，考虑到有 15％的备用点，即 11×(1＋15％)＝12.65，取整数 13，因此共需 13 个输入点。输出信号有 8 个，考虑到有 15％的备用点，即 8×(1＋15％)＝9.2，取整数 10，因此共需 10 个输出点。因此可选用三菱公司生产的 FX_{2N}-32MR 型号的主机，它有 16 个输入点，16 个输出点，满足本设计的要求。

（2）I/O 分配表

① 输入分配　见表 6-9。

表 6-9　输入分配表

序号	名　称	输入点
0	三层内选按钮 S3	X0
1	二层内选按钮 S2	X1
2	一层内选按钮 S1	X2
3	三层下呼按钮 D3	X3
4	二层下呼按钮 D2	X4
5	二层上呼按钮 U2	X5
6	一层上呼按钮 U1	X6
7	三层行程开关 SQ3	X7

续表

序号	名　　称	输入点
8	二层行程开关 SQ2	X10
9	一层行程开关 SQ1	X11
10	复位 RST	X12

② **输出分配**　见表 6-10。

表 6-10　输出分配表

序号	名　　称	输出点
0	三层指示灯 L3	Y0
1	二层指示灯 L2	Y1
2	一层指示灯 L1	Y2
3	电梯下降指示 DOWN	Y3
4	电梯上升指示 UP	Y4
5	三层内选指示灯 SL3	Y5
6	二层内选指示灯 SL2	Y6
7	一层内选指示灯 SL1	Y7

(3) **I/O 接线图**　如图 6-32 所示。

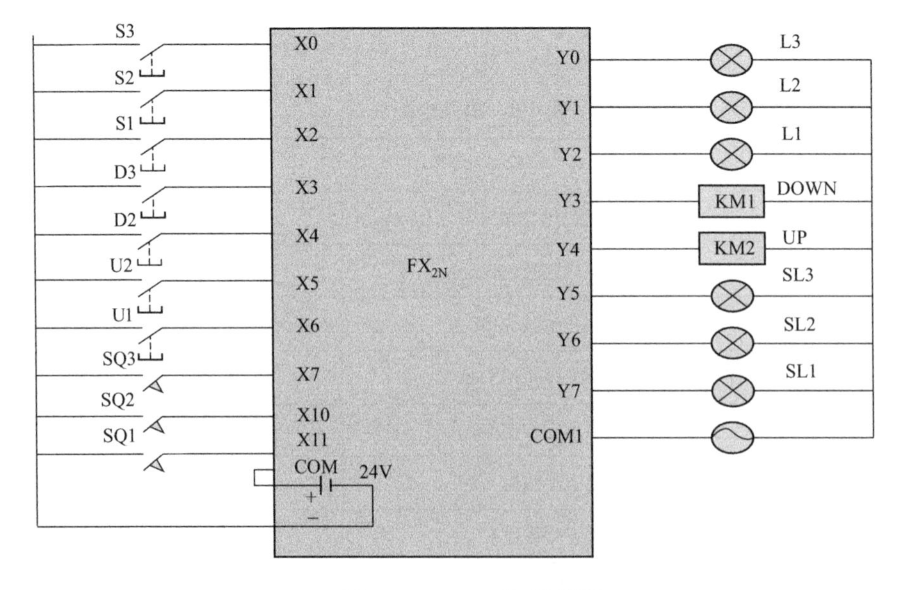

图 6-32　PLC I/O 接线图

（4）模拟装置设计 模拟装置实验面板图如图6-33所示。

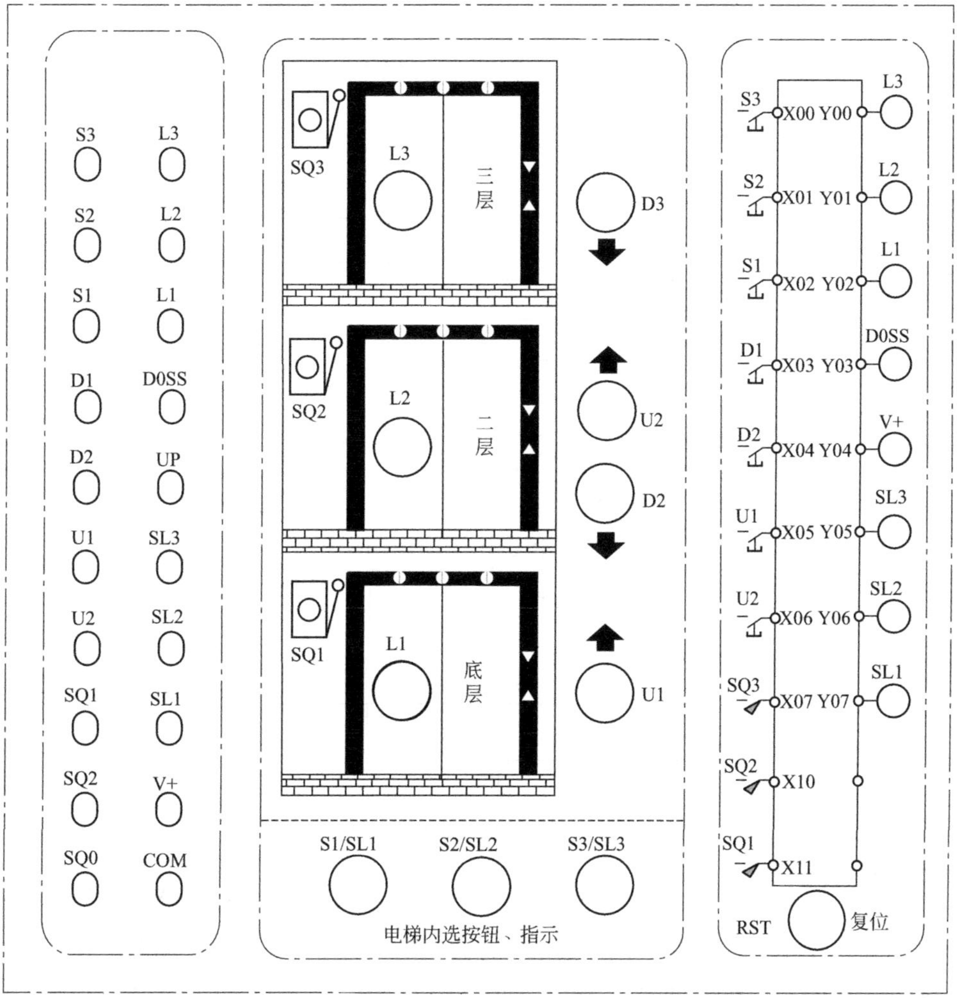

图6-33 模拟实验面板图

6.7.3 控制系统软件设计

（1）PLC控制系统流程图及描述 如图6-34所示。

电梯启动时，检测电梯是否停在二或三楼层且有呼叫信号，如果是就等待呼叫信号，如果不是，电梯自动下降到一层等待呼叫信号。当检测到有呼叫信号时，例如电梯停在一层时检测到三层呼叫信号，电梯离开一层经过二层，接着到达三层，电梯停止。当电梯停前检测到呼叫信号，例如电梯停在一层时检测到三层呼叫信号，电梯离开一层经过二层，准备到达三层时检测到二层呼叫信号，电梯停在三层后继续下降到二层等待呼叫信号。

（2）PLC 程序梯形图 如图 6-35 所示。

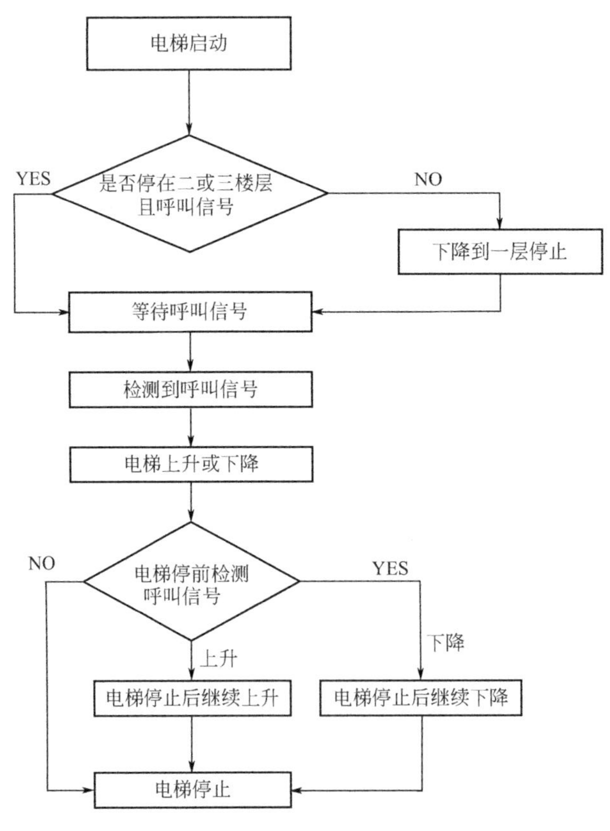

图 6-34 电梯的工作流程图

```
 0  X012 -| |-------------------------------[ZRST  M11   M57  ]
              |-----------------------------[ZRST  Y000  Y007 ]
11  X007 -| |- X010 -|/|- X011 -|/|---------( Y000 )
15  X010 -| |- X007 -|/|- X011 -|/|---------( Y001 )
19  X011 -| |- X010 -|/|- X007 -|/|---------( Y002 )
23  X000 -| |-------------------------------[SET   Y005 ]
25  X001 -| |-------------------------------[SET   Y006 ]
27  X002 -| |-------------------------------[SET   Y007 ]
29  X007 -| |-------------------------------[RST   Y005 ]
31  X010 -| |-------------------------------[RST   Y006 ]
33  X011 -| |-------------------------------[RST   Y007 ]
35  X006 -| |- X011 -|/|--------------------[SET   M11  ]
38  X005 -| |- X010 -|/|--------------------[SET   M12  ]
```

```
41   X004  X010(常闭)                     [SET M21]
44   X003  X007(常闭)                     [SET M22]
47   X007                                 [RST M22]
49   X010                                 [RST M21]
                                          [RST M12]
52   X011                                 [RST M11]
54   Y006 / M12 / M21  X011               [SET M31]
59   X010                                 [RST M31]
61   Y005 / M22  X011                     [SET M32]
65   X007                                 [RST M32]
67   Y005 / M22  X010                     [SET M33]
71   X007                                 [RST M33]
73   Y006 / M12 / M21  X007               [SET M41]
78   X010                                 [RST M41]
80   Y007 / M11  X007                     [SET M42]
84   X011                                 [RST M42]
86   Y007 / M11  X010                     [SET M43]
90   X011                                 [RST M43]
92   M31 / M32 / M33  Y003(常闭)          ( Y004 )
97   M41 / M42 / M43  Y004(常闭)          ( Y003 )
102                                       [ END ]
```

图 6-35 梯形图

参 考 文 献

[1] 王也仿. 可编程控制器应用技术. 北京：机械工业出版社，2001.

[2] 祖国建. 简明维修电工手册 [M]. 北京：化学工业出版社，2013.

[3] 祖国建. 电气控制与 PLC [M]. 武汉：华中科技大学出版社，2010.

[4] 殷建国. 可编程控制器及其应用. 北京：机械工业出版社，2006.

[5] 迟之鑫. 可编程控制器应用基础. 北京：人民邮电出版社，2005.

[6] 范次猛. 可编程控制器原理与应用. 北京：北京理工大学出版社，2006.

[7] 张伟林. 电气控制与 PLC 应用. 北京：人民邮电出版社，2007.

[8] MITSUBISHI ELECTRIC. FX_{2N}-20GM USER'S GUIDE，2000.

[9] 李向东. 电气控制与 PLC. 北京：机械工业出版社，2005.

[10] 王辉. 三菱电机通信网络应用指南 [M]. 北京：机械工业出版社，2010.

[11] 何衍庆，等. 可编程控制器原理及应用技巧. 北京：化学工业出版社，2010.

[12] 冉莉莉. PLC 功能模块的应用技巧 [M]. 机床电器，2007.

[13] 李伟. 电气控制与 PLC. 北京：北京大学出版社，2009.